建筑装饰装修职业技能岗位培训教材

建筑装饰装修金属工

（初级工　中级工）

中国建筑装饰协会培训中心组织编写

中国建筑工业出版社

图书在版编目（CIP）数据

建筑装饰装修金属工（初级工、中级工）/中国建筑装饰协会培训中心组织编写．北京：中国建筑工业出版社，2003
建筑装饰装修职业技能岗位培训教材
ISBN 7-112-05736-1

Ⅰ．建...　Ⅱ．中...　Ⅲ．金属饰面材料-工程装修-技术培训-教材　Ⅳ．TU767

中国版本图书馆 CIP 数据核字（2003）第 021180 号

建筑装饰装修职业技能岗位培训教材
建筑装饰装修金属工
（初级工　中级工）
中国建筑装饰协会培训中心组织编写
*
中国建筑工业出版社出版、发行（北京西郊百万庄）
新　华　书　店　经　销
北京市彩桥印刷厂印刷
*
开本：850×1168 毫米　1/32　印张：9⅞　字数：264 千字
2003 年 7 月第一版　　2003 年 7 月第一次印刷
印数：1—5000 册　　定价：**14.00** 元

ISBN 7-112-05736-1
TU·5035（11375）

本社网址：http：//www．china-abp．com．cn
网上书店：http：//www．china-building．com．cn

本教材根据建筑装饰装修职业技能岗位标准和鉴定规范进行编写，考虑建筑装饰装修金属工的特点、围绕初、中级工的“应知应会”内容，全书由识图、材料、机具、施工工艺和施工管理五章组成，以材料和施工工艺为主线。

本书可作为金属工技术培训教材，也适用于上岗培训以及读者自学参考。

出版说明

为了不断提高建筑装饰装修行业一线操作人员的整体素质，根据中国建筑装饰协会2003年颁发的《建筑装饰装修职业技能岗位标准》要求，结合全国建设行业实行持证上岗、培训与鉴定的实际，中国建筑装饰协会培训中心组织编写了本套“建筑装饰装修职业技能岗位培训教材”。

本套教材包括建筑装饰装修木工、镶贴工、涂裱工、金属工、幕墙工五个职业（工种），各职业（工种）教材分初级工、中级工和高级工、技师、高级技师两本，全套教材共计10本。

本套教材在编写时，以《建筑装饰装修职业技能鉴定规范》为依据，注重理论与实践相结合，突出实践技能的训练，加强了新技术、新设备、新工艺、新材料方面知识的介绍，并根据岗位的职业要求，增加了安全生产、文明施工、产品保护和职业道德等内容。本套教材经教材编审委员会审定，由中国建筑工业出版社出版。

为保证全国开展建筑装饰装修职业技能岗位培训的统一性，本套教材作为全国开展建筑装饰装修职业技能岗位培训的统一教材。在使用过程中，如发现问题，请及时函告我会培训部，以便修正。

中国建筑装饰协会

2003年6月

建筑装饰装修职业技能岗位标准、鉴定规范、习题集及培训教材编审委员会

前言

本书是中国建筑装饰协会规定的“建筑装饰装修职业技能岗位培训统一教材”之一，是根据中国建筑装饰协会颁发的《建筑装饰装修职业技能岗位标准》和《建筑装饰装修职业技能鉴定规范》编写的。本书内容包括初、中级金属工的基本知识、识图、机具、材料、施工工艺及施工管理等。通过系统的学习培训，可分别达到初级和中级工的标准。

本书根据建筑装饰装修金属工的特点，以材料和工艺为主线，突出了针对性、实用性和先进性，力求作到图文并茂、通俗易懂。

本书由山东农业大学水利土木工程学院王旭光主编，由刘念华、王仲发担任副主编，由李继业主审，王旭光编写第五章；刘念华编写第四章；王仲发编写第三章；孙勇编写第二章；魏秀本编写第一章。在编写过程中得到了有关领导和同行的支持及帮助，参考了一些专著书刊，在此一并表示感谢。

本书除作为业内金属工岗位培训教材外，也适用于中等职业学校建筑装饰专业、职业高中教学及读者自学参考。

本教材与《建筑装饰装修金属工职业技能岗位标准》《技能鉴定规范》《习题集》配套使用。

由于时间紧迫，经验不足，书中难免存在缺点和错漏，恳请广大读者指正。

目　录

第一章　建筑识图

建筑工程图是“工程师的语言”，建筑物的外形轮廓、尺寸大小、结构构造、使用材料都是由图纸表达出来的，施工人员看不懂建筑工程图就无法施工。建筑工程图是审批建筑工程项目的依据；是备料和施工生产的依据；是质量检查验收的依据，也是编制工程概预算、决算及审核工程造价的依据。建筑工程图是具有法律效力的技术文件。

学习建筑装饰识图课的目的，就是通过学习了解制图的一般规定、图示原理、图示方法，使学员掌握识读建筑装饰工程图的能力。

识图课具有自己的特点，不同于一般以知识为主的课程，因此学员必须掌握识图课的学习方法。一、下功夫培养空间想象能力，即从二维的平面图像想象出三维形体的形状。开始时应借助模型，加强图形对照的感性认识，逐步过渡到脱离实物，根据投影图想像出空间形体的形状和组合关系。学习时光看书不行，必须动手画，做好作业；二、对于线型的名称和用途、比例和尺寸标注的规定、各种符号表示的内容等必须强记；三、学习识读房屋建筑装饰图时应多到工地和实物对照。

第一节　建筑工程图分类

一、按投影法分

1. 正投影图（图 1-1（c））

正投影图是用平行投影的正投影法绘制的多面投影图，这种图画法简便，显示性好，是绘制建筑工程图的主要图示方法，但是，这种图缺乏立体感，必须经培训才能看懂。

2. 轴测图（图 1-1（b））

轴测图是用平行投影法绘制的单面投影图，这种图有立体感。图上平行于轴测轴的线段都可以测量。但轴测图绘制较难，一个轴测图仅能表达形体的一部份，因此常作为辅助图样，如画了物体的三面投影图后，侧面再画一个轴侧图，帮助看懂三面投影图。轴侧图也常被用来绘制给排水系统图和各类书籍中的示意图。

3. 透视图（图 1-1（a））

透视图是用中心投影法绘制的单面投影图。这种图形同人的眼睛观察物体或摄影得的结果相似，形象逼真，立体感强，能很好表达设计师的预想，常被用来绘制效果图，缺点是不能完整表达形体，更不能标注尺寸。它和轴侧图的区别是等长的平行线段有近长远短的变化。

图 1-1 是以一幢由 2 个四棱柱体组成的楼房为例，用三种投影法，画出的投影图。

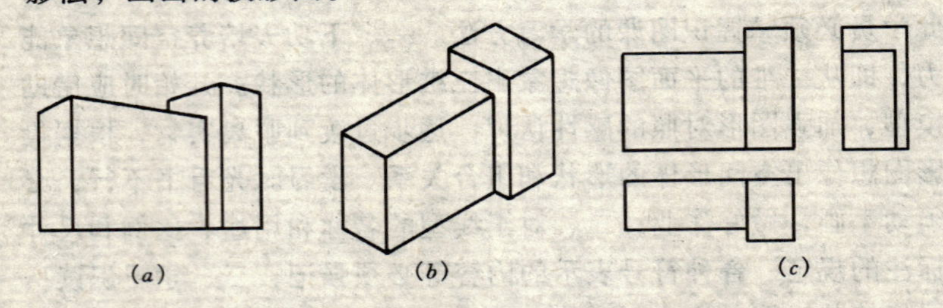

图 1-1 建筑工程常用的投影图

（a）透视图；（b）轴测图；（c）三面投影图

二、按工种和内容分类

1. 总平面图

包括目录、设计说明、总平面布置图、竖向设计图、土方工程图、管道综合图、绿化布置图。

2. 建筑施工图

包括目录、首页图（含设计说明）、平面图、立面图、剖面图、详图。

3. 装饰施工图

包括目录、首页图（含设计说明)、楼地面平面图、顶棚平面图、室外立面图、室内立面、剖面图、详图。

4. 结构施工图

包括目录、首页、基础平面图、基础详图、结构布置图、钢筋混凝土构件详图、节点构造详图。

5. 给水排水施工图

分为室内和室外两部分。包括目录、设计说明、平面图、系统图、局部设施图、详图。

6. 采暖空调图

包括目录、设计说明、采暖平面图、通风除尘平面图、采暖管道系统图等。

7. 强电施工图

分为供电总平面图、电力图、电气照明图、自动控制图、建筑防雷保护图。电气照明图包括目录、设计说明、照明平面图、照明系统图、照明控制图等。

8. 弱电施工图

包括目录、设计说明、电话音频线路网设计图、广播电视、火警信号等设计图。

三、按使用范围分类

1. 单体设计图

这是我们常见一种图纸,图纸只适合一个建筑物、一个构件或节点,好比是量体裁衣。虽然针对性强,但设计量大,图纸多。

2. 标准图

把各种常用的、大量性的房屋建筑及建筑配件，按《国标》统一模数设计成通用图，好比去服装店采购。如要建某种规模的医院，去标准设计院买套图纸就可用。不仅节约时间而且设计质量高。我们常见到的是各种节点和配件的图集，各省、市都有自己的图集。

四、按工程进展阶段分类

1. 初步设计阶段图纸

只有平、立、剖主要图纸，没有细部构造，用来做方案比较和申报工程项目之用。

2. 扩大初步设计

3. 技术设计

4. 施工图

完整、系统的成套图纸，用来指导施工、计算材料、人工、质量检查、评审。

5. 竣工图

工程竣工后根据工程实际绘制图纸，是房屋维修的重要参考资料。

第二节　工程图基本知识

一、图线

工程图是由线条构成的，各种线条均有明确的含义。详见表1-1，图线应用示例见图1-2。

图　线　　表1-1

名称		线　型	线宽	一　般　用　途
实线	粗		b	主要可见轮廓线
	中		$0.5b$	可见轮廓线
	细		$0.25b$	可见轮廓线、图例线
虚线	粗		b	见各有关专业制图标准
	中		$0.5b$	不可见轮廓线
	细		$0.25b$	不可见轮廓线、图例线
单点长画线	粗		b	见各有关专业制图标准
	中		$0.5b$	见各有关专业制图标准
	细		$0.25b$	中心线、对称线等

续表

名称	线　型	线宽	一 般 用 途
细实线	————————	0.25*b*	小于 0.5*b* 的图形线、尺寸线、尺寸界线、图例线、索引符号、标高符号、详图材料做法引出线等
中虚线	— — — — — —	0.5*b*	1. 建筑构造详图及建筑构配件不可见的轮廓线 2. 平面图中的起重机（吊车）轮廓线 3. 拟扩建的建筑物轮廓线
细虚线	— — — — — —	0.25*b*	图例线、小于 0.5*b* 的不可见轮廓线
粗单点长划线	—·—·—	*b*	起重机（吊车）轨道线
细单点长划线	—·—·—	0.25*b*	中心线、对称线、定位轴线
折断线	—\\/—	0.25*b*	不需画全的断开界线
波浪线	～～～	0.25*b*	不需画全的断开界线 构造层次的断开界线

注：地平线的线宽可用 1.4*b*。

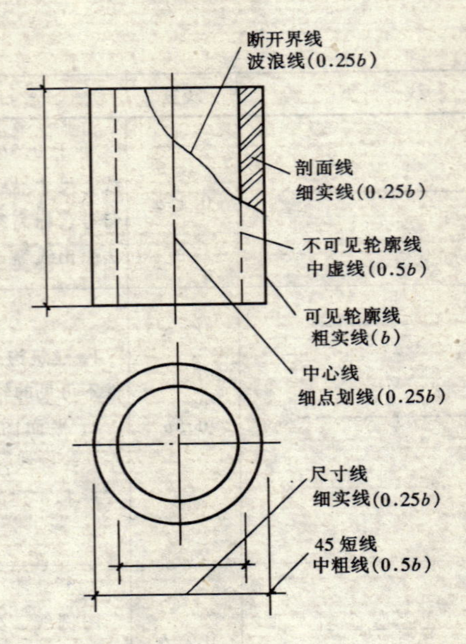

图 1-2　图线应用示例

二、比例

图样的比例,应为图形与实物相对应的线性尺寸之比。比例的大小,是指其比值的大小,如 1:50 大于 1:100。比值为 1 的比例叫原值比例,比值大于 1 的比例称之放大比例,比值小于 1 的比例为缩小比例。绘图所用的比例见表 1-2。比例的注写方法见图 1-3。

绘图所用的比例　　　　**表 1-2**

常用比例	1:1、1:2、1:5、1:10、1:20、1:50、1:100、1:150、1:200、1:500、1:1000、1:2000、1:5000、1:10000、1:20000、1:50000、1:100000、1:200000
可用比例	1:3、1:4、1:6、1:15、1:25、1:30、1:10、1:60、1:80、1:250、1:300、1:100、1:600

平面图　1:100　　　⑥　　1:20

图 1-3　比例的注写

三、尺寸标注

1. 图样上的尺寸，由尺寸界线、尺寸线、尺寸起止符号和尺寸数字组成（图 1-4）。

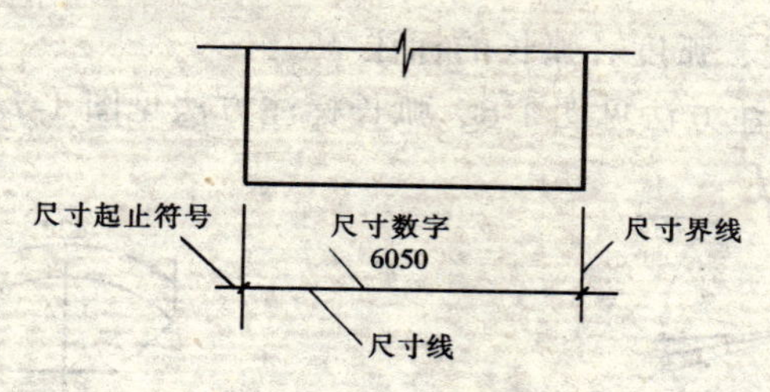

图 1-4　尺寸的组成

2. 图样上的尺寸单位，除标高及总平面以米为单位外，其他必须以毫米为单位。

3. 半径、直径、球的尺寸标注

半径、直径的尺寸注法请见图 1-5。标注球的半径尺寸时，

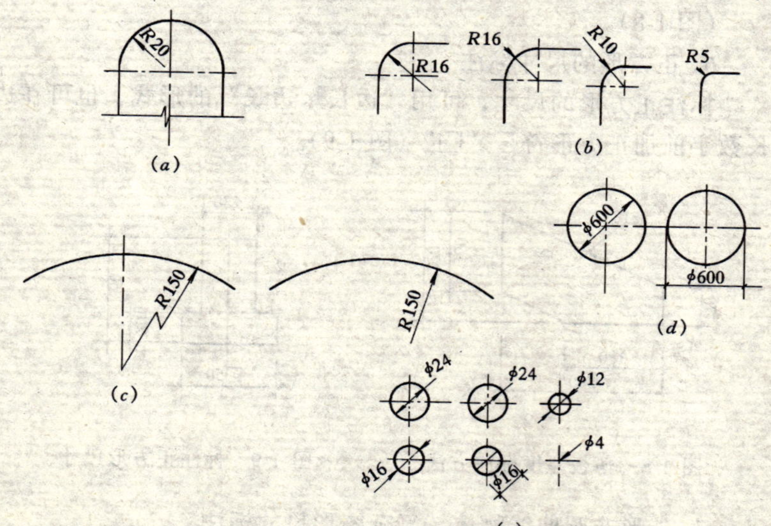

图 1-5　半径、直径标注方法

（*a*）半径标注方法；（*b*）小圆弧半径的标注方法；（*c*）大圆弧半径的标注方法；（*d*）圆直径的标注方法；（*e*）小圆直径的标注方法

应在尺寸前加注符号“SR”。标注球的直径尺寸时，应在尺寸数字前加注符号“Sϕ”。注写方法与圆弧半径和圆直径的尺寸标注方法相同。

4. 角度、弧度、弧长的标注

角度标注方法见图1-6、弧长标注方法见图1-7。

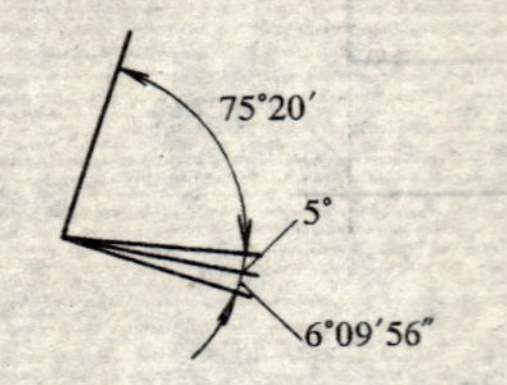

图1-6 角度标注方法

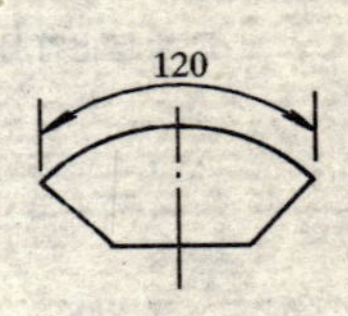

图1-7 弧长标注方法

5. 薄板厚度的尺寸标注

在薄板板面标注板厚尺寸时，应在厚度数字前加厚度符号“t”(图1-8)。

6. 正方形的尺寸标注

标注正方形的尺寸，可用“边长×边长”的形式，也可在边长数字前加正方形符号“□”(图1-9)。

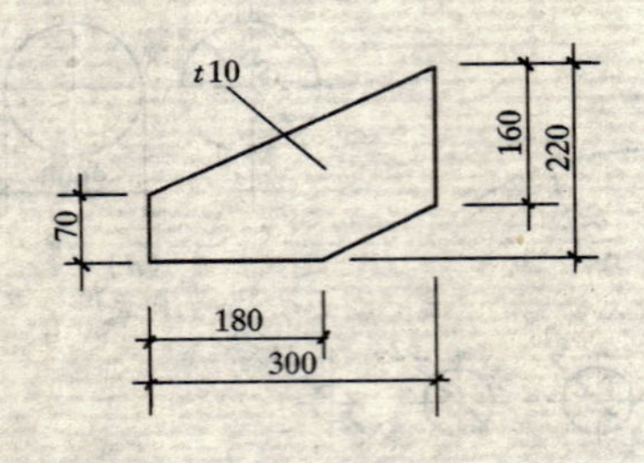

图1-8 薄板厚度标注方法

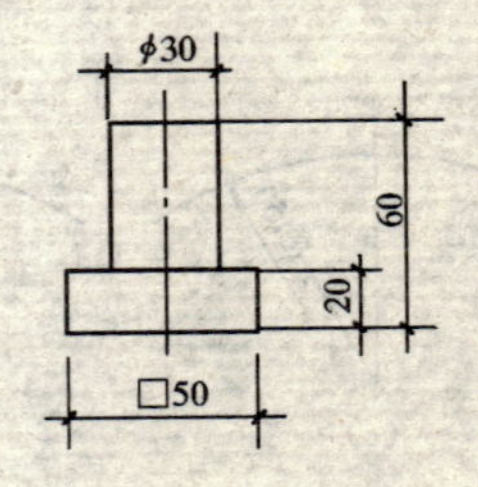

图1-9 标注正方形尺寸

7. 外形非圆曲线物体、复杂图形尺寸标注

外形为非圆尺寸的物体可用坐标形式标注尺寸（图1-10）；复杂的图形，可用网格形式标注尺寸（图1-11）。

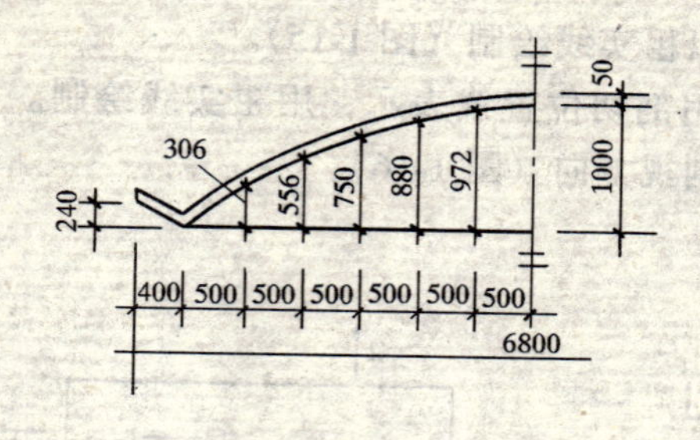

图 1-10　坐标法标注曲线尺寸

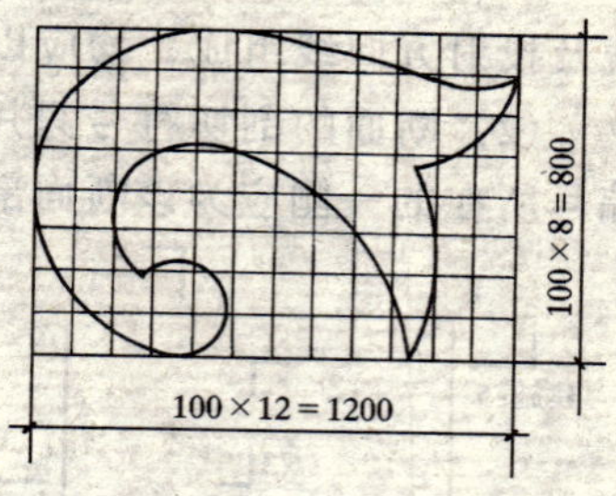

图 1-11　网格法标注曲线尺寸

8. 坡度的标注方法

见图 1-12。

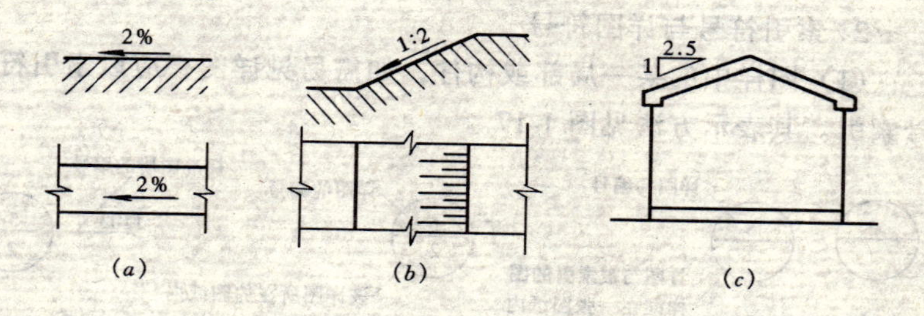

图 1-12　坡度标注方法

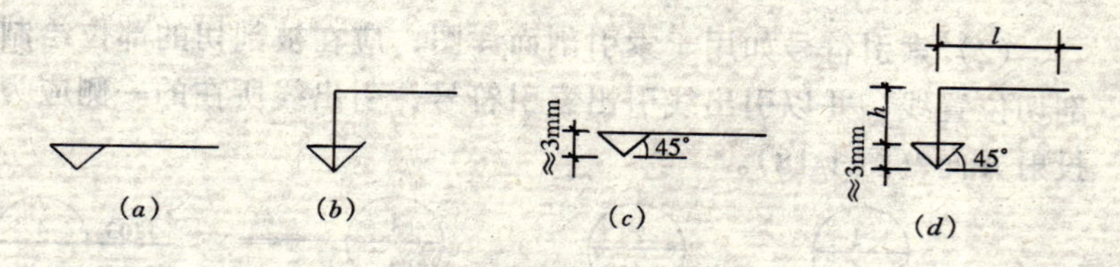

图 1-13　标高符号

l—取适当长度注写标高数字；*h*—根据需要取适当高度

9. 标高

见图 1-13、图 1-14。

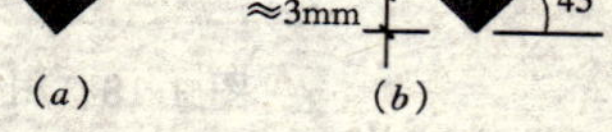

≈3mm　45°

(a)　(b)

图 1-14　总平面图室外地坪标高符号

四、符号

1. 剖切符号

(1) 剖视的剖切符号由剖切位置

线及投射方向线组成，均应以粗实线绘制（图 1-15）。

（2）断面的剖切符号只用剖切位置线表示，用粗实线绘制。编号所在的一侧应为该断面剖视方向（图 1-16）。

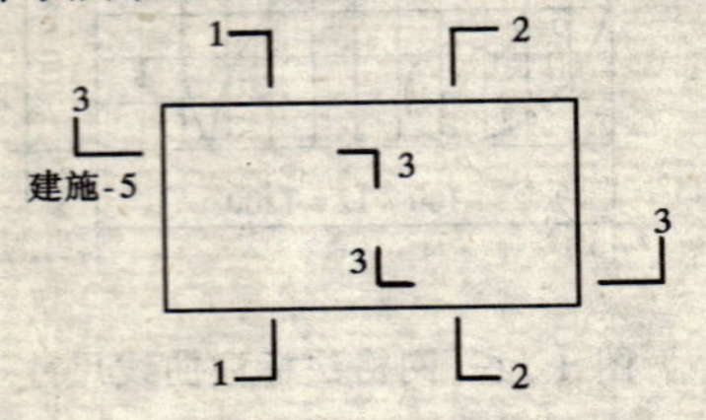

图 1-15　剖视的剖切符号

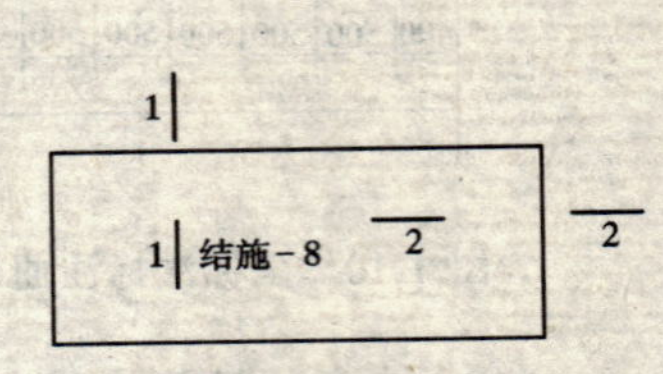

图 1-16　断面剖切符号

2. 索引符号与详图符号

（1）图样中的某一局部或构件，如需另见详图，应以索引符号索引。其表示方法见图 1-17。

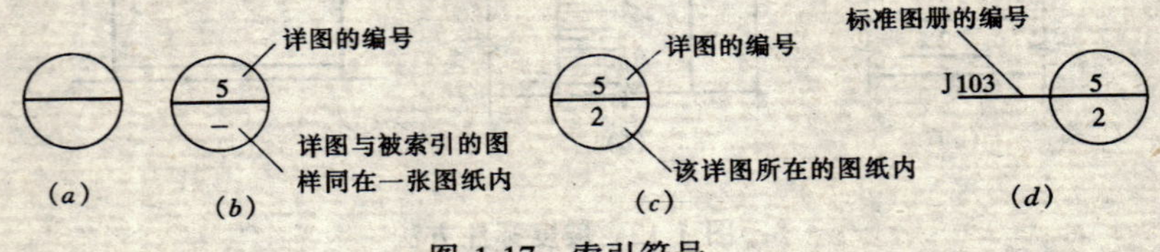

图 1-17　索引符号

（2）索引符号如用于索引剖面详图，应在被剖切的部位绘制剖切位置线，并以引出线引出索引符号，引出线所在的一侧应为投射方向（图 1-18）。

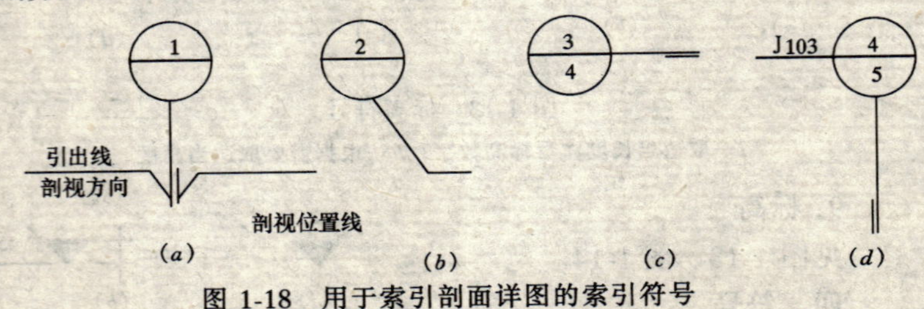

图 1-18　用于索引剖面详图的索引符号

（3）详图的位置和编号，应以详图符号表示（图 1-19）。

3. 其他符号

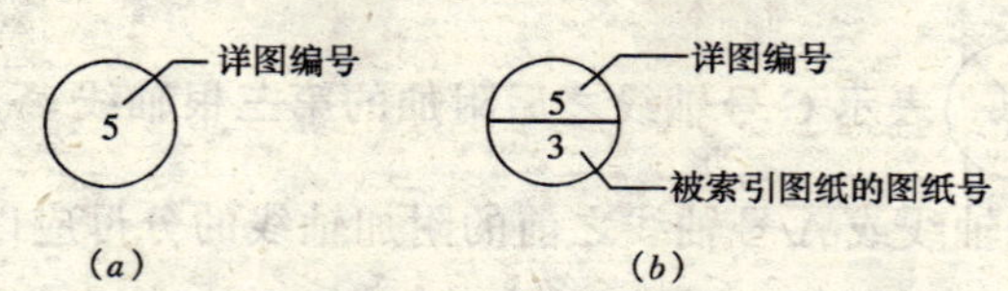

图 1-19 详图符号

(a) 与被索引图样同在一张图纸内的详图符号

(b) 与被索引图样不在同一张图纸内的详图符号

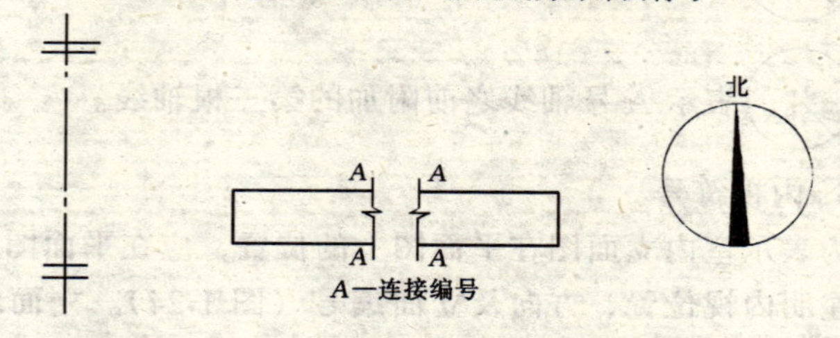

图 1-20 对称符号　　图 1-21 连接符号　　图 1-22 指北针

4. 定位轴线

平面图上的定位轴线编号，宜标注在图样的下方与左侧。横向编号应用阿拉伯数字，从左至右顺序编写，竖向编号应用大写拉丁字母，从下至上顺序编写（图 1-23）。

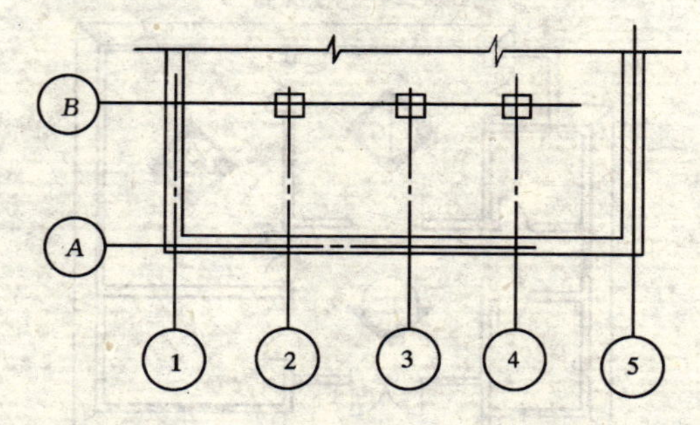

图 1-23 定位轴线的编号顺序

附加轴线的编号，应以分数表示：

表示 2 号轴线之后附加的第一根轴线；

3/C 表示 C 号轴线之后附加的第三根轴线。

1 号轴线或 A 号轴线之前的附加轴线的分母应以 01 或 0A 表示，如：

1/01 表示 1 号轴线之前附加的第一根轴线；

3/0A 表示 A 号轴线之前附加的第三根轴线。

5. 内视符号

为表示室内立面图在平面图上的位置，应在平面图上用内视符号注明内视位置、方向及立面编号（图 1-24）。立面编号用拉丁字母或阿拉伯数字。内视符号应用如图 1-24 及图 1-25 所示。

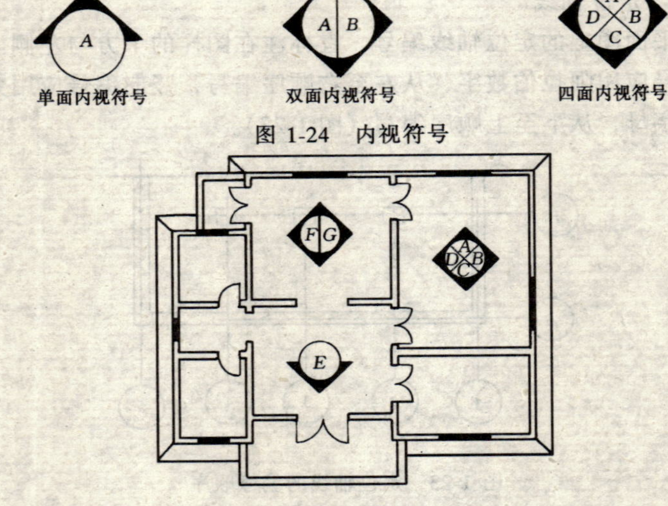

图 1-24 内视符号

图 1-25 平面图上内视符号应用示例

五、图例

常用建筑材料图例

"房屋建筑制图统一标准"GB/T 50001—2001规定的图例（表1-3）。

常用建筑材料图例　　表1-3

序号	名称	图例	备注
1	自然土壤		包括各种自然土壤
2	夯实土壤		
3	砂、灰土		靠近轮廓线绘较密的点
4	砂砾石、碎砖三合土		
5	石材		
6	毛石		
7	普通砖		包括实心砖、多孔砖、砌块等砌体。断面较窄不易绘出图例线时，可涂红
8	耐火砖		包括耐酸砖等砌体
9	空心砖		指非承重砖砌体
10	饰面砖		包括铺地砖、马赛克、陶瓷锦砖、人造大理石等
11	焦渣、矿渣		包括与水泥、石灰等混合而成的材料
12	混凝土		1. 本图例指能承重的混凝土及钢筋混凝土； 2. 包括各种强度等级、骨料、添加剂的混凝土； 3. 在剖面图上画出钢筋时，不画图例线； 4. 断面图形小，不易画出图例线时，可涂黑
13	钢筋混凝土		

续表

序号	名 称	图 例	备 注
14	多孔材料		包括水泥珍珠岩、沥青珍珠岩、泡沫混凝土、非承重加气混凝土、软木、蛭石制品等
15	纤维材料	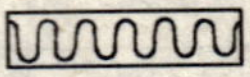	包括矿棉、岩棉、玻璃棉、麻丝、木丝板、纤维板等
16	泡沫塑料材料	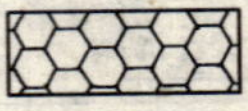	包括聚苯乙烯、聚乙烯、聚氨酯等多孔聚合物类材料
17	木 材		1. 上图为横断面，上左图为垫木、木砖或木龙骨 2. 下图为纵断面
18	胶合板		应注明为×层胶合板
19	石膏板	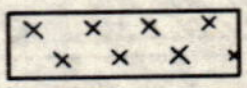	包括圆孔、方孔石膏板、防水石膏板等
20	金 属	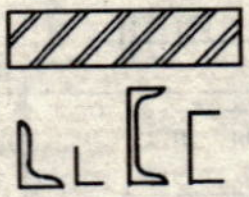	1. 包括各种金属 2. 图形小时，可涂黑
21	网状材料		1. 包括金属、塑料网状材料 2. 应注明具体材料名称
22	液 体	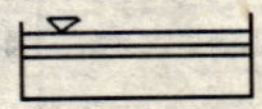	应注明具体液体名称
23	玻 璃		包括平板玻璃、磨砂玻璃、夹丝玻璃、钢化玻璃、中空玻璃、加层玻璃、镀膜玻璃等

续表

序号	名称	图例	备注
24	橡　　胶		
25	塑　　料		包括各种软、硬塑料及有机玻璃等
26	防水材料		构造层次多或比例大时，采用上面图例
27	粉　　刷		本图例采用较稀的点

注：序号1　2、5、7、8、13、14、16、17、18、22、23图例中的斜线、短斜线、交叉斜线等一律为45°。

第三节　投影知识

影子对我们来说是熟悉的，有物体、光源、投影面就有影子，想去掉都很难，这就是我们常说的“形影不离”。室外阳光下房屋、树木、电线杆在地面上会有影子，人站在室内在地面，墙面上也要有投影。工程制图正是研究和利用了投影的原理。

一、投影法的分类

投影法可分为中心投影和平行投影两类。平行投影又分为斜投影和正投影两类。

1. 中心投影

一块三角板放在灯下，在地面上形成的投影就是中心投影。其特点是三角板距灯越近影子越大，相反则小（图1-26（*a*））。中心投影适用于绘制透视图。

2. 斜投影

一块三角板放在太阳底下，形成的影子就叫斜投影，因太阳距地面很远，因此光线是平行的，这块三角板距地面高低，对影的大小不会有影响（图 1-26（b））。斜投影适用于绘斜投影图。

3. 正投影

一块三角板放在太阳底下，而这时太阳又正好在我们的头顶。这时产生的投影就是正投影。正投影是平行投影的特例，这时的光线是垂直于投影面的（图 1-26（c））。建筑工程图基本上都是用正投影法绘制的。

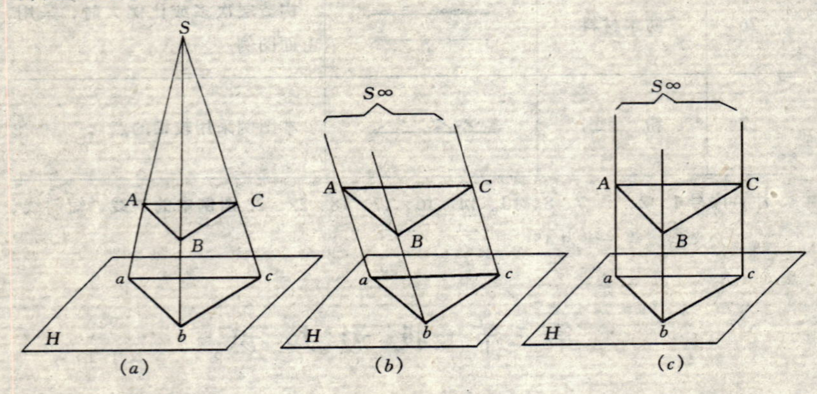

图 1-26 中心投影与平行投影

二、三面投影图

1. 三投影面的空间概念

讲投影原理离不开三个投影面（水平投影面、正面投影面、侧面投影面）（图 1-27），因此必须树立这一空间概念，我们应该把图 1-27 看成立体的，也就是三个垂直相交的面组成的一个空间，可把它看成房屋的一个角落（图 1-28），地面是水平投影面，用 H 来代表；正面墙是正面投影面，用 V 来代表；侧面墙是侧投影面，用 W 来代表；墙角顶点称为原点，用 O 代表，地面和正面墙交线为 OX 轴，地面和侧面墙交线为 OY 轴，正面墙和侧面墙交线为 OZ 轴。我们也可把一个纸箱去掉 3 个面做成投影模型帮助理解。

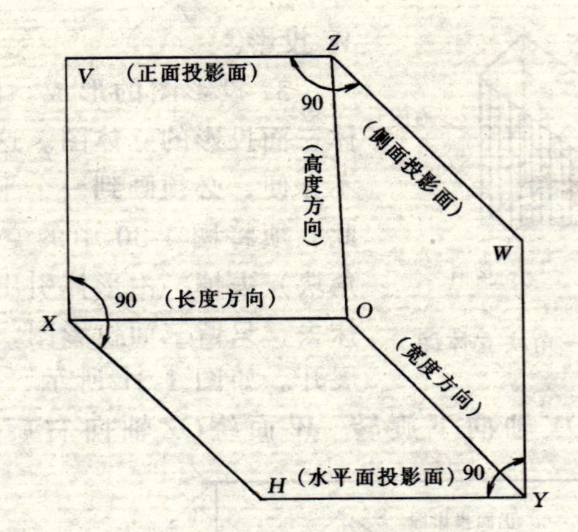

图 1-27　三个投影面的组成

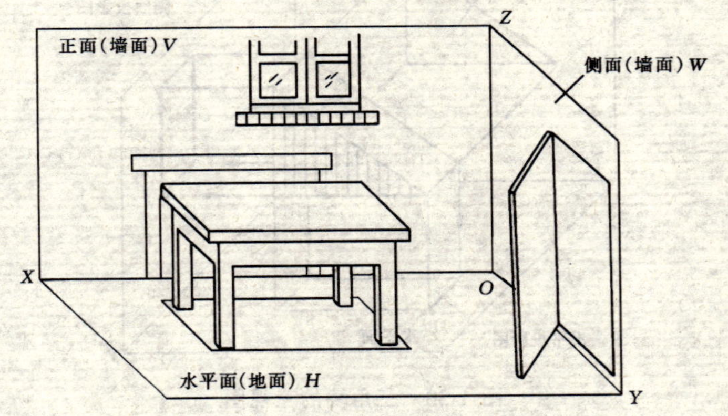

图 1-28　将房屋一角看成投影模型

2. 投影过程。首先把形体（图 1-29）置于 H 之上、V 之前、W 之左的空间，同时把形体的主要表面与三个投影面对应平行，即形体前后面∥V 面、底面∥H 面、右面∥W 面，按箭头指示方向，将形体上各棱点棱面，分别向 H、V、W 面作正投影，并将三个投影面上的投影，按一定顺序各自连成图形，即得形体的三面投影图。在 H 面上图形称水平投影或 H 投影，在 V 面上图形称正面投影或 V 投影，在 W 面上图形称侧面投影或

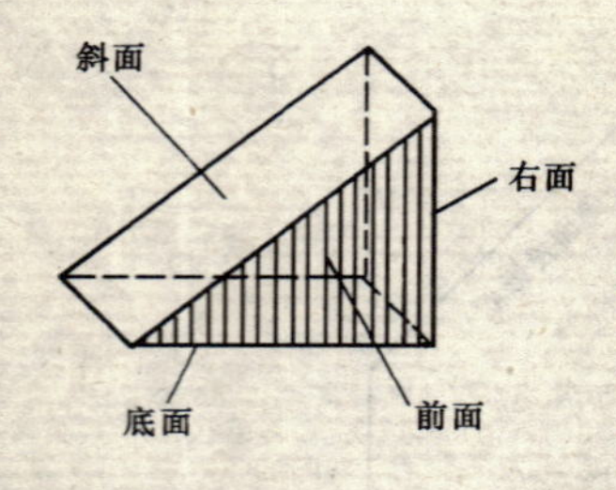

图 1-29　三角块立体图

W 投影。

3. 投影图的形成。图 1-30 是形体三面投影的立体图。这样图拿起来不方便，必须画到一个平面中去。因此，须将图 1-30 中的空间形体（三角块）去掉，由形体引出的投影线都抹去，只留三面投影图，再将投影面展开。如图 1-31 所示、V 面固定不动，H 面绕 OX 轴向下旋转，W 面绕 OZ 轴向右旋转，直到都

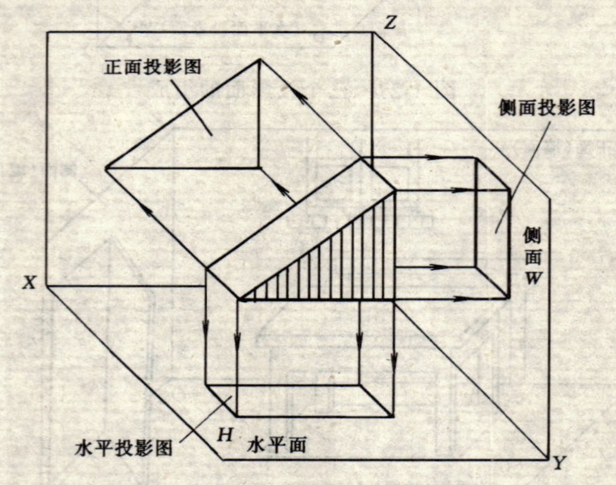

图 1-30　三角块的三视图

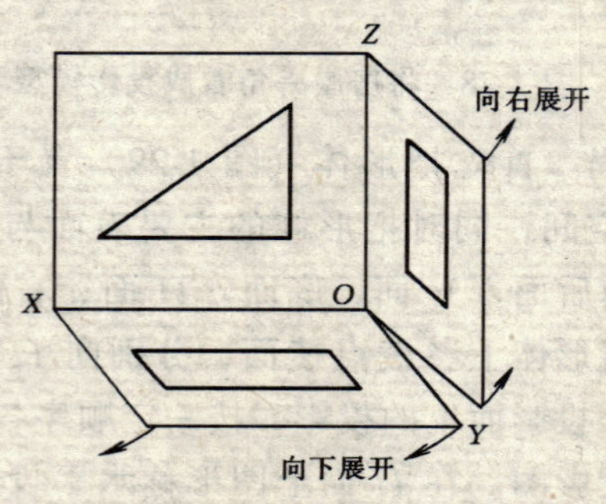

图 1-31　投影面将要展开

与 V 面同在一个平面上，如图 1-32 所示。如用纸箱做投影模型，将 OY 轴剪开，就能取得这样效果。

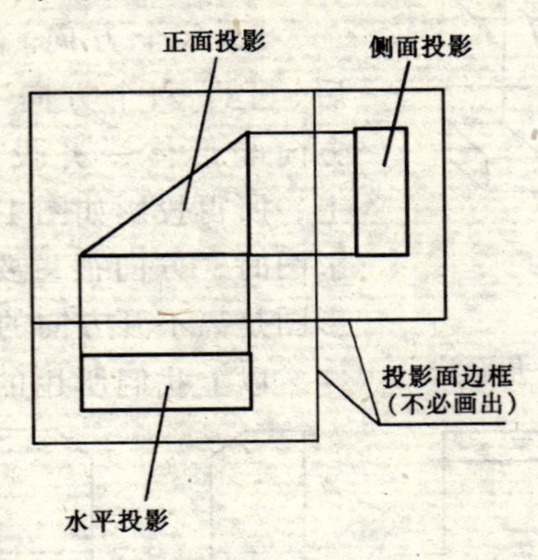

图 1-32 投影面展开后三角块的三视图

4. 三面投影图的关系。如图 1-33 所示，在三投影体系中，把 X、Y、Z 三个方向分别定为长、宽、高时，三面投影的关系是：

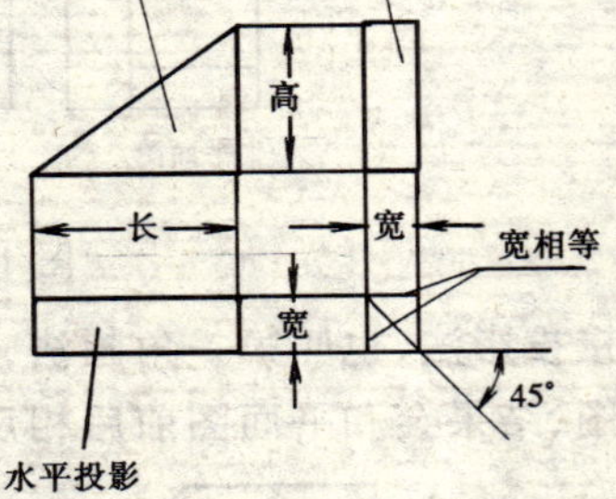

图 1-33 三角块的三视图

（1）V、H 投影都反映形体的长度，这两个投影定沿长度方向左右对正，即“长对正”。

（2）H、W 投影都反映形体的宽度，这两个投影的宽度一定相等，即“宽相等”。

（3）V、W 投影都反映形体的高度，这两个投影必沿高度方向上下平齐，即“高平齐”。

归纳起来，三面投影图的关系是：长对正、宽相等、高平齐，称为“三等关系”它为我们今后读图绘图和检查图形是否正确提供了理论根据。我们读图时找形体尺寸和视图关系如下：

长度到平面投影图和立面投影图去找；

宽度到平面投影图和侧面投影图去找；

高度到立面投影图和侧面投影图去找。

5. 六个方向。形体有左右、前后、上下六个方向（图 1-34）。六个方向与形体一齐投影到三个投影面上，所得投影如图 1-35 所示，识读投影图时，方向很重要，因为形体的投影图是离不开方向的。

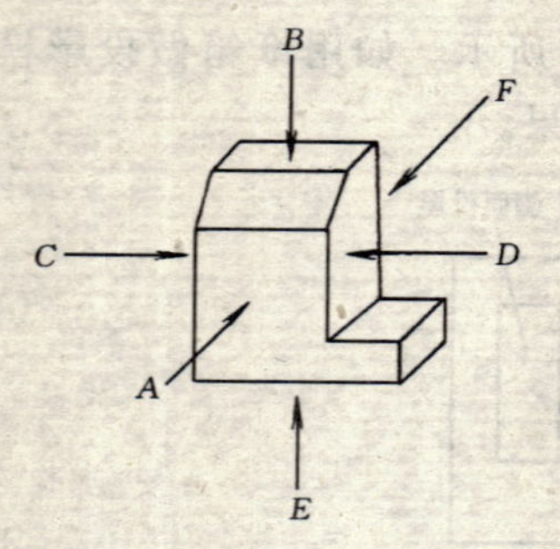

图 1-34　第一角画法

以上我们所用的正投影法都是直

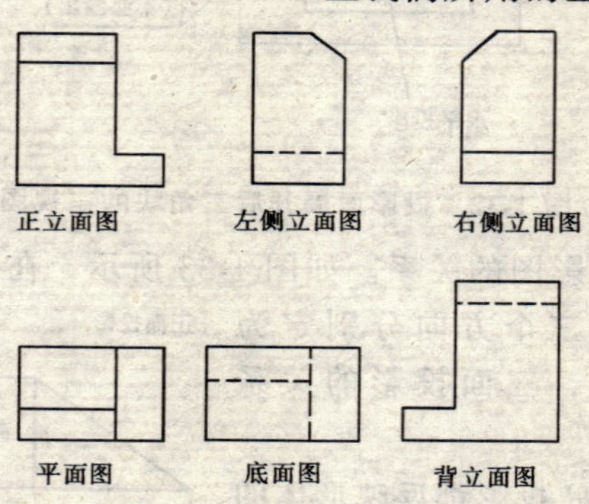

图 1-35　视图配置

接投影法，也叫第一角画法，但有时会遇到不便，我们如果画仰视图，结果会和平面图前后相反，看起来很不方便，这时可用镜像投

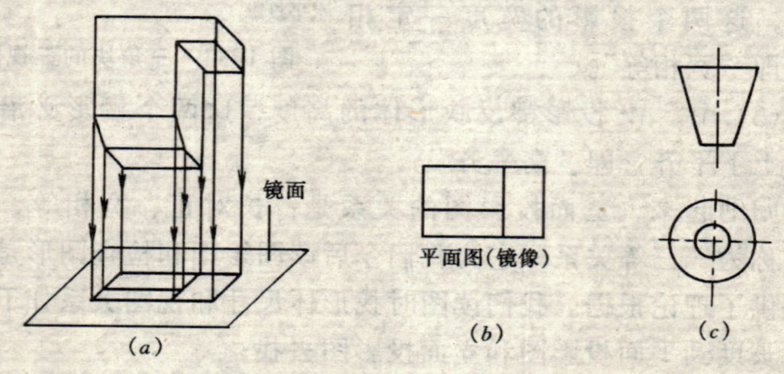

图 1-36　镜像投影法

影法绘制,镜像投影法是将投影面看做一面镜子(图 1-36(a)),其图样的前后、左右位置与平面图完全相同,但应在图名后注写“镜像”二字(图 1-36(b)),或按图 1-36(c)画出镜像投影识别符号,镜像投影法在装饰装修工程绘顶棚图时常用。

第四节　建筑施工图基本知识

一、平面图

平面图分总平面图和建筑平面图。总平面图是说明建筑物所在地理位置和周围环境的平面图。在总平面图上标有建筑物的外形尺寸、坐标、±0.000 相当于绝对标高，建筑物周围地形地物、原有道路、原有建筑、地下管网等。

1. 建筑平面图的形成

建筑平面图，是假想用一水平的剖切平面，沿着房屋门窗口的位置，将房屋剖开，拿掉上部分，对剖切平面以下部分所做出的水平投影图，实际上它是一个房屋的水平全剖面图（图 1-37)。

2. 建筑平面图的命名和分类

建筑平面图常以剖切部位命名。

(1) 底层平面图；(2) 中间标准层平面图；

(3) 地下室平面图；(4) 设备层平面图；

(5) 屋顶平面图；(6) 装饰平面图。

二、立面图

1. 立面图的形成

立面图是将建筑物各个墙面进行投影所得到的正投影图（图 1-38)。

2. 立面图的命名

立面图命名有三种。

(1) 按立面主次命名

把房屋的主要出入口或反映房屋外貌主要特征的立面称为

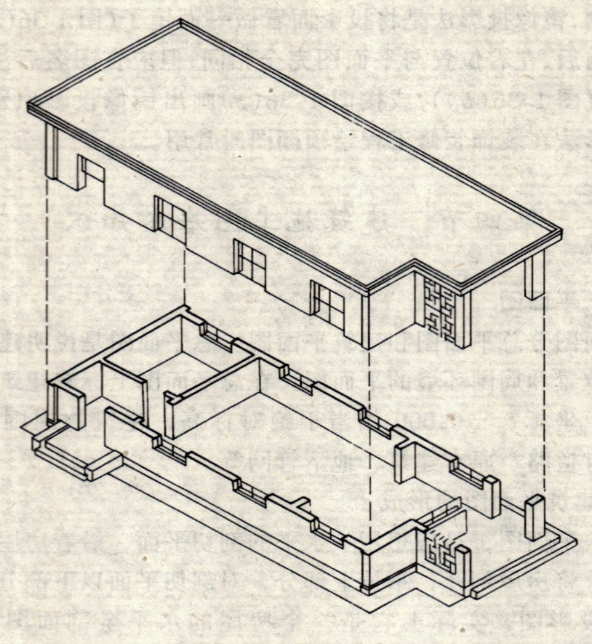

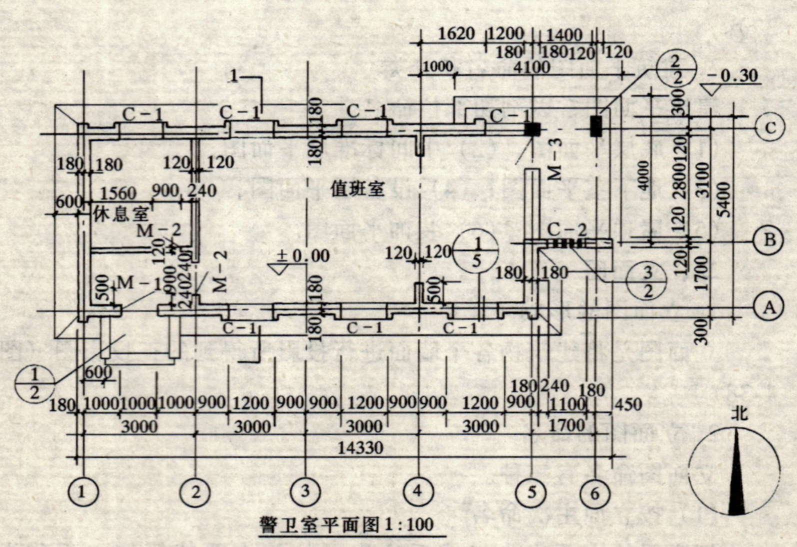

值班室
休息室
C－1
C－2
M－1
M－2
M－3
±0.00
－0.30
1620 1200 1400
180 180 120 120
1000 4100
180 180
120 120
1560 900 240
600
500
120 120
180 180
180 240 180
600
180 1000 1000 1000 900 1200 900 900 1200 900 900 1200 900 1100 450
3000 3000 3000 3000 1700
14330
300 120 4000 2800 120 3100 5400 120 1700 300
A
B
C
1
2
3
4
5
6
北
警卫室平面图 1:100

图 1-37　平面图的形成

“正立面图”，而把其他立面分别称之为背立面图、左侧立面图和右侧立面图。

（2）按立面的朝向命名

把房屋的各个立面图分别称为南立面图、北立面图、东立面图和西立面图。

（3）按立面图两端的轴线来命名

把房屋立面图分别称为如①～⑦轴立面图、Ⓔ～Ⓐ轴立面图等。

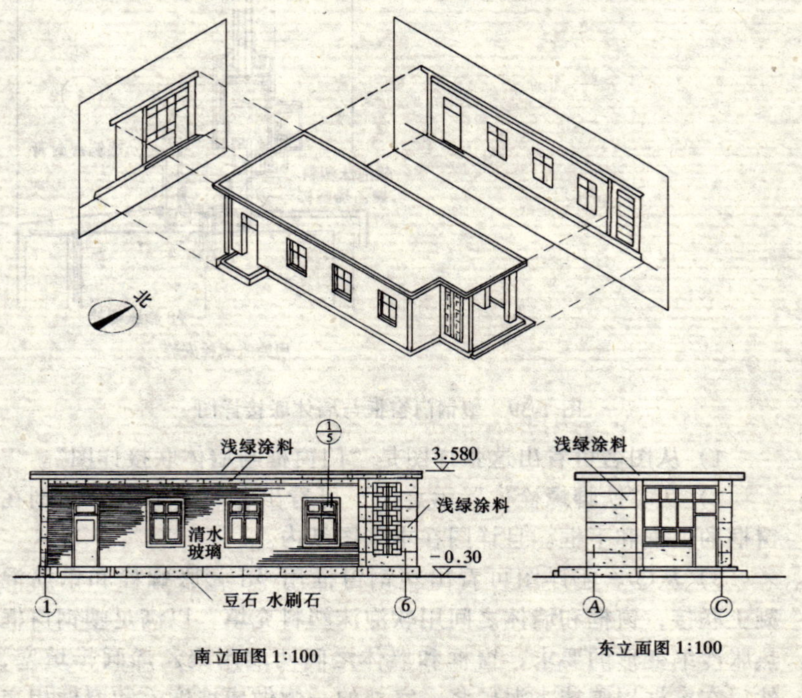

图 1-38 立面图的形成

三、节点、构配件详图识读要点

下面以某通用图集“塑钢门窗”部分为例说明详图识图步骤和要点（图 1-39）。

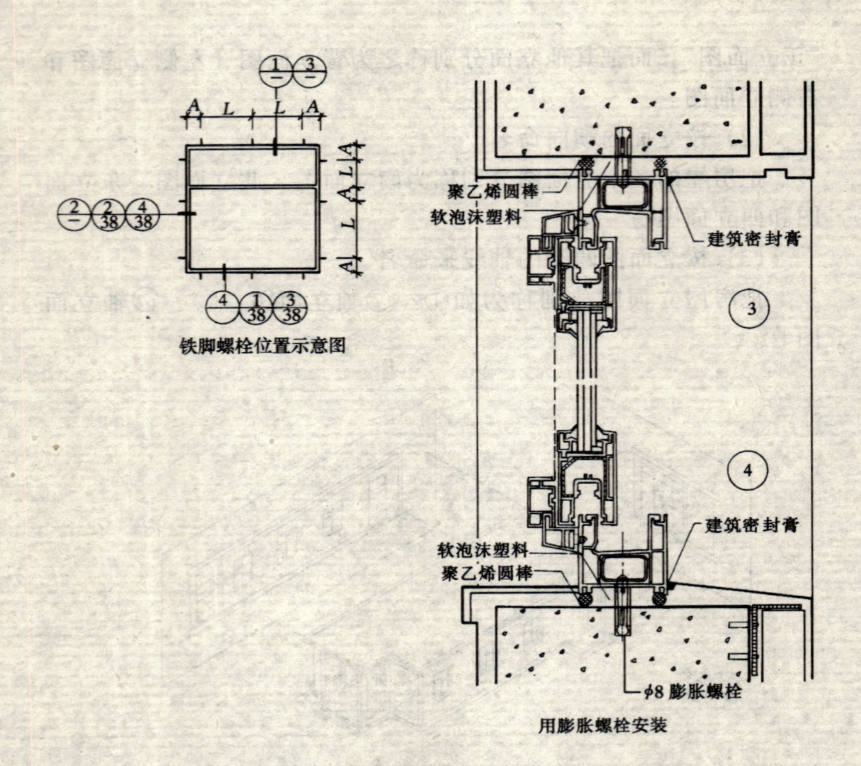

图 1-39 塑钢门窗框与墙体联接详图

1）从图名可看出这张详图是“门窗框与墙体联接详图”。

2）从“铁脚螺栓位置示意图”可看出③、④节点分别剖在窗框的上框和下框。且详图在本张图纸内。

3）从③、④详图可看出塑钢窗框用 $\phi 8$ 膨胀螺栓和钢筋混凝土联接，窗框和墙体之间用软泡沫塑料充填，以满足塑钢窗框热胀冷缩变形的要求，窗框和墙体之间两端用聚乙烯圆棒填塞，然后在窗框周围抹水泥砂浆，室外的一侧做成坡度，和窗框相交处用“建筑密封膏密封”。

四、平面图、立面图、剖面图、详图中尺寸和标高标注的规定

1. 建筑平面图中尺寸

总尺寸（建筑物外轮廓尺寸）、细部尺寸（建筑物构配件详细尺寸）均为毛面尺寸，即为非建筑完成面尺寸，也可理解为装饰装修前的尺寸，这时的尺寸一般为结构尺寸，如门窗洞口尺寸、墙体厚度等。

定位尺寸——轴线尺寸，是建筑构配件，如墙体、梁、柱、门窗洞口、洁具等，相应于轴线或其他构配件确定位置的尺寸，但应注意墙体的轴线有时并非是墙体的中心线，如有些外墙的中心线内侧墙厚度为120mm，外侧为370mm。

2. 建筑平面图、立面图、剖面图、详图中楼地面、地下室地面、阳台、平台、檐口、屋脊、女儿墙，台阶等处的高度尺寸及标高为完成面尺寸及标高，也就是装饰装修完的尺寸及标高，此时结构标高为完成面标高减去装饰装修层厚度。如：钢筋混凝土楼板上有4cm厚的装饰装修层，如完成面标高为3.000m，结构标高则为2.960m（图1-40）。常将首层完成面标高定为±0.000,为相对标高起点。如第二层楼面完成面标高为3.000m，

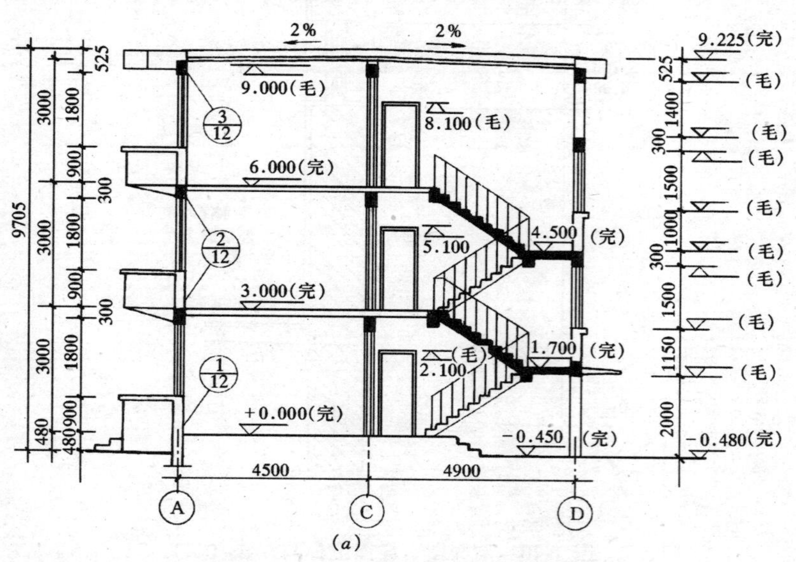

图1-40 剖面图、详图上标高注法（一）

（a）剖面图1:100

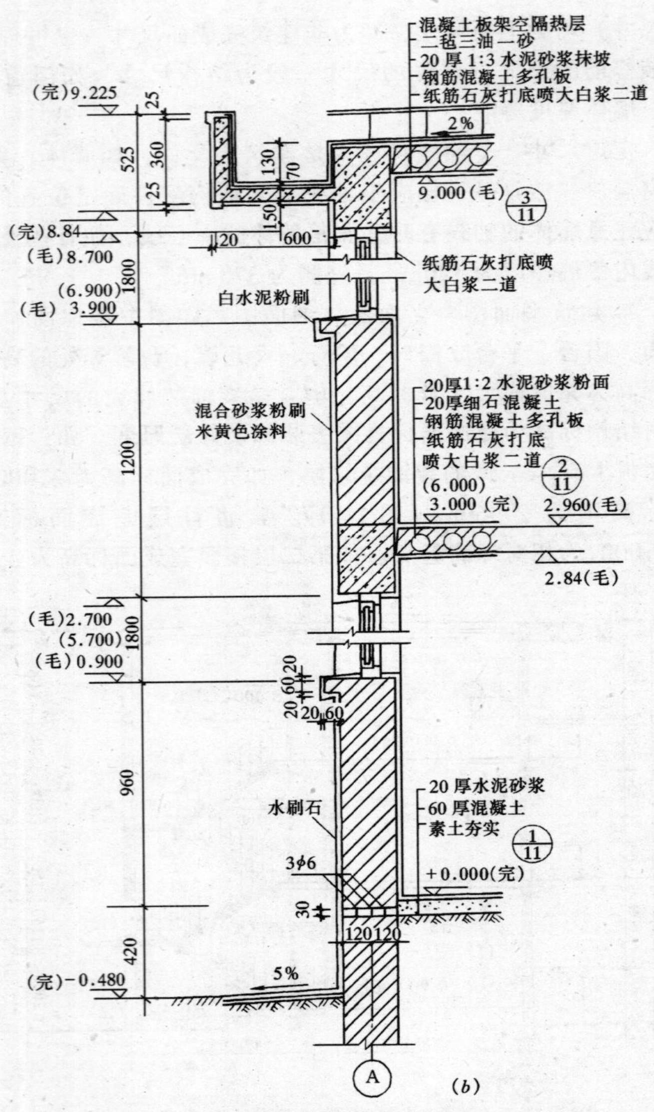

图 1-40 剖面图、详图上标高注法（二）

（*b*）详图 1:20

注：1. 本图根据“建筑制图标准”GB/T 50104—2001 绘制；

2. 完——表示完成面标高，也就是装饰装修完成后标高；

3. 毛——表示未装饰装修面的标高。

那么首层的层高就为3.000m。

建筑物其余部分，高度尺寸及标高注写毛面尺寸及标高，此时标高即为结构标高。如梁底、板底、门窗洞口标高。

五、识读图纸的方法和步骤

（一）识读图纸前的准备

房屋建筑图是用投影原理和各种图示方法综合应用绘制的。所以，识读房屋建筑图，必须具备一定的投影知识，掌握形体的各种图示方法和制图标准的有关规定；要熟记图中常用的图例、符号、线型、尺寸和比例；要具备房屋构造的有关知识。

（二）识读图纸的方法和步骤

识读图纸的方法归纳起来是："由外向里看、由大到小看、由粗到细看、由建筑结构到设备专业看，平立剖面、几个专业、基本图与详图、图样与说明对照看，化整为零、化繁为简、抓纲带目，坚持程序"。

1."由外向里看、由大到小看、由粗到细看、由建筑结构到设备专业看"

（1）先查看图纸目录，通过图纸目录看各专业施工图纸有多少张，图纸是否齐全。

（2）看设计说明，对工程在设计和施工要求方面有一概括了解。

（3）按整套图纸目录顺序粗读一遍，对整个工程在头脑中形成概念。如工程的建设地点、周围地形、相邻建筑、工程规模、结构类型、工程主要特点和关键部位等情况，做到心中有数。

（4）按专业次序深入细致地识读基本图。

（5）读详图。

2."平立剖面、几个专业、基本图与详图、图样与说明对照看"

（1）看立面和剖面图时必须对照平面图才能理解图面内容。

（2）一个工程的几个专业之间是存在着联系的，主体结构是房屋的骨架，装饰装修材料、设备专业的管线都要依附在这个骨架上。看过几个专业的图纸就要在头脑中树立起以这个骨架为核心的房屋整体形象，如想到一面墙就能想到它内部的管线和表面的装饰装修，也就是将几张各专业的图纸在头脑中合成一张。这样也会发现几个专业功能上或占位的矛盾。

(3) 详图是基本图的细化，说明是图样的补充，只有反复对照识读才能加深理解。

3."化整为零、化繁为简、抓纲带目、坚持程序"

(1) 当你面对一张线条错踪复杂、文字密密麻麻的图纸时，必须有化繁为简的办法和抓住主要的办法，首先应将图纸分区分块，集中精力一块一块地识读。

(2) 按项目，集中精力一项一项地识读，坚持这样的程序读任何复杂的图纸都会变得简单，也不会漏项。

(3) "抓纲带目"有二种含义，一是前面说过的要抓住房屋主体结构这个纲，将装饰装修、设备专业构件材料这些目带动起来，做到"纲举目张"。二是当你识读一张图纸时也必须抓住图纸中要交待的主要问题，如一张详图要表明两个构件的连接，那么这张图纸中这两个构件就是主体，连接是主题，一些螺栓连接，焊接等是实现连接的方法，读图时先看这两个构件，再看螺栓、焊缝。

六、识读建筑平面图、立面图、剖面图、详图的步骤要点

1.平面图（图 1-37）

(1) 看图名、比例，了解该图是哪一层平面图，绘图比例是多少。

(2) 看首层平面图上的指北针，了解房屋的朝向。

(3) 看房屋平面外形和内墙分隔情况，了解房间用途、数量及相互间联系，如入口、走廊、楼梯和房间的关系。

(4) 看首层平面图上室外台阶、花池、散水坡及雨水管的位置。

(5) 看图中定位轴线编号及其尺寸。了解承重墙、梁、柱位置及房间开间进深尺寸。

（6）看各房间内部陈设，如卫生间浴盆、洗手盆位置。

（7）看地面标高，包括室内地面标高、室外地面标高、楼梯平台标高等。

（8）看门窗的分布及其编号，了解门窗的位置、类型、数量和尺寸。

（9）在底层平面图上看剖面的剖切符号，了解剖切部位及编号，以便与有关剖面图对照阅读。

（10）查看平面图中的索引符号，以便与有关详图对照查阅。

2. 立面图（图 1-38）

（1）看图名和比例，了解是房屋哪一立面的投影，绘图比例是多少。

（2）看房屋立面的外形，以及门窗、屋檐、台阶、阳台、烟囱、雨水管等形状及位置。

（3）看立面图中的标高尺寸，通常立面图中注有室外地坪、出入口地面、勒脚、窗口、大门口及檐口等处标高。

（4）看房屋外墙表面装饰装修的做法，通常用指引线和文字来说明材料和颜色。

（5）查看图上的索引符号，有时在图上用索引符号表明局部剖切的位置。

3. 剖面图（图 1-40）

（1）看图名、轴线编号和绘图比例，与首层平面图对照，确定剖切平面的位置及投影方向。

（2）看房屋内部构造，如各层楼板、楼梯、屋面的结构形式、位置及其与墙（柱）的相互关系等。

（3）看房屋各部位的高度，如房屋总高、室外地坪、门窗顶、窗台、檐口等处标高，室内首层地面、各层楼面及楼梯平台的标高。

（4）看楼地面、屋面的构造，在剖面图中表示楼地面、屋面构造时，通常在引出线上列出做法的编号。

（5）看有关部位坡度的标注，如屋面、散水、排水沟等处。

（6）查看图中的索引符号。

4. 详图（图 1-41）

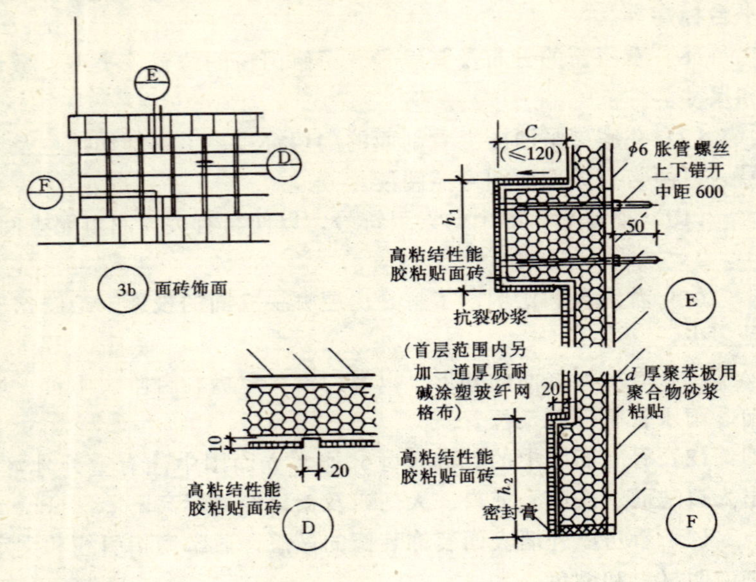

图 1-41　仿石、面砖、片石勒脚详图

注：1. $C, h_1 h_2$ 的数值由设计人定，如设计人不指定，则：

$$C = 60, h_1 = 100, h_2 = 150$$

2. 本图以粘贴聚苯板抹抗裂砂浆的外墙外保温为例。

下面以某通用图集外装修部分为例说明详图识图步骤和要点。

（1）看图名知道这组图是“仿石、面砖、片石勒脚”的做法。

（2）看立面图索引知道Ⓓ、Ⓔ、Ⓕ3 个详图分别是勒脚中、上、下部位的详图。

（3）从 3 个详图可知此装修为外墙外保温。通过图例可知墙为砖墙。墙上用聚合物砂浆粘贴 d 厚聚苯板，聚合物砂浆为点式粘贴，但聚合物砂浆成分、厚度、间距均未标注，需查聚合物砂浆操作规程；

从3个详图可知聚苯板外表面抹抗裂砂浆找平层，面砖背面抹高粘结性能胶与找平层粘贴；

从Ⓔ图可知勒脚上端突出墙面应120mm以内。并有一定的坡度。突出部位用$\phi6$胀管螺钉拉住。螺钉上下错开，中心距离600mm；

从Ⓕ图可知勒脚下端突出墙面20mm，聚苯板和地面用多孔材料隔开，面砖和地面用密封膏隔开。

第二章　金属工施工常用机具

金属工施工常用机具是保证金属加工施工质量的重要手段，是提高工效的基本保证。在建筑装饰工程中，金属工施工常用机具须完整齐备，才能保证装饰施工的正常进行。装饰工程的各个部分都离不开施工常用机具。在我国市场上能够买到的施工常用机具主要是我国、日本及德国的产品。这些施工常用机具产品种类繁多，性能各异，应在了解其使用功能和产品特性后方可使用。

第一节　锯(切、割、截、剪)断机具

一、电动曲线锯

电动曲线锯可以在金属、木材、塑料、橡胶皮条、草板材料上切割直线或曲线，能锯割复杂形状和曲率半径小的几何图形。锯条的锯割是直线的往复运动，其中粗齿锯条适用于锯割木材，中齿锯条适用于锯割有色金属板材、层压板，细齿锯条适用于锯割钢板。电动曲线锯由电动机、往复机构、风扇、机壳、开关、手柄、锯条等零件组成。

（一）特点

电动曲线锯具有体积小、质量轻、操作方便、安全可靠，适用范围广的特点，是建筑装饰工程中理想的锯割工具。

（二）用途

在装饰工程中常用于铝合金门窗安装，广告招牌安装及吊顶等。

（三）规格

电动曲线锯的规格及型号以最大锯割厚度表示。我国生产的回 JIQZ-3 型曲线锯规格及锯条规格分别见表 2-1 及表 2-2。

电动曲线锯规格 **表 2-1**

型　号	电压（V）	电流（A）	电源频率（Hz）	输入功率（W）	锯割最大厚度（mm）		最小曲率半径（mm）	锯条负载往复次数（次/min）	锯条往复行程（mm）
					钢板	层压板			
回 JIQZ-3	220	1.1	50	230	3	10	50	1600	25

（四）操作注意事项

（1）为取得良好的锯割效果，锯割前应根据被加工件的材料选取不同齿锯的锯条。若在锯割薄板时发现工件有反跳现象，表明选用锯条齿锯太大，应调换细齿锯条。

电动曲线锯锯条规格 **表 2-2**

规　格	齿　距（mm）	每英寸齿数（个）	制造材料	表面处理	适用锯割材料
粗齿	1.8	10	T10	发黑	木材
中齿	1.4	14	W18Gr4V		有色金属层压板
细齿	1.1	18	W18Gr4V		普通钢板

（2）锯条应锋利，并装紧在刀杆上。

（3）锯割时向前推力不能过猛，转角半径不宜小于 50mm。若卡住应立刻切断电源，退出锯条，再进行锯割。

（4）在锯割时不能将曲线锯任意提起，以防锯条受到撞击而折断和损坏锯条中路。但可以断续地开动曲线锯，以便认准锯割线路，保证锯割质量。

（5）应随时注意保护机具，经常加注润滑油，使用过程中发现不正常声响、火花、外壳过热、不运转或运转过慢时，应立即停锯，检查并修好后方可使用。

二、电剪刀

电剪刀是剪裁钢板以及其它金属板材的电动工具，在钣金工剪切镀锌铁皮等操作中，能按需要切出一定曲线形状的板件，并能提高工效，也可剪切塑料板，橡胶板等。

（一）特点

电剪刀使用安全，操作简便，美观适用。

（二）构造

电剪刀主要由单相串激电动机、偏心齿轮、外壳、刀杆、刀架、上下刀头等组成。

（三）规格

电动剪刀的规格以型号及最大剪切厚度表示，见表 2-3。

电动剪刀的规格 **表 2-3**

型号		回 J_1J-1.5	回 J_1J-2	回 J_1J-2.5
剪切最大厚度	(mm)	1.5	1.5	2.5
剪切最小半径	(mm)	30	30	35
电压	(V)	220	220	220
电流	(A)	1.1	1.1	1.75
输出功率	(W)	230	230	340
刀具往复次数	(次/min)	3300	1500	1260
剪切速度	(m/min)	2	1.4	2
持续率	(%)	35	35	35
质量	(kg)	2	2.5	2.5

（四）使用注意事项

（1）检查工具、电线的完好程度，检查电压是否符合额定电压。先空转试验各部分是否灵活。

（2）使用前要调整好上下机具刀刃的横向间隙，刀刃的间隙是根据剪切板的厚度确定的，一般为板厚的7%左右。在刀杆处于最高位置时，上下刀刃仍有搭接，上刀刃斜面最高点应大于剪切板的厚度。

（3）要注意电动剪刀的维护，经常在往复运动中加注润滑油，如发现上下刀刃磨损或损坏，应及时修磨或更换，工具在使用完后应揩净，放在干燥处存放。

（4）使用过程中如有异常响声等，应停机检查。

三、型材切割机

型材切割机主要用于切割金属型材。它根据砂轮磨损原理，利用高速旋转的薄片砂轮进行切割，也可改换合金锯片切割木材、硬质塑料等，在建筑装饰施工中，多用于金属内外墙板、铝合金门窗安装、吊顶等工程。

（一）规格

型材切割机由电动机（三相工频电动机）、切割动力头、变速机构、可转夹钳、砂轮片等部件组成。现在国内装饰工程中所用切割机多为国产的和日本产的，如 J_3G-400 型、J_3GS-300 型，其主要参数见表 2-4。

型材切割机型号及主要参数 **表 2-4**

型号		J_3G-400 型	J_3GS-300 型
电动机		三相工频电动机	三相工频电动机
额定电压 (V)		380	380
额定功率 (kW)		2.2	1.4
转速 (r/min)		2880	2880
极数		二级	二级
增强纤维砂轮片 (mm)		400×32×3	300×32×3
切割线速度 (m/min)		砂轮片 60	砂轮片 68　木工圆锯片 32
最大切割范围 (mm)	圆钢管、异型管	135×6	95×5
	槽钢、角钢	100×10	80×10
	圆钢、方钢	ϕ50	ϕ25
	木材、硬质塑料		ϕ90
夹钳可转角度		0°,15°,30°,45°	0～45°
切割中心调整量 (mm)		50	—
机身质量 (kg)		80	4

（二）使用注意事项

（1）使用前应检查切割机各部位是否紧固，检查绝缘电阻、电缆线、接切线以及电源额定电压是否与铭牌要求相符，电源电压不宜超过额定电压10%。

(2) 选择砂轮片和木工圆锯片，规格应与铭牌要求相符，以免电机超载。

(3) 使用时，要将被切割件装在可转夹锥上，开动电机，用手柄揿下动力头，即可切断型材，夹钳与砂轮片应根据需要调整角度。J_3G_4W 型型材切割机的砂轮片中心可前后位移，调整砂轮片与切割型材的相应位置，调稳时只要将两个固定螺钉松开，调好后拧紧即可。

(4) 切割机开动后，应首先注意砂轮片施转方向是否与防护罩上标出的方向一致，如不一致，应立即停车，调换插头中两支电源线。

(5) 操作时不能用力按手柄，以免电机过载或砂轮片崩裂。操作人员可握手柄开关，身体应倒向一旁。因有时紧固夹钳螺丝松动，导致型材弯起，切割机切割碎屑过大飞出保护罩，容易伤人。

(6) 使用中如发现机器有异常杂音，型材或砂轮跳动过大等应立即停机，检修后方可使用。

(7) 机器使用后应注意保存。

四、JT10 型风动锯

(一) 结构特点

JT10 型风动锯采用旋转式节流阀。为了减少寻杆上下高速运动带来的振动，前部设计有平衡装置。

(二) 用途

适用于建筑装饰行业中对铝合金、塑料、橡胶、木材等板材的直线或曲线锯割。

(三) 基本参数

JT10 型风动锯的基本参数如下：

(1) 最大锯割厚度；普通热轧钢板 5mm，铝板 10mm。

(2) 使用气压：0.5MPa。

(3) 空载频率：2500 次/min。

(4) 耗气量：0.6m^3/min。

(5) 机身质量：2.0kg。

第二节　钻（拧）孔机具

一、电钻

(一) 电钻的特点及用途

电钻是用来对金属、塑料或其他类似材料或工件进行钻孔的电动工具。电钻的特点是体积小，质量轻，操作快捷简便，工效高。对体积大、质量大、结构复杂的工件，利用电钻来钻孔尤其方便，不需要将工件夹固在机床上进行施工。因此，电钻是金属工施工过程中最常用的电动工具之一。为适应不同用途，电钻有单速、双速、四速和无级调整等种类。电钻的规格以钻孔直径表示，见表 2-5。电动小电钻工作前检查卡头是否卡紧。工作物要放平放稳，小工件、薄工件应使用卡盘夹紧或用钳夹紧，然后再进行操作。

交直流两用电钻规格　　**表 2-5**

电钻规格（mm）	额定转速（r/min）	额定转矩（N·m）
4	≥2200	0.4
6	≥1200	0.9
10	≥700	2.5
13	≥500	4.5
16	≥400	7.5
19	≥330	3.0
23	≥250	7.0

(二) 电钻使用注意事项

(1) 电动小电钻禁止用力过猛压钻柄或用管子套在手柄上加力。

(2) 手电钻的手提把和电源导线应经常检查，保持绝缘良好，电线必须架空，操作时戴绝缘手套。

(3) 手电钻应按出厂的名牌规定，正确掌握电压功率和使用时间。如发现漏电现象、电机发热超过规定，转动速度突然变慢或有异声时，应立即停止使用，交电工检修。

(4) 手电钻钻头必须拧紧，开始时应轻轻加压，钻孔钻杆保持直线，不得翘扳或过分加压，以防断钻。

(5) 手电钻向上钻孔,只许用手顶托钻把,不许用头顶肩夹。

(6) 手电钻高空作业时，应搭设安全脚手架或挂好安全带。

(7) 手电钻先对准孔位后才开动电钻，禁止在转动中手扶钻杆对孔。

(8) 电动小电钻的手提把和电源导线就经常检查，保持绝缘良好，电线必须架空，操作时戴绝缘手套。

二、冲击电钻

冲击电钻，亦称电动冲击钻。它是可调节式旋转带冲击的特种电钻，当把旋钮调到纯旋转位置时，装上钻头，就像普通电钻一样，可对钢制品进行钻孔；如把旋钮调到冲击位置，装上镶硬质合金冲击钻头，就可以对混凝土、砖墙进行钻孔。

(一) 用途

冲击电钻广泛应用于建筑装饰工程以及安装水、电、煤气等方面。

(二) 规格

冲击电钻的规格以型号及最大钻孔直径表示，见表 2-6。

冲击电钻规格型号 **表 2-6**

型号		回 JIZC-10 型	回 JIZC-20 型
额定电压 (V)		220	220
额定转速 (r/min)		≥1200	≥800
额定转矩 (N·m²)		0.009	0.035
额定冲击次数 (次/min)		14000	8000
额定冲击幅度 (mm)		0.8	1.2
最大钻孔直径 (mm)	钢铁中	6	13
	混凝土制品中	10	20

（三）使用注意事项

（1）使用前应检查工具是否完好，电线有无破损，电源线在进入冲击电钻处有无橡皮护套。

（2）按额定电压接好电源，根据冲击、电钻要求选择合适的钻头后，把调节按钮调好，将刀具垂直于墙面冲转。

（3）使用时有不正常杂音应停止使用，如发现旋转速度突然降低，应立即放松压力。钻孔时突然刹停应立即切断电源。

（4）移动冲击电钻时，必须握持手柄，不能拖拉橡皮软线，防止橡皮软线擦破、割破。使用中要防止其他物体碰撞，以防损坏外壳或其他零件。

（5）使用后应放在阴凉干燥处。

三、电锤

电锤在也叫冲击电钻，其工作原理同电动冲击钻，也兼具冲击和旋转两种功能。由单相串激式电机、传动箱、曲轴、连杆、活塞机构、保险离合器、刀夹机构、手柄等组成。

（一）特点

电锤的特点是利用特殊的机械装置将电动机的旋转运动变为冲击、或冲击带旋转运动。按其冲击旋转的形式可分为：动能冲击锤、弹簧冲击锤、弹簧气垫锤、冲击旋转锤、曲柄连杆气垫锤和电磁锤等。

（二）用途

电锤主要用于建筑工程中各种设备的安装，在装饰工程中可用于在砖石、混凝土结构上钻孔、开槽、粗糙表面，也可用来钉钉子、铆接、捣固、去毛刺等加工作业。另外，在现代装饰工程中用于铝合金门窗的安装，铝合金吊顶，石材安装等工程中。

（三）型号

国内设计试制生产的电锤主要有以下四种。

1.J_1ZC-22 型电锤

该电锤由外壳、电动机、减速器、旋转套筒、磁心轴—连杆一活塞机构、钻杆、镇定装置、离合器、手柄、开关等组成。该电锤用于金属、木材和塑料钻孔时，应采用短尾钻杆使可产生旋转运动。在开槽和粗糙表面作业中应采用杆尾直径小于钎套内六角孔内切圆直径钻钎，刀头只冲击，不旋转，手柄位于机身后面，机身前后还装有辅助手柄。开关采用能快速切断、自动复位的可撤式开关，装在手柄内，操作十分方便。

主要技术数据：

（1）钻眼直径：ϕ14、ϕ16、ϕ18、ϕ20、ϕ22mm。

（2）冲击次数：2100 次/min。

（3）转钎转数：250r/min。

（4）外型尺寸：425mm×235mm×100mm。

（5）机身质量：7.5kg。

（6）电动机：输出功率 310W；额定电压 220V；额定电流 3.2A；电源为交流 50Hz 或直流。

2. J_1SJ-28 型电锤

该电锤由单相串激电动机、减速箱、弹簧气垫冲击机构、开关、手柄等部分组成。

主要技术数据：

（1）钻孔直径：19～28mm。

（2）最大钻孔深度：150mm。

（3）冲击次数：2300 次/min。

（4）外型尺寸：460mm×130mm×270mm。

（5）机身质量：11kg。

（6）发动机：输出功率 750W；额定电压 220V；电源为交流 50Hz 或直流。

3. Z_2SC-1 型电锤

该电锤由电动机、机壳、手柄、开关、传动装置、风扇等组成。可冲击式旋转，有自动保护装置，防止电机超负荷运转。

主要技术数据：

（1）钻孔直径：ϕ10、ϕ14、ϕ18mm。

（2）钻孔最大深度：150mm。

（3）工作效率：ϕ14mm 钻头水平方向打 C40 混凝土的工效为 30～40mm/min。

（4）机身质量：7.5kg。

（5）电动机：输出功率 300～3500W；额定电压 220V；额定电流 2.5A；频率 220Hz；相数 3 相。

4.ZC-22 型电锤

该电锤由电动机、传动箱、曲轴、连杆、活塞机构、保险离合、刀夹机构、手柄等组成。有冲击和旋转两种功能，有自动保护装置防止传动损坏和电机过载。该产品还带有标准辅助件和任选辅助件。

主要技术数据：

（1）电 压：110V、115V、120V、127V、200V、220V、230V、240V。

（2）空载转速：800 次/min。

（3）满载冲击率：3150 次/min。

（4）工作效率：混凝土 22mm，钢材 13mm，木材 30mm。

（5）机身质量：4.3kg。

（四）使用注意事项

（1）使用电锤打孔，工具必须垂直于工作面，不允许工具在孔内左右摆动，以免扭坏工具；使用中若需扳撬时，不应用力过猛。

（2）保证电源和电压与铭牌中规定相符。且电源开关必须处于“断开”位置。如工作地点远离电源，可使用延长电缆。电缆应有足够的线径，其长度应尽量缩短。检查电缆线有无破裂漏电情况，并加以妥善良好的接地。

（3）电锤的各连接部位紧固螺丝必须牢固；根据钻孔、开凿情况选择合适的钻头，并安装牢靠。钻头磨损后应及时更换，以免电机过载。

（4）电锤多为断续工作制，切勿长期连续使用，以免烧坏电动机。电锤使用后应将电源插头拔离插座。

（五）维护与检修

（1）为了使电锤能经常工作，使用中必须对其进行经常仔细地维护和保养。

（2）注入优质、耐热性能良好的润滑油。

（3）注意勿使电机绕线受潮气、水分、油剂的侵袭。

（4）电锤中的易损件应及时检查更换。

四、风动冲击锤（HQ-A-20型）

（一）结构特点

采用4位6通手动单向球型转换阀门及G7815线型过滤器，结构小巧，工艺性能好，操作方便可靠。有旋转和往复冲击两个工作腔，通过齿轮进行有机结合，阀衬采用聚酯型泡沫塑料，密封性好，耐磨。

（二）用途

主要供装上镶硬质合金冲击钻头或自钻式膨胀螺栓，对各种混凝土、砖石结构件进行钻孔，以便安装膨胀螺栓之用，从而代替预埋件，加快安装速度，提高劳动效率。广泛应用于建筑、机械、化工、冶金、电力设备和管道、电气器材等的安装工程。

（三）基本参数

风动冲击锤的基本技术参数如下：

（1）使用气体压力：0.5～0.6MPa。

（2）耗气量：0.4m^3/min。

（3）转速(空载)：300r/min；

(负载)：270r/min。

（4）冲击频率(空载)：2500次/min；

(负载)：4000次/min。

（5）功率：400W。

（6）穿透能力（水泥）：200mm。

（7）胶管内径：10mm。

(8) 风动冲击锤质量：4.5kg。

(9) 使用最高压力：0.8MPa。

第三节 铣、车、钻、刨机具

一、铣床

铣床是用铣刀进行加工的机床。由于铣床应用了多刃刀具连续切削，所以它的生产率较高，而且还可以获得较好的加工表面质量。铣床的工艺范围很广，在铣床上可以加工平面、沟槽、分齿零件、螺旋形表面。因此，在机器制造业中，铣床得到广泛的应用。

铣床的主要类型有：卧式铣床、立式铣床、工作台不升降铣床、龙门铣床、工具铣床等，此外，还有仿形铣床、仪表铣床和各种专门化铣床。

(一) 铣床的种类、结构特点及用途

1. 卧式铣床

卧式升降台铣床的主轴是水平布置的，所以习惯上称为“卧铣”。

图 2-1 为卧式升降台铣床外形图。

万能卧式铣床与一般卧式铣床的区别，仅在于万能卧式铣床有回转盘（位于工作台和滑座之间），回转盘可绕垂直轴线在±45°范围内转动，工作台能沿调整转角的方向在回转盘的导轨上进给，以便铣削不同角度的螺旋槽。

2. 立式铣床

图 2-2 为数控立式升降台铣床的外形图。这类铣床与卧式升降台铣床的主要区别，在立式铣床上可加工平面、斜面、沟槽、台阶、齿轮、凸轮以及封闭轮廓表面等。卧式和立式铣床适用于单件及成批生产中。

3. 工作台不升降铣床

这类铣床工作台不作升降运动，机床的垂直进给运动由安装

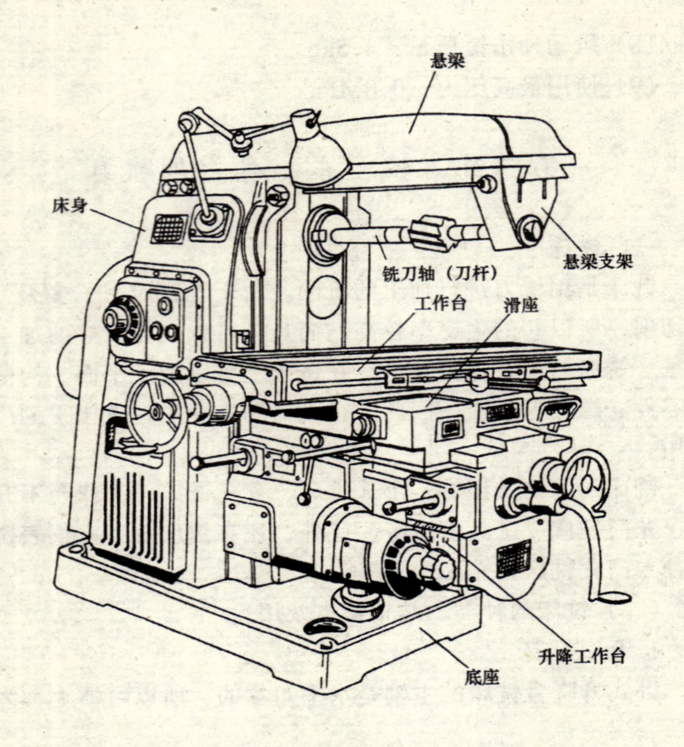

图 2-1　卧式升降台铣床

在立柱上的主轴箱作升降运动完成。这样可以增加机床的刚度，可以用较大的切削用量加工中等尺寸的零件。

它适用于成批大量生产中铣削中、小型工件的平面。

4. 龙门铣床

龙门铣床是一种大型高效通用机床，主要用于加工各类大型工件上的平面、沟槽等。可以对工件进行粗铣、半精铣，也可以进行精铣加工。由于在龙门铣床上可以用多把铣刀同时加工工件的几个平面，所以，龙门铣床生产率很高，在成批和大量生产中得到广泛应用。

（二）铣床使用注意事项

（1）安装夹具和工件，必须牢固可靠，不得松动。

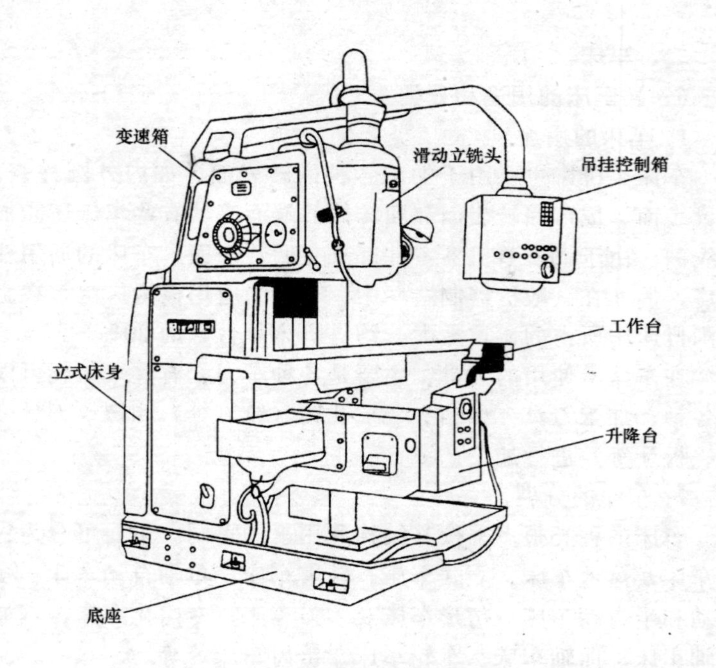

图 2-2　XK5040-1 型数控立式升降台铣床的外形图

（2）拆装立铣刀时，台面应垫木块，不得用手托刀盘。

（3）铣削中，头和手不得靠近铣削面，高速切削时应设防护挡板。

（4）清除切屑应在停车后用毛刷进行，不得用手抹、嘴吹。

（5）对刀时，必须慢速进刀，当刀接近工件时，应换用手动摇进。

（6）进刀不宜过猛，自动走刀时必须脱开手轮，不得突然改变进刀速度。

（7）铣削进给应在刀具与工件接触前进行，并应预先调整好限位撞块。

（8）快速行程，要在各有关手柄脱开后方可进行。

（9）正在走刀时，不得停车，铣深槽时应先停车后退刀。

二、车床

（一）车床的用途和分类

1. 车床的用途

车床类机床主要用于加工各种回转表面，如内外圆柱表面、圆锥表面、成形回转表面和回转体的端面等，有些车床还能加工螺纹面。由于大多数机器零件都具有回转表面，车床的通用性又较广，因此在一般机器制造厂中，车床的应用极为广泛，在金属切削机床中所占的比重最大，约占机床总台数的20%～35%。

在车床上使用的刀具，主要是各种车刀，有些车床还可以采用各种孔加工刀具（如钻头、扩孔钻、铰刀等）和螺纹刀具（丝推、板牙等）进行加工。

2. 车床的分类

车床的种类很多，按其结构和用途的不同，主要可分为：卧式车床及落地车床；立式车床；转塔车床；单轴自动车床；多轴自动和半自动车床；仿形车床及多刀车床；专门化车床，例如凸轮轴车床、曲轴车床、车轮车床、铲齿车床等等。

3. CA6140型卧式车床的工艺范围

CA6140型车床是我国设计制造的典型的卧式车床，在我国机械制造类工厂中使用极为广泛。

CA6140型卧式车床的工艺范围很广，它能完成多种多样的加工工序：加工各种轴类、套筒类和盘类零件上的回转表面，如车削内外圆柱面、圆锥面、环槽及成型回转面；车削端面及各种常用螺纹；还可以进行钻孔、扩孔、铰孔和滚花等工作（图2-3）。

（二）车床使用注意事项

（1）车床的相互位置，应使卡盘的旋转平面错开一定距离，以防发生物件飞落时伤害相邻机床的操作人员。

（2）加工较长物件时，卡盘前面伸出部分不得超过工件直径的25倍，并应有顶尖支托，床头箱后面伸出部分，超过300mm时，必须加装托架，必要时装设防护栏杆。

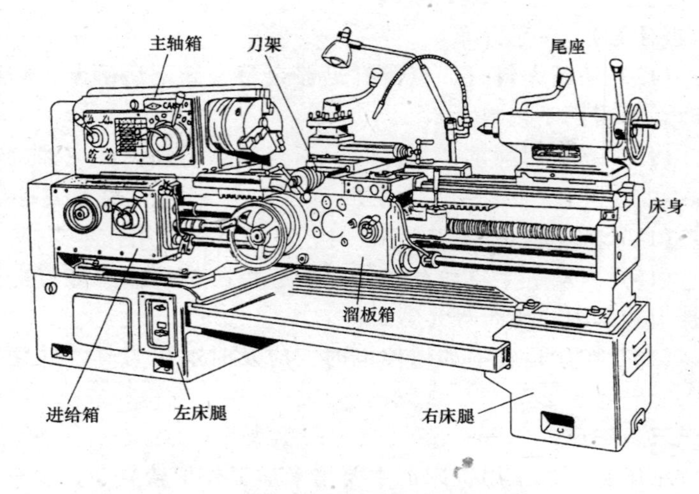

图 2-3　CA6140 型卧式车床的外形图

（3）自动、半自动车床气动卡盘使用压缩空气的压力不应低于规定值。

（4）装卸卡盘时床面应垫木板或采取其他保护措施。不得用启动运转的方法来装卸。滑丝的卡盘不得使用。

（5）工件安装应牢固，增加夹固力可用接长套管进行，不得敲打扳手，装卸工件后，应立即取下扳手。

（6）立式车床在加工外圆超过卡盘的工件时，必须有防止立柱、横梁碰撞伤人的安全措施。

（7）切削韧性金属时应事先采取断屑措施。

（8）用挫刀光磨工件时，应右手在前，左手在后，身体离开卡盘，并将刀架放在安全位置。不得用砂布裹在工件上磨光，但可比照用挫刀的方法成直条状压在工件上砂磨。

（9）车内孔时，不得用挫刀倒角，用砂布光磨内角时，不得用手指伸进孔内打磨。

（10）加工偏心工件时，必须用专用工具。不得一手扶攻丝架（或扳牙架），一手开车。

（11）攻丝或套丝时，必须用专用工具。不得一手扶攻丝架

（或扳牙架），一手开车。

（12）切断大料时，应留有足够余量，卸下后砸断；切断小料时，不得用手接料。

（13）高速切削重大工件时，不得紧急制动，或突然旋转方向。

（14）加工较重的工件停歇时，工件下必须用托木支撑。

（15）自动、半自动车床作业前应将防护挡板安装好。严禁用挫刀、刮刀、砂布等光磨工件。

（16）车床运转中如遇停电时，应及时退出刀具，并切断电源。

三、钻床

钻床是孔加工用机床，主要用来加工外形较复杂，没有对称回转轴线的工件上的孔，如箱体、机架等零件上的各种用途的孔。在钻床上加工时，工件不动，刀具作旋转主运动，同时沿轴向移动，完成进给运动。钻床可完成钻孔、扩孔、铰孔、平面、攻螺纹等工作。钻床的加工方法及所需的运动如图 2-4 所示，钻床主参数是最大钻孔直径。

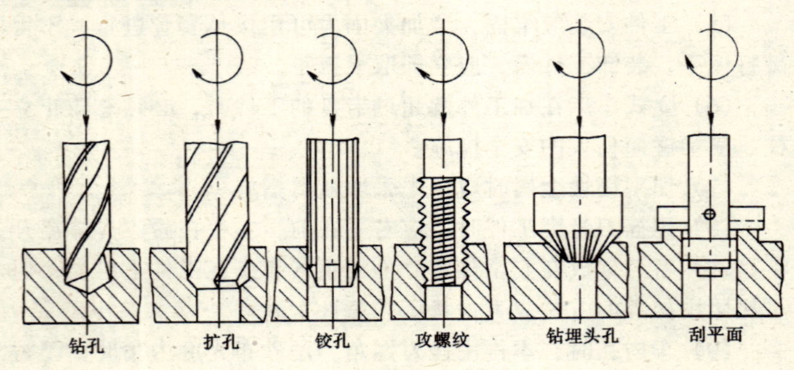

图 2-4　钻床的加工方法

钻床可分为：立式钻床、台式钻床、摇臂钻床、深孔钻床及其他钻床等。

（一）立式钻床（如图 2-5 所示）

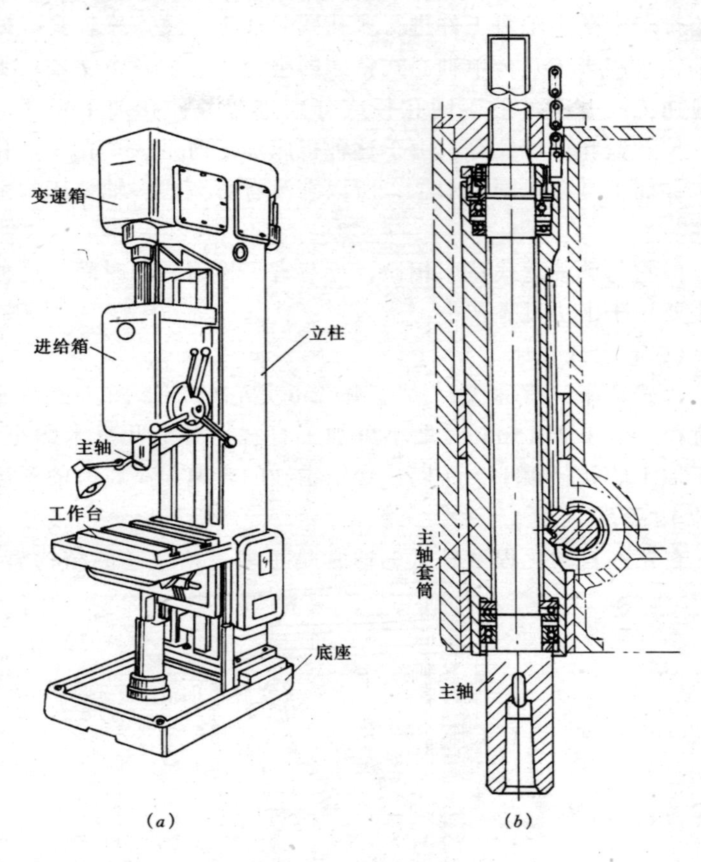

图 2-5　立式钻床

在立式钻床上，加工完一个孔后再钻另一个孔时，需要移动工件，使刀具与另一个孔对准，对于大而重的工件，操作很不方便。因此，立式钻床仅适用于在单件、小批生产中加工中、小型零件。

立式钻床除上述的基本品种外，还有一些变型品种，较常用的有可调式和排式。可调式多轴立式钻床主轴箱上装有很多主轴，其轴心线位置可根据被加工孔的位置进行调整。加工时，主轴箱带着全部主轴对工件进行多孔同时加工，生产率较高。排式多轴钻床相当于几台单轴立式钻床的组合。它的各个主轴用于顺次地加工同一工件的不同孔径或分别进行各种孔加工工序，如钻、扩、铰和攻螺纹等。由于这种机床加工时是一个孔一个孔地加工，而不是多孔同时加工，所以它没有可调式多轴钻床的生产率高。

但它与单轴立式钻床相比，可节省更换刀具的时间。这种机床主要用于中小批生产中。

（二）台式钻床

台式钻床，简称“台钻”。图 2-6 是它的外形图。台钻的钻孔直径一般小于 15mm，最小可加工直径十分之几毫米的小孔。由于加工的孔径很小，所以，台钻主轴的转速很高，有的竟达每分钟 12 万转。

台钻的自动化程度较低，通常是手动进给。它的结构简单，

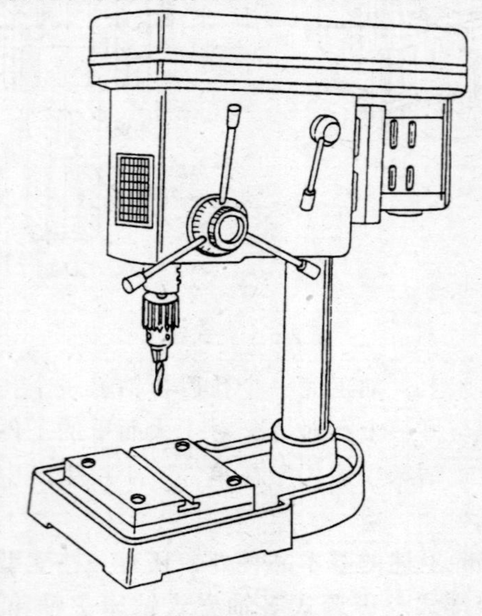

图 2-6　台式钻床

使用灵活方便。

（三）摇臂钻床（图 2-7、图 2-8）

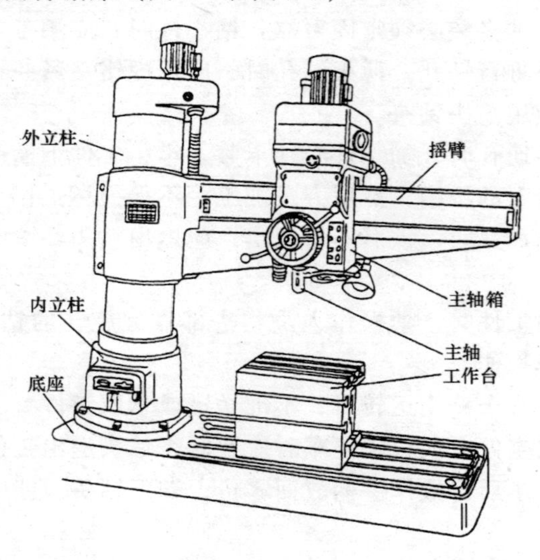

图 2-7　摇臂钻床

这时希望工件不动，而钻床主轴能在空间任意调整其位置，于是就产生了摇臂钻床。摇臂钻床广泛地应用于单件和中、小批生产中加工大、中型零件。

（四）深孔钻床

深孔钻床是专门化机床，专门用于加工深孔，例如加工枪管、炮筒和机床主轴等零件的深孔。这种机床加工的孔较深，为了减少孔中心线的偏斜，加工时通常是由工件转动来实现主运动，深孔钻头并不转动，只作直线进给运动。此外，由于被加工孔较深而且工件又往往较长，为了便于排除切屑及避免机床过于高大，深孔钻

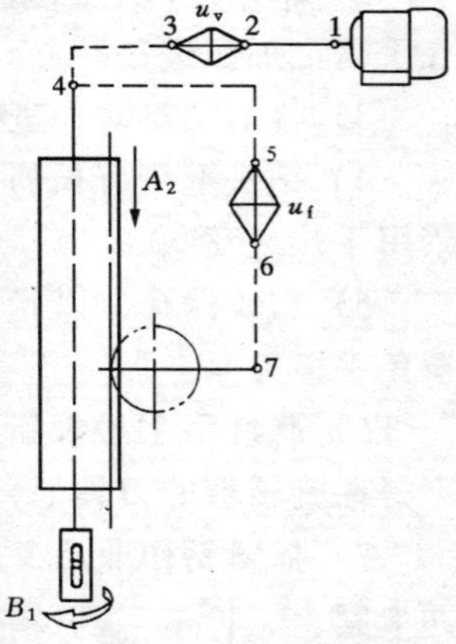

图 2-8　钻床的传动原理图

床通常是卧式布局。

（五）钻床使用注意事项

（1）工件夹装必须牢固可靠，钻小件时，应用工具夹持，不得手持工件进行钻孔。薄板钻孔时，应用虎钳夹紧并在工件下垫好木板，使用平头钻头。

（2）钻通孔时，加工件必须卡紧上牢，工件下面垫好木板或对准工作台上的坑槽，然后方可加工，不得损坏工作台。

（3）钻深孔时，铁屑不易退出，应退出钻头经清除后再继续钻深。

（4）钻工件时严禁操作人员将头部靠近旋转的钻头或镗杆，严禁带手套操作。

（5）钻头未停止运转时，不准送进或拿取工件。

（6）发生停电或故障停车时应及时将钻头退出工件，拉闸断电。工作完毕后将操作手柄放回零位，卸下钻头，断电拉闸，清除铁屑。

（7）使用摇臂钻时应遵守下列要求：

1）使用摇臂钻时，横臂必须卡紧，横臂回转范围内，不得有障碍物。

2）手动进钻、退钻时，应逐渐增压或减压，不得用管子套在手柄上加压进钻。

3）排屑困难时，进钻、退钻应反复交错进行。

4）钻头上绕有长屑时，应在停转后用铁钩或刷子清除，严禁用手拉或嘴吹。

5）精铰深孔，以量棒测量或拔取量棒时，不可用力过猛，避免手撞刀具。

6）严禁用手触摸旋转中的刀具和将头靠近机床旋转部分，不得在旋转着的刀具下，翻转、卡压或测量工件。

7）摇臂钻作业后，应将横臂降到最低位置，主轴靠近主柱，并卡紧。

四、直线运动机床

直线运动机床是指主运动为直线运动的机床，这类机床有刨床和拉床。

（一）刨床

刨床类机床主要用于加工各种平面和沟槽。刨床的表面成形方法是轨迹——轨迹法，机床的主运动和进给运动均为直线移动。由于工件的尺寸和重量不同，表面成形运动有不同的分配形式。

工件尺寸和重量较小时，由刀具的移动实现主运动，进给运动则由工件的移动来完成，牛头刨床和插床就是这样的运动分配形式。

牛头刨床的滑枕刀架带着刀具在水平方向作往复直线运动，而工作台带着工件作间歇的横向进给运动。由于刀具反向运动时不加工（称为空行程），浪费工时；在滑枕换向的瞬间有较大的惯性冲击，限制了主运动速度的提高，所以，牛头刨床的生产率较低，在成批大量生产中，牛头刨床多为铣床所代替。

当滑枕带着刀具在竖直方向作往复直线运动（主运动）时，这种机床称为插床。插床实质上是立式刨床。图 2-9 是插床的外形图。插床主要应用于单件小批生产中插削槽、平面及成型表面等。

当工作台带着工件作往复直线运动（主运动），而刀具作间歇的横向进给运动时，这类机床称为龙门刨床。图 2-10 是龙门刨床的外形图。

应用龙门刨床进行精细刨削，可得到较高的精度（直线度小于0.02mm/1000m）和较好的表面质量（$R_a = 0.32 \sim 2.5\mu m$），大型机床的导轨通常是用龙门刨床精细刨削来完成终加工工序的。

由于大型工件装夹费时而且麻烦，大型龙门刨床往往还附有铣头和磨头等部件，以便使工件在一次安装中完成刨、铣及磨平面等工作。这种机床又称为龙门刨铣床或龙门刨铣磨床。这种机床的工作台既可作快速的主运动（如刨削时），又可作慢速的进

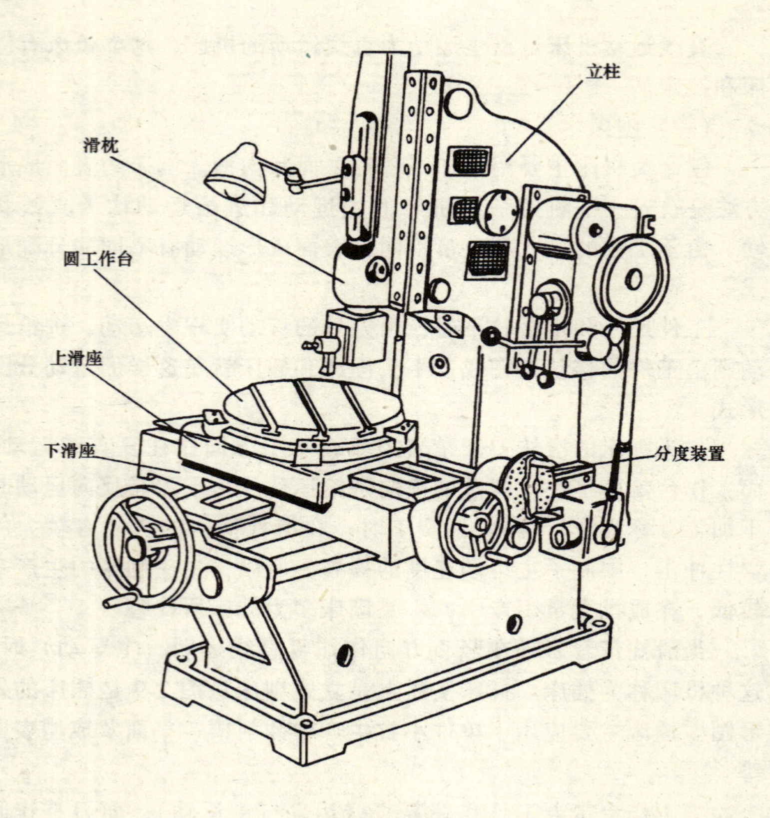

图 2-9 插床的外形图

给运动（如铣削和磨削时）。龙门刨床的主参数是最大刨削宽度。

（二）拉床

拉床是用拉刀进行加工的机床。拉床用于加工通孔、平面及成形表面。

拉床加工因为切屑薄，切削运动平稳，因而有较高的加工精度（IT6 级或更高）和较细的表面粗糙度（$R_a<0.62\mu m$）。拉床工作时，粗精加工可在拉刀通过工件加工表面的一次行程中完成，因此生产率较高，是铣削的 3～8 倍。但拉刀结构复杂，拉

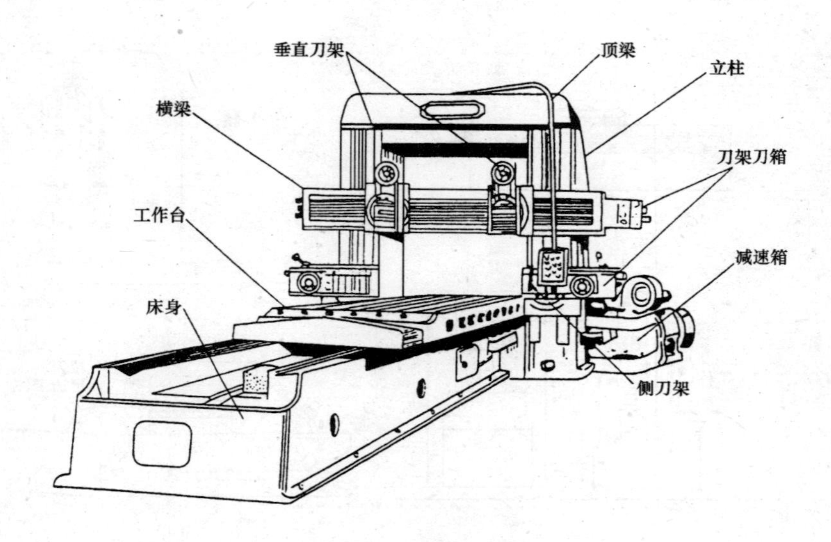

图 2-10 龙门刨床的外形图

削每一种表面都需要用专门的拉刀，因此仅适用于大批大量生产。

拉床按用途可分为内表面拉床和处表面拉床两类；按机床的布局形式可分为卧式和立式两类。图 2-11 是常用的几种拉床的外形图，图 2-11（*a*）为卧式内拉床，图 2-11（*b*）为立式内拉床，图 2-11（*c*）为立式外拉床，图 2-11（*d*）为连续式拉床的工作原理。

（三）刨床（插床）使用注意事项

（1）工件夹装要牢固，增加钳口夹固力可用接长套管进行，不得敲打扳手。

（2）刀具不得伸出过长，装卡必须牢靠。

（3）龙门刨两端应有护栏，运行中操作人员不得站在台面上，更不得跨越台面。

（4）调整行程中，刀具不得接触工件，应用手柄摇动进行全行程试验，滑枕调好应锁紧并随即将手柄取下。

（5）龙门刨装卡工件的宽度，必须小于门架，启动前应检查

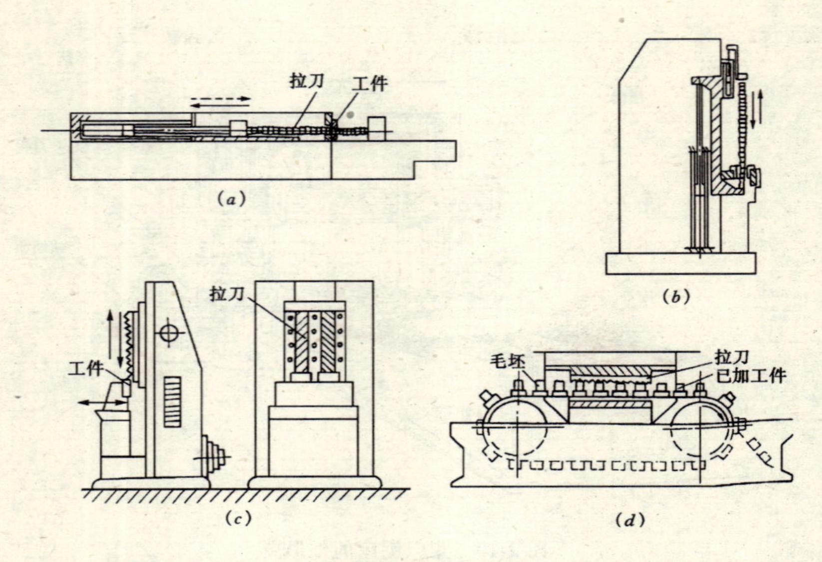

图 2-11　拉床外形图

工件及夹具能否安全通过，然后调整行程挡铁位置并紧固好。

(6) 作业中，头、手不得伸到车头前检查。未停稳前不得测量工件、调整行程或清除切屑。清扫切屑应用毛刷，不得用手抹、嘴吹。

(7) 工件装卸和翻身时应注意防止锐边、毛刺割手。

第四节　锻、焊接机具

一、锻压机具

金属压力加工是指：固态金属在外力作用下产生塑性变形，获得一定形状、尺寸和力学性能的材料、毛坯或零件的成形加工方法。

压力加工包括轧制、挤压、拉拔、自由锻、模锻和板料冲压。其中，轧制、挤压和拉拔主要用于生产型材、棒材、板材、带材和线材等，而自由锻、模锻和冲压又统称为锻压，主要用于生产毛坯或零件。

锻压是制造机械零件毛坯的方法之一。锻压过程中，金属经塑性变形和再结晶后，压合了铸造组织的内部缺陷（如气孔、微裂纹等），晶粒得以细化，组织致密，内部杂质呈纤维方向分布，改善和提高了材料的力学性能。

锻压生产主要应用在机械、电力、电器、仪表、电子、交通、冶金矿山、国防和日用品等工业部门。机械中受力大而复杂的重要零件，如主轴、曲轴、连杆、齿轮、凸轮、叶轮、叶片、炮筒和枪管等，一般都采用锻件作毛坯。

（一）自由锻

自由锻是指只用简单的通用性工具，或在锻造设备的上下砧间直接使坯料变形而获得所需形状及质量的锻件的加工方法。

自由锻分手工锻和机器锻两种。机器锻是自由锻的基本方法。

自由锻是生产水轮发电机机轴、涡轮盘、船用柴油机曲轴、轧辊等重型锻件（重量可达 250t）唯一可行的方法，在重型机械制造厂中占有重要的地位。对于中小型锻件，从经济上考虑，只有在单件、小批生产时，采用自由锻才是合理的。

（二）模锻

利用锻模使坯料变形而获得锻件的锻造方法，称为模锻。

模锻与自由锻相比，其优点是：锻件尺寸精度高，表面粗糙度值小，能锻出形状复杂的锻件；余量小，公差仅是自由锻件公差的 1/3～1/4，材料利用率高，节约了机加工时；锻件的纤维组织分布更为合理，力学性能高；生产率高，操作简单，易于机械化，锻件成本低。但是，锻模材料昂贵且制造周期长、成本高。

（三）胎模锻

在自由锻设备上使用可移动模具生产模锻件的一种锻造方法，称为胎模锻。它是一种介于自由锻和模锻之间的锻造方法。胎模锻一般用自由锻方法制坯，在胎模中最后成形。胎模不固定在锤头或砧座上，需要时放在下砧铁上进行锻。

胎模锻与自由锻相比，具有生产率高，锻件尺寸精度高，表面粗糙度值小，余块少，节约金属，降低成本等优点。与模锻相比，具有胎模制造简单，不需贵重的模锻设备，成本低，使用方便等优点；但胎模锻件尺寸精度和生产率不如锤上模锻高，工人劳动强度大，胎模寿命短。胎模锻适于中、小批生产，在缺少模锻设备的中、小型工厂中应用较广。

（四）冲模

1. 简单模

在压力机一次行程中只完成一个工序的模具。图 2-12 为落料用简单模。简单模结构较简单，易制造，成本低，维修方便，但生产率低。

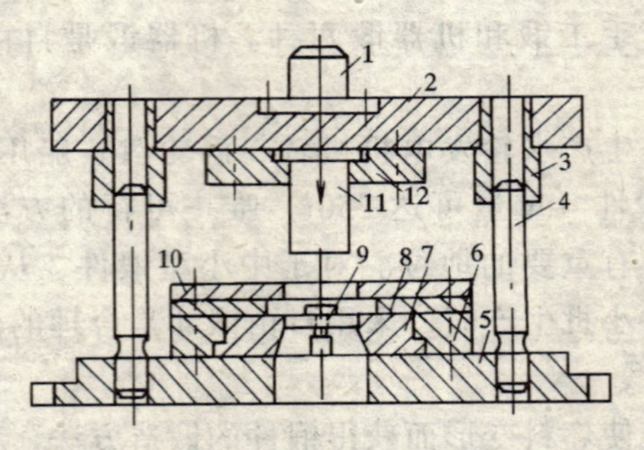

图 2-12 简单模

1—模柄；2—上模座；3—导套；4—导柱；
5—下模座；6—压板；7—凹模；8—导料板；
9—挡料销；10—卸料板；11—凸模；
12—压板

2. 复合模

在压力机一次行程中，在模具的同一位置上，同时完成两道以上工序的模具。复合模生产率较高，加工零件精度高，适于大批量生产。

3. 连续模

在压力机一次行程中，在模具不同位置上，同时完成数道冲压工序的模具，如图 2-13 所示。

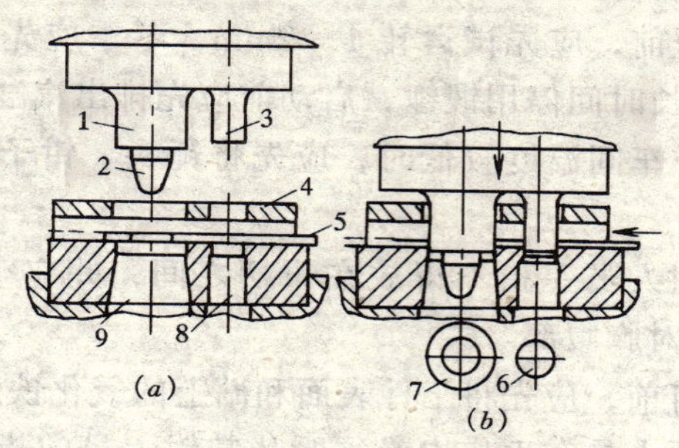

图 2-13 连续模

(a) 工作前；(b) 工作时

1—落料凸模；2—导正销；3—冲孔凸模；4—卸料板；5—坯料；6—废料；7—成品；8—冲孔凹模；9—落料凹模

(五) 锻压机械使用注意事项

1. 一般规定

1) 锻压机械装置的电机、电器及液压装置应按有关规定执行。

2) 机械安装、布置应确保安全，场地应平整，车间应有防暑、降温、防寒设备。原料、半成品、成品及余料等不得堆积在机械近旁。

3) 作业前，应检查：机械上受冲击部位无裂纹损伤；主要螺栓无松动；模具无裂纹；操纵机构、自动停止装置、离合器、制动器均灵活可靠；油路畅通。

4) 作业中，不得用手检查工件和用样板核对尺寸。模具卡住工件时，不得用手解脱。严禁将手和工具伸进危险区内。

5) 工件必须用钳子夹牢传送，不得投掷。

6) 作业中，只能用扫帚或木棍清除机械上的氧化铁皮、边角料及剪切下的余料，不得用手或脚直接清除。

2. 空气锤及夹板锤

1）作业前，应检查受振部分无松动，锤头无裂纹，润滑良好，油泵供油及管路系统工作正常。

2）作业前，应先试运转1～2min，冬季应先用手转动，然后启动。较长时间停用锻锤，启动前应先排出汽缸中的积水。

3）冬季车间温度较低时，应先将锤头、钳子、锻磨预热到60℃以上。

4）掌钳人员手指不得放在钳柄之间，并应牢牢夹紧工件，钳柄不得正对胸腹部。

5）锻打前，应先将工件表面和砧上的氧化铁皮清除。

6）司锤人员在工作中必须听从掌钳人员的指挥，不得随意开、停机械。

7）锻件未达到所需温度时，锻件放在砧上的位置不合乎要求时，锻件夹持不稳或不平时，均不得进行锻打。

8）作业中，应经常检查锤头、砧子，如不正常，应立即停机检查，检查前必须将锤头固定牢靠。

9）提升锤头的操纵杆，不得超过规定位置，应避免打空锤。不得冷锻或锤打过烧的工件。

10）切断工件时，切口正面严禁站人。

11）作业后，应将锤头提起，并将木板放在砧子上再将锤头落在木板上。

3．平板机

1）启动前，应检查各部润滑、紧固情况。按钢板厚度调整好轧辊。

2）平整钢板时，操作人员应站在机床两侧。严禁站在机床前后，或钢板上面。工件的表面应保持清洁，不得有熔焊的金属。

3）平整小块或长条工件时，应在两辊前放一块符合设备规格的钢板，作为垫板，将待平整的小块或长条工件放在垫板上进行平整，并经常注意垫板一端距离轧辊应不少于300mm，并不得倾斜。

4）在垫板上放置的待平整的工件应相互错开，不得放置成一直线，两工件间的前后距离不得少于100mm。

5）平整工件时，应少量下降动轧辊。每次降下量以1～2mm为限，并注意指针位置。

6）作业后，应放松轧辊，取出工件与垫板。

4.卷板机

1）作业中，操作人员应站在工件的两侧。

2）作业中，用样板检查圆度时，须停机后进行。滚卷工件到末端时，应留一定的余量。

3）作业中，工件上禁止站人，亦不得站在已滚好的圆筒上找正圆度。

4）滚卷较厚、直径较大的筒体或材料强度较大的工件时，应少量下降动轧辊并应经多次滚卷成型。

5）滚卷较窄的筒体时，应放在轧辊中间滚卷。

6）工件进入轧辊后，应防止人手和衣服被卷入轧辊内。

5.剪板机

1）启动前，应检查各部润滑、紧固情况，切刀不得有缺口，启动后空转1～2min，确认正常后，方可作业。

2）剪切钢板的厚度不得超过剪板机规定的能力。切窄板材时，应在被剪板材上压一块较宽钢板，使垂直压紧装置下落时，能压牢被剪板材。

3）应根据剪切板材厚度，调整上、下切刀间隙，切刀间隙不得大于板材厚度的5%，斜口剪时不得大于7%，调整后应用手转动及空车运转试验。

4）制动装置应根据磨损情况，及时调整。

5）一人以上作业时，须待指挥人员发出信号方可作业，送料时须待上剪刀停止后进行，严禁将手伸进垂直压紧装置的内侧。

6）送料时，应放正、放平、放稳，手指不得接近切口和压板。

二、焊接生产

焊接是指通过加热或加压（或两者并用），并且用或不用填充材料，使焊件达到原子结合的一种加工方法。它与机械连接（螺纹连接、铆接等）相比有着本质上的区别，即焊接是借助原子间的结合力来实现连接的。

焊接方法的种类很多，按焊接过程的特点分为熔焊、压焊和钎焊三大类。

（一）手工电弧焊

手工电弧焊是用手工操纵焊条进行焊接的一种电弧焊方法（简称手弧焊），其焊接过程如图2-14。

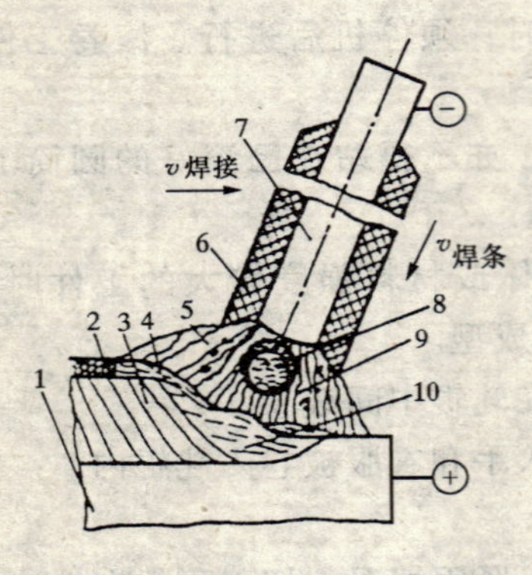

图2-14　手弧焊焊接过程示意图
1—母材金属；2—渣壳；3—焊缝；4—液态熔渣；5—保护气体层；6—焊条药皮；7—焊芯；8—熔滴；9—电弧；10—熔池

在手弧焊过程中焊接电弧和熔池的温度比一般冶炼温度高；会使金属元素强烈蒸发和大量烧损；其次，出于焊接熔池体积小，从熔化到凝固时间极短，使各种化学反应难以达到平衡状态，焊缝中的化学成分不够均匀，气体和杂质来不及浮出，易产生气孔和夹渣缺陷。

为了保证焊缝金属的化学成分和力学性能，除了清除焊件表面的铁锈、油污及烘干焊条外，还必须采用焊条药皮、焊剂或保护气体（如二氧化碳、氦气）等，机械地把液态金属与空气隔开，以防止空气的有害作用。同时，也可通过焊条药皮、提芯（丝）或焊剂对熔化金属进行冶金处理，以去除有害杂质，添加合金元素，获得优质的焊缝金属。

（二）其他熔焊方法

1．埋弧自动焊

将手弧焊焊接过程中的引燃电弧、送进和移动焊丝、电弧移

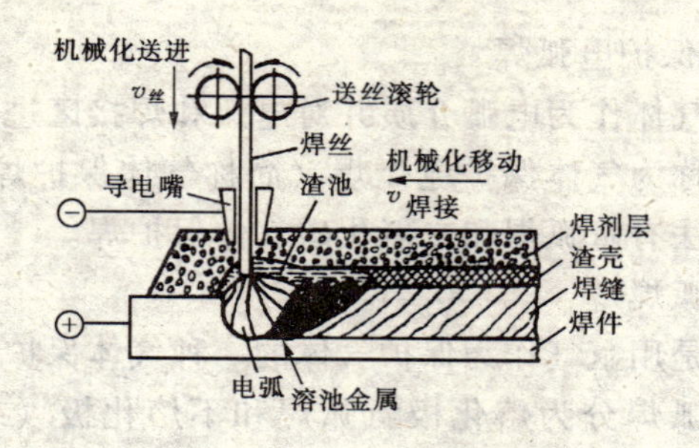

图 2-15　埋弧自动焊示意图

动等动作由机械化和自动化来完成，且电弧在焊剂层下燃烧的一种熔焊方法，称为埋弧自动焊（或熔剂层下自动焊），如图 2-15 所示。

埋弧自动焊具有以下特点：

(1) 生产率高

由于可用大电流焊接和无需停弧换焊条，因此生产率比手弧焊可提高 5～20 倍。

(2) 焊缝质量好

由于焊接熔池能够得到可靠保护，金属熔池保持液态时间较长，故冶金过程进行得较完善，加之焊接工艺参数稳定，使焊缝成形美观，力学性能较高。

(3) 节省金属材料、成本低

由于埋弧自动焊采用大电流，故焊件可以不开坡口或少开坡口。此外，没有飞溅和焊条头的损失。

(4) 改善了劳动条件

埋弧自动焊在焊接时看不到弧光，烟接烟雾也很少，又是机械化操作，故劳动条件得到了很大改善。

但埋弧自动焊一般只适合于焊接水平位置的长直焊缝和环形焊缝，不能焊接空间焊缝或不规则焊缝；对焊前准备工作要求严格，如对焊接坡口加工要求较高，在装配时要保证组装间隙均匀。

2. 气体保护电弧焊

用外加气体作为电弧介质并对电弧和焊接区进行保护的一种熔焊方法，称为气体保护电弧焊（简称气体保护焊）。常用的气体保护焊方法有氩弧焊和二氧化碳气体保护焊。

(1) 氩弧焊

氩弧焊是用氩气作为保护气体的一种气体保护焊。按所用电极不同，氩弧焊分为熔化极氩弧焊和不熔化极（或钨极）氩弧焊。其焊接过程均可采用自动或半自动方式进行。

氩弧焊的特点：

1）氩气是一种惰性气体，它既不与金属起化学反应，又不溶于液体金属中，因而是一种理想的保护气体，可以获得高质量的焊缝。

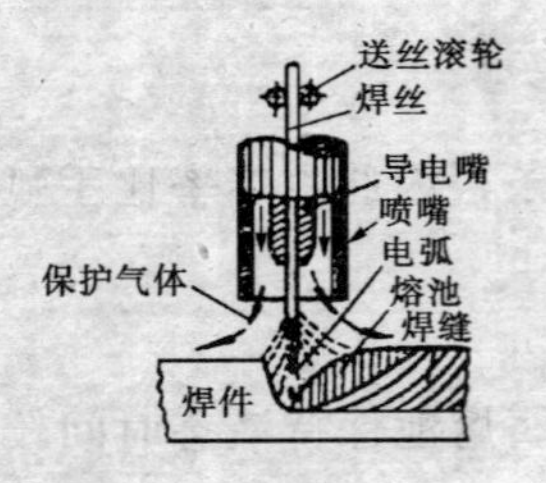

图 2-16　二氧化碳气体保护焊示意图

2）电弧在气流压缩下燃烧，热量集中，焊接热影响区小，焊件焊后变形较小。

3）电弧稳定，飞溅小，表面无熔渣，成形美观。

(2) 二氧化碳气体保护焊

二氧化碳气体保护焊是利用二氧化碳气体作为保护气体的一种气体保护焊（图 2-16）。焊接时，焊丝由送丝滚轮自动送进，二氧化碳气体经喷嘴沿焊丝周围喷射出来，在电弧周围造成局部气体保护层，使熔滴、熔池与空气机械地隔离开，可防止空气对高温金属的有害作用。但二氧化碳气体在高温下可分解为一氧化碳和氧，从而使碳、硅、锰等合金元素烧损，降低焊缝金属力学性能，而且还会导致气孔和飞溅。因此，不适用于焊接有色金属和高合金钢。

二氧化碳气体保护焊的特点：

1）由于电流密度大，熔深大，焊接速度快，焊后又不需清渣，所以生产率比手弧焊提高 1～4 倍。

2）由于二氧化碳气体保护焊焊缝氢的含量低，且焊丝中锰的含量高，脱硫作用良好，故焊接接头抗裂性好。

3）由于保护气流的压缩使电弧热量集中，焊接热影响区较小，加上二氧化碳气流的冷却作用，因此产生变形和裂纹的倾向也小。

4）二氧化碳气体价廉，因此二氧化碳气体保护焊的成本仅为手弧焊和埋弧自动焊的40%左右。

5）二氧化碳气体保护焊是明弧焊，便于观察和操作，可适于各种位置的焊接。

（3）气焊

气焊是利用氧气与可燃性气体混合燃烧产生的热量，将焊件和焊丝熔化而进行焊接的一种熔焊方法。

生产中常用的可燃性气体是乙炔。乙炔与氧混合燃烧的火焰称为氧一乙炔火焰，其温度高。中性焰应用最广，可用于焊接低碳钢、中碳钢、合金钢、铝合金等材料。

图2-17为气焊示意图。焊炬喷出的火焰将两焊件接缝处局部加热至熔化状态形成熔池，不断向熔池送入填充焊丝（或不加填充金属，靠焊件本身熔化）使被焊处熔成一体，冷却凝固后形成焊缝。

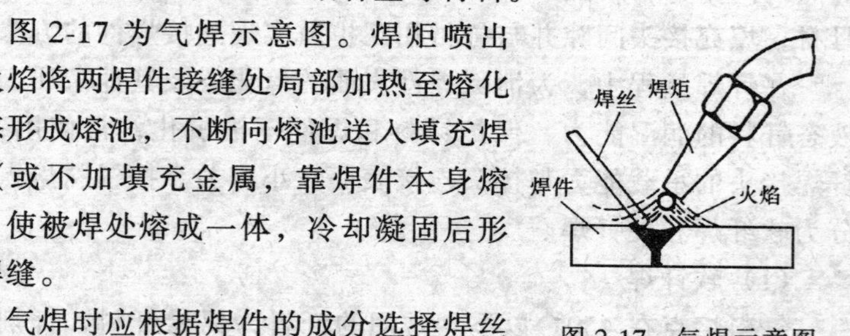

图2-17　气焊示意图

气焊时应根据焊件的成分选择焊丝和焊剂。焊剂的作用是去除焊接过程中产生的氧化物，保护焊接熔池，改善金属熔池的流动性。

气焊的特点是：气焊技术比较容易掌握；所用设备简单；费用较低；不需要电源；操作灵活方便，尤其在缺少电源的地方和野外工作更具有实际意义，但由于气焊火焰温度低，加热缓慢，焊件受热面积大，热影响区较宽，变形较大；火焰对熔池保护性差，焊缝中易产生气孔、夹渣等缺陷；难于实现机械化，生产率低，故不适于大批量生产。

（三）压焊与钎焊

1．电阻焊

电阻焊（又称接触焊）是利用电流通过接头的接触面及邻近区域产生的电阻热，将焊件加热到塑性状态或局部熔化状态，再在压力作用下形成牢固接头的一种压焊方法。

电阻焊使用低电压（仅为2～10V）、大电流（几千安到几万安），因此焊接时间极短（一般为0.01秒到几十秒）。与其他焊接方法相比，电阻焊生产率高，焊件变形小，不需要填充金属，劳动条件较好，操作简单，易实现机械化和自动化。但设备较复杂，耗电量大，对焊件厚度和截面形状有一定限制，一般适于成批大量生产。

电阻焊分为对焊、点焊和缝焊。

2．钎焊

钎焊是采用比母材熔点低的金属材料作钎料，将焊件和钎料加热到高于钎料熔点、低于母材熔点的温度，利用液态钎料润湿母材，填充接头间隙并与母材相互扩散实现连接焊件的方法。

在钎焊过程中，为消除焊件表面的氧化膜及其他杂质，改善液态钎料的润湿能力，保护钎料和焊件不被氧化，常使用钎剂。钎焊接头的承载能力与接头连接表面大小有关。按钎料熔点不同分为软纤焊和硬钎焊。

（1）软钎焊

钎料熔点在450℃以下。常用的钎料为锡铅钎料，钎剂为松香或氯化锌溶液等。此种方法接头强度低（60～140MPa），工作温度在100℃以下。主要用于受力不大的电子、电器仪表等工业部门中。

（2）硬钎焊

钎料熔点在450℃以上。常用的钎料有铜基、银基、铝基钎料等，钎剂主要有硼砂、硼酸、氟化物、氯化物等。硬钎焊接头强度较高（＞200MPa），工作温度也较高。主要用于受力较大的钢铁及铜合金机件、工具等，如钎焊自行车车架、切削刀具等。

按加热方法不同钎焊又可分为炉中钎焊、感应钎焊、火焰钎焊、盐浴钎焊和烙铁钎焊等。

钎焊与熔焊相比具有如下特点：加热温度低，接头组织与性能变化小，焊件变形也较小；接头光滑平整，外形美观，易保证焊件尺寸；可焊接同种金属也可焊接异种金属；设备简单，易于实现自动化。但接头强度较低，耐热温度不高，焊前对焊件清洗和装置要求较严，不适于焊接大型构件。

（四）金属的热切割

金属热切割是利用热能使金属分离的方法。金属热切割的主要方法是氧气切割。

氧气切割是利用气体火焰的热能将工件切割处预热到一定温度后，喷出高速切割氧气流使金属燃烧并放出热量实现切割的方法。

按操作方式氧气切割分为手工切割和机械切割。手工切割时，由于割炬移动不等速和切隔氧气流的颤动，故难于保证获得高质量的切割表面，切口表面要进行机械加工。机械切割是在装有一个或几个割炬的专门自动切割机或半自动切割机上进行的，切割时能保证割炬沿切割线条等速地移动；保持切割氧气流严格地垂直于被切割表面，且割嘴到金属表面的距离保持不变，因此切口质量高。

氧气切割具有灵活方便、设备简单、操作简易等优点，但对金属材料的适用范围有一定限制。

氧气切割特别适用于切割厚件和外形复杂件，它被广泛地用于钢板下料和铸钢件浇冒口的切割，通常用一般割炬切割厚度为5～300mm。

（五）电焊工具使用注意事项

1. 焊钳和焊枪使用注意事项

（1）结构轻便、易于操作。手弧焊钳的重量不应超过600g，要采用国家定型产品。

（2）有良好的绝缘性能和隔热能力。手柄要有良好的绝热层，以防发热烫手。气体保护焊的焊枪头应用隔热材料包覆保护。焊钳由夹条处至握柄联结处止。间距为150mm。

（3）焊钳和焊枪与电缆的连接必须简便牢靠，连接处不得外露，以防触电。

（4）等离子焊枪应保证水冷却系统密封。不漏气、不漏水。

（5）手弧焊钳应保证在任何斜度下都能夹紧焊条，更换方便。

2. 焊接电缆使用注意事项

焊接电缆是连接焊机和焊钳（枪）、焊件等的绝缘导线，应具备下列安全要求：

（1）焊接电缆应具有良好的导电能力和绝缘外层。一般是用紫铜芯（多股细线）线外包胶皮绝缘套制成，绝缘电阻不小于1MΩ。

（2）轻便柔软、能任意弯曲和扭转，便于操作。

（3）焊接电缆应具有良好的抗机械损伤能力、耐油、耐热和耐腐蚀等性能。

（4）焊接电缆的长度应根据具体情况来决定。太长电压降增大，太短对工作不方便，一般电缆长度取20～30m。

（5）要有适当截面积。焊接电缆的截面积应根据焊接电流的大小，按规定选用。以保证导线不致过热而烧坏绝缘层。

（6）焊接电缆应用整根的，中间不应有接头。如需用短线接长时，则接头不得超过2个。

接长电缆时，应用接头连接器牢固连接，连接处应保持绝缘良好。

（7）严禁利用厂房的金属结构、管道、轨道或其他金属搭接起来作为导线使用。

（8）不得将焊接电缆放在电弧附近或炽热的焊缝金属旁，以避免烧坏绝缘层。同时也要避免碾压磨损等。禁止焊接电缆与油、脂等易燃物料接触。

（9）焊接电缆与焊机的接线，必须采用钢（或铝）线鼻子，以避免二次端子板烧坏，造成火灾。

（10）焊接电缆的绝缘情况，应每半年一次定期检查。

（11）焊机与配电盘连接的电源线，因电压高，除保证良好的绝缘外，其长度不应超过 3m。如确需较长导线时，应采取间隔的安全措施，即应离地面 2.5m 以上沿墙用瓷瓶布设；严禁将电源线沿地铺设，更不要落入泥水中。

3. 电焊工具使用注意事项

为了防止触电事故的发生，除按规定穿戴防护工作服、防护手套和绝缘胶鞋外，还应保持干燥和清洁。在操作过程中，还应注意以下几方面问题。

（1）焊接工作开始前，应首先检查焊机和工具是否完好和安全可靠。如焊钳和焊接电缆的绝缘是否有损坏的地方，焊机的外壳接地和焊机的各接线点接触是否良好。不允许未进行安全检查就开始操作。

（2）在狭小空间、船仓、容器和管道内工作时，为防止触电，必须穿绝缘鞋，脚下垫有橡胶板或其他绝缘衬垫；最好两人轮换工作，以便互相照看。否则需有一名监护人员，随时注意操作人的安全情况，一遇有危险情况，就立即切断电源进行抢救。

（3）身体出汗后而使衣服潮湿时，切勿靠在带电的钢板或工件上，以防触电。

（4）工作地点潮湿时，地面应铺有橡胶板或其他绝缘材料。

（5）更换焊条一定要戴皮手套，不要赤手操作。

（6）在带电情况下，为了安全，焊钳不得夹在腋下去搬被焊工件或将焊接电缆挂在脖颈上。

（7）推拉闸刀开关时，脸部不允许直对电闸，以防止短路造成的火花烧伤面部。

（8）下列操作，必须在切断电源后才能进行：

1）改变焊机接头时；

2）更换焊件需要改接二次回路时；

3）更换保险装置时；

4）焊机发生故障需进行检修时；

5）转移工作地点搬动焊机时；

6）工作完毕或临时离开工作现场时。

(六）气焊与气割器具使用注意事项

1. 气焊主要工具使用注意事项

焊炬与割炬，以及胶管等是气焊工的主要工具，如果其性能不正常，或者操作失误，将会造成回火爆炸，烧伤或烧坏焊、割炬等事故。

(1）焊炬的使用安全要求

1）使用前应首先检查其射吸性能，射吸性能不正常，必须进行修理，否则不得使用。

2）射吸性能检查正常后，进行是否漏气检查，焊炬的所有连接部位不得有漏气现象。

3）在前二项检查合格的基础上，进行点火检验，点火方法有两种，一种是先给乙炔气，另一种是先给氧气。比较安全的点火方法是先给乙炔，点燃后立即给氧气并调节火焰。

4）停火时，应先关乙炔后关氧气，这样可防止火焰倒袭和产生烟灰。

5）发生回火时，应急速关闭乙炔，随后立即关闭氧气，这样倒袭的火焰在焊炬内会很快熄灭。

6）焊炬的各连接部位、气体通道及调节阀等处，均不得沾染油脂。

7）为使用方便而不卸下胶管的作法是不允许的（焊炬、胶管和气源做永久性连接），同时也不允许连有气源的焊炬，放在容器内或锁在工具箱内。

(2）割炬的使用注意事项

1）气割前应将工件表面的漆皮、锈层及油水污物等清理干净。工作场地面是水泥地面时，应将工件垫高，以防锈皮和水泥爆溅后伤人。

2）点火试验。如果点火后，火焰突然熄炮，则说明割嘴没有装好，这时应松开割嘴进行检查。

3）停火时，应先关掉切割氧流，接着再关掉乙炔，最后关掉预热氧流。发生回火时，应立即关掉乙炔，再关预热氧和切割氧。

（3）胶管的使用注意事项

1）使用前，必须将胶管内的滑石粉吹除干净，以防止气路被堵塞。

2）使用和保管时，应防止与酸、碱、油类以及其他有机溶剂接触，以防胶管损坏。

3）使用中应避免受外界挤压和砸碰等机械损伤，不得将管身折叠，不得与炽热的工件接触。

4）如果回火火焰烧进氧气胶管时，则胶管不得继续使用，必须更换新胶管，否则不安全。

5）气割时，气瓶阀应全部拧开，以便保证足够的流量和稳定的压力，这样可防止回火和倒燃进入氧气胶管引起爆炸着火。

6）氧气与乙炔胶管不得相互混用，或以不合格的其他类型的胶管代替。所用的胶管必须符合国家标准要求。氧气胶管应符合国家标准 GB2550—81 规定，胶管为黑色；乙炔胶管应符合国家标准 GB2551—81 规定，乙炔胶管为红色。

7）胶管的长度不应过长，过长会增加不安全因素。

8）胶管原则上不得有接头。特殊情况需接头时，应使用含铜 70％以下的铜管、低合金钢管或不锈钢管，以防爆炸事故的发生。接头处必须保证无漏气现象。

2．登高焊割作业注意事项

登高作业是指 2m 以上的地点，登高作业的工伤事故主要是高处坠落、触电、火灾和物体打击等。其安全作业，应遵守以下几方面安全要求。

（1）用电注意事项

1）在高处接近高压线、裸导线或低压线时，其距离不得小于2m，同时要检查并确认无触电危险后，方可进行操作。

2）更换场地或移动把线时，必须切断电源后进行，应在电闸上挂以“有人工作，严禁合闸”的警告牌，并设专人监护。

3）登高作业时，要有人监护，密切注意焊工的动态。电源开关应设在监护人近旁，遇有危险象征时，立即拉闸，并进行营救。

4）不得使用带有高频振荡器的焊机，以防因麻电而失足掉落。同时也不得将焊接电缆缠绕在身上操作，以防触电。

5）其余应按“临时用电”有关要求执行。

(2) 个人防护要求

1）凡进入高处作业区和登高进行焊割操作，必须配戴好合格的安全帽、安全带和胶鞋，安全带应紧固牢靠，安全绳不得超过2m。

2）梯子应符合安全要求，梯脚要防滑，与地面夹角不大于60°，放置要稳牢。使用人字梯时应用限跨铁钩挂住单梯，夹角40°。不准两人在一个梯子（或人字梯的同一侧）同时作业，不得在梯子顶档工作和不得手持把线爬梯登高。

3）登高焊割作业的脚手板应事先检查，不允许使用腐蚀或机械损伤的木板或铁木混合板。人行道要符合安全要求（单为0.6m、双为1.2m），板面要防滑和装有扶手。

4）使用的安全网要拉严密，不得留缺口，而且要跟随作业层翻高。同时要经常检查安全网。

5）其余应按“高处作业”有关要求执行。

（七）焊接设备使用注意事项

1. 电弧焊的一般注意事项

(1) 焊接设备上的电机、电器、空压机等应按有关要求执行。并有完整的防护外壳，一、二次接线柱处应有保护罩。现场使用的电焊机应设有防雨、防潮、防晒的机棚，并备有消防用品。

（2）焊接时，焊接和配合人员必须采取防止触电、高处坠落、瓦斯中毒和火灾等事故的安全措施。

（3）严禁在运行中的压力管道、装有易燃易爆物品的容器和受力构件上进行焊接和切割。

（4）焊接钢、铝、锌、锡、铅等有色金属时，必须在通风良好的地方进行，焊接人员应戴防毒面具或呼吸滤清器。

（5）在容器内施焊时，必须采取以下措施：容器上必须有进、出风口并设置通风设备；容器内的照明电压不得超过12V，焊接时必须有人在场监护，严禁在已喷涂过油漆或塑料的容器内焊接。

（6）焊接预热焊件时，应设挡板隔离焊件发出的辐射热。

（7）高空焊接或切割时，必须挂好安全带，焊件周围和下方应采取防火措施并有专人监护。

（8）电焊线通过道路时，必须架高或穿入防护管内埋设在地下，如通过轨道时，必须从轨道下面穿过。

（9）接地线及手把线都不得搭在易燃、易爆和带有热源的物品上，接地线不得接在管道、机床设备和建筑物金属构架或轨道上，接地电阻不大于4Ω。

（10）雨天不得露天电焊。在潮湿地带作业时，操作人员应站在铺有绝缘物品的地方并穿好绝缘鞋。

（11）长期停用的电焊机，使用时，须检查其绝缘电阻不得低于0.5Ω，接线部分不得有腐蚀和受潮现象。

（12）焊钳应与手把线连接牢固，不得用胳膊夹持焊钳。清除焊渣时，面部应避开被清的焊缝。

（13）在载荷运行中，焊接人员应经常检查电焊机的温升，如超过A级60℃、B级80℃时，必须停止运转并降温。

（14）施焊现场的10m范围内，不得堆放氧气瓶、乙炔发生器、木材等易燃物。

（15）作业后，清理场地，灭绝火种，切断电源，锁好电闸箱，消除焊料余热后，方可离开。

2. 交流电焊机使用注意事项

(1) 应注意初、次级线，不可接错，输入电压必须符合电焊机的铭牌规定。严禁接触初级线路的带电部分。

(2) 次级抽头连接钢板必须压紧，接线柱应有垫圈。合闸前应详细检查接线螺帽、螺栓及其他部件应无松动或损坏。

(3) 移动电焊机时，应切断电源，不得用拖拉电缆的方法移动焊机，如焊接中突然停电，应切断电源。

3. 直流电焊机使用注意事项

(1) 旋转式电焊机

1) 新机使用前，应将换向器上的污物擦干净，使换向器与电刷接触良好。

2) 启动时，检查转子的旋转方向应符合焊机标志的箭头方向。

3) 启动后，应检查电刷和换向器，如有大量火花时，应停机查明原因，经排除后，方可使用。

4) 数台焊机在同一场地作业时，应逐台启动，并使三相荷载平衡。

(2) 硅整流电焊机

1) 电焊机应在原厂使用说明书要求的条件下工作。

2) 使用时，须先开启风扇电机，电压表指示值应正常，仔细察听应无异响。停机后，应清洁硅整流器及其他部件。

3) 严禁用摇表测试电焊机主变压器的次级线圈和控制变压器的次级线圈。

4. 氩弧焊机使用注意事项

1) 关于电焊机的使用应按有关要求执行。

2) 检查电源、电压应符合要求，接地装置应安全可靠。

3) 检查气管、水管不得受压和漏气、漏水。

4) 根据材质性能、尺寸、形状先确定极性，后确定电压高低、电流大小和氢气的流量。

5) 安装的氮气减压阀、管接头不得沾有油脂。安装后，试验应无障碍和漏气。

6）冷却水应保持清洁，水冷型焊机在焊接过程中，冷却水的流量应正常，禁断水施焊。

7）高频引弧的焊机，要保证高频防护装置良好，不得发生短路，振荡器电源线路中的联锁开关严禁分接。

8）钨极粗细应随焊接厚度确定，更换时，必须切断电源，磨削钨极端头，操作人员必须戴手套和口罩。磨削下来的粉尘，应及时清除。

9）机作业附近不宜装置有震动的其他机械设备，不得放置易燃、易爆物品。工作场所应有良好的通风措施。

10）氮气瓶和氢气瓶与焊接地点不应靠的太近，并应直立固定放置，不得倒放。

11）作业后，切断电源，关闭水源和气源。焊接人员必须及时脱去工作服，清洗手脸和外露的皮肤。

5. 二氧化碳气体保护焊使用注意事项

1）作业前，先预热 15min。开气时，操作人员必须站在瓶嘴的侧面。

2）二氧化碳气体预热器端的电压，不得高于 36V。

3）二氧化碳气体瓶宜放在阴凉处。其最高温度不得超过 30℃，并应放置牢靠，不得靠近热源。

4）作业前，应检查焊丝的进给机构，电线的连接部分，二氧化碳气体的供应系统以及冷却水循环系统均应合乎要求。

6. 埋弧自动、半自动焊机使用注意事项

1）埋弧焊用电缆必须符合焊机额定焊接电流的容量，连接部分要拧紧，并经常检查焊机各部分导线接触点良好，绝缘性能可靠。

2）在焊接中应保持焊剂连续覆盖，以免焊剂中断露出电弧。灌装、清扫、回收焊剂应采取防尘措施，防止焊工吸入焊剂粉尘。

3）埋弧焊机控制箱外壳与接线板上的罩壳必须盖好。

4）检查送丝滚轮的沟槽及齿纹是否完好。滚轮、导电嘴（块）磨损或接触不良时应更换。

5）在调整进丝机构及焊机工作时，手不得触及送丝机构的滚轮。

6）检查减速箱油槽中的润滑油，不足时应添加。

7）软管式送丝机构的软管槽孔应保持清洁，定期吹洗。

8）半自动焊的焊接手把应安放妥当防止短路。

9）在埋弧自动焊机或半自动焊机发生电气故障时，必须切断电源由电工修理。

7. 对焊机使用注意事项

1）电焊机的使用应按前面介绍的有关要求执行。

2）对焊机应安置室内，并有可靠的接地（接零）。如多台对焊机并列安装时，间距不得少于3m，并应分别接在不同相位的电网上，分别有各自的刀型开关。

3）作业前，检查对焊机的压力机构是否灵活，夹具是否牢固，气、液压系统有无泄漏，确认正常后，方可施焊。

4）焊接前，应根据所焊构件截面，调整二次电压，不得焊接超过对焊机规定尺寸的构件。

5）断路器的接触点、电极应定期光磨，二次电路全部连接螺栓应定期紧固。冷却水温度不得超过40℃；排水量应根据温度调节。

6）焊接较长及较大构件时，应设置托架。配合搬运构件的操作人员，在焊接时要注意防止火花烫伤。

7）闪光区应设挡板，焊接时无关人员不得入内。

8）冬季施工时，室内温度应不低于8℃。作业后，放尽机内冷却水。

8. 点焊机使用注意事项

1）作业前，必须清除上、下两电极的油污。通电后，机体外壳应无漏电。

2）启动前，首先应接通控制线路的转向开关和调整好级数。

接通水源、气源，再接通电源。

3）电极触头应保持光洁，如有漏电时，应立即更换。

4）作业时，气路、水冷系统应畅通。气体必须保持干燥。排水温度不得超过40℃，排水量可根据气温调节。

5）严禁在引燃电路中加大熔断器。当负载过小使引燃管内电弧不能发生时，不得闭合控制箱的引燃电路。

6）控制箱如长期停用，每月应通电加热30min。如更换闸流管亦应预热30min，正常工作的控制箱的预热不得少于5min。

9．气焊设备使用注意事项

1）一次加电石10kg或每小时有5m³发气量的乙炔发生器应采用固定式，并建立乙炔站（房）。由专人操作。乙炔站与厂房及其他建筑物的距离应符合乙炔站设计规范。

2）乙炔发生器（站）、氧气瓶及软管、阀、表均应齐全有效，紧固牢靠，不得松动、破损和漏气。氧气瓶及其附件、胶管、工具均不得沾染油污。软管接头不得用铜质材料制作。

3）乙炔发生器、氧气瓶和焊炬间的距离不得小于10m，否则应采取隔离措施。同一地点有两个以上乙炔发生器时，其间距不得小于10m。

4）电石的贮存地点必须干燥，通风良好，室内不得有明火或铺设水管、水箱。

电石桶应密封，桶上必须标明“电石桶”和“严禁用水灭火”等字样。如电石有轻微受潮时，应轻轻取出电石，不得倾倒。

5）搬运电石时，应打开桶上小盖。严禁用钢铁工具敲击桶盖。搬运人员不得站在桶的两端。取装电石和砸碎电石时，操作人员应戴手套、口罩和眼镜。

6）电石起火时必须用干砂或二氧化碳灭火器。不得用泡沫、四氯化碳灭火器或水灭火。电石粒末应在露天销毁。

7）如用新品种电石时，在使用前应作温水浸试，并经试验无爆炸危险时，才能使用。

8）乙炔发生器的压力要保持正常，压力超过147kPa时应停用。用水必须清洁。发气室内壁不得用含铜材料制作。温度不得超过80℃（水入式发生器，其冷却水温不得超过50℃，浮桶式发生器水温不得超过60℃）。当温度超过规定时应停止作业，并用冷水喷射降温和加入低温的冷却水。不得以金属棒等硬物敲击乙炔发生器的金属部分。

9）使用浮筒式乙炔发生器时，应装设回火防止器。在内筒顶部中间，应有防爆球或胶皮薄膜，其厚度不得超过1mm，面积应为内筒底面积的60%以上。

10）乙炔发生器应放在操作地点的上风处，不得放在高压线及一切电线的下面。不得放在强烈日光下曝晒。四周应设围栏，悬挂“严禁烟火”标志。

11）碎电石应掺入小块电石内装入乙炔发生器中使用，不得完全使用碎电石。夜间加添电石不得使用明火照明。

12）新橡胶软管必须经压力试验。未经压力试验的或代用品及变质、老化、脆裂、漏气及沾上油脂的胶管均不得使用。

13）不得将橡胶软管放在高温管道和电线上，或将重物或热的物件压在软管上，更不得将软管与电焊用的导线敷设在一起。软管经过车行道时应加护套或盖板。

14）氧气瓶应与其他易燃气瓶、油脂和其他易燃、易爆物品分别存放，也不得同车运输。氧气瓶应有防震圈和安全帽。应平放不得倒置，不得在强烈日光下曝晒。严禁用行车或吊车吊运氧气瓶。

15）开启氧气瓶阀门时，应用专门工具，动作要缓慢，不得面对减压器，但应观察压力表指针是否灵敏正常。氧气瓶中的氧气不得全部用尽，至少应留0.1～0.2MPa的剩余压力。

16）严禁使用未安装减压器的氧气瓶进行作业。

17）安装减压器时，应先检查氧气瓶阀门接头不得有油脂，并略开氧气瓶阀门吹除污垢，然后安装减压器，人身或面部不得正对氧气瓶阀门出气口，关闭氧气瓶阀门时，须先松开减压器的活门螺丝（不可紧闭）。

18）点燃焊（割）炬时，应先开乙炔阀点火，然后开氧气阀调整火焰。关闭时应先关闭乙炔阀。再关闭氧气阀。

19）在作业中，如发现氧气瓶阀门失灵或损坏不能关闭时，应让瓶内的氧气自动逸尽后，再行拆卸修理。

20）发现乙炔发生器因漏气着火燃烧时，应立即把乙炔发生器朝安全方向推倒，并用黄砂扑灭火种，不得堵塞或拔出浮筒。

21）乙炔软管、氧气软管不得错装。使用中氧气软管着火时，不得折弯软管断气，应迅速关闭氧气阀门，停止供氧。乙炔软管着火时，应先关熄炬火，可用弯折前面一段软管的办法来将火熄灭。

22）冬季在露天施工，如软管和回火防止器冻结时，可用热水、蒸汽或在暖气设备下化冻。严禁用火焰烘烤。

23）不得将橡胶软管背在背上操作。焊枪内若带有乙炔、氧气时不得放在金属管、槽、缸、箱内。

24）氢氧并用时，应先开乙炔气，再开氢气，最后开氧气，再点燃。熄灭时，应先关氧气，再关氢气，最后关乙炔气。

25）作业后，应卸下减压器，拧上气瓶安全帽，将软管卷起捆好，挂在室内干燥处，并将乙炔发生器卸压，放水后取出电石篮，剩余的电石和电石渣，应分别放在指定的地方。

第五节　铆固与钉牢机具

一、风动拉铆枪（FLM-1型）

适用于铆接抽芯铝铆钉用的风动工具。

（一）特点

风动拉铆枪其特点是质量轻，操作简便，没有噪声，同时，拉铆速度快，生产效率高。

（二）用途

广泛用于车辆、船舶、纺织、航空、建筑装饰、通风管道等行业。

（三）基本参数

（1）工作气压：0.3～0.6MPa；

（2）工作拉力：3000～7200N；

（3）铆接直径：3.0～5.5mm 的空芯铝铆钉；

（4）风管内径：10mm；

（5）枪身质量：2.25kg。

二、风动增压式拉铆枪（FZLM-1 型）

适用于拉铆空芯铝铆钉。

（一）特点

风动增压式拉铆枪，其特点是质量轻、功率大、工效高，铆接操作简便。

（二）用途

广泛适用于车辆、船舶、纺织、航空、通风管道、建筑装修等行业。

（三）基本参数

（1）工作气压：0.3～0.6MPa；

（2）工作油压：8.5～17MPa；

（3）增压活塞行程：127mm；

（4）生产拉力：5000～10000N；

（5）铆枪头拉伸行程：21mm；

（6）风管内径：10mm；

（7）枪身质量：1.0kg。

三、射钉枪

（一）用途

射钉枪是装饰工程施工中常用的工具，它要与射钉弹和射钉共同使用，由枪机击发射钉弹、以弹内燃料的能量，将各种射钉直接打入钢铁、混凝土或砖砌体等材料中去。也可直接将构件钉紧于需固定部位，如固定木件、窗帘盒、木护壁墙、踢脚板、挂镜线、固定铁件，如窗盒铁件、铁板、钢门窗框、轻钢龙骨、吊灯等。

（二）使用注意事项

射钉枪因型号不同，使用方法略有不同。现以 SDT—A30 射钉枪为例介绍操作方法。

（1）装弹时，用手握住枪管套，向前拉到定向键处，然后再后推到位。

（2）从握把端部插入弹夹，推至与握把端部齐平。

（3）将钉子插入枪管孔内，直到钉子上的垫圈进入孔内为止。

（4）射击时，将射钉枪垂直地紧压在基体表面上，扣动扳机。每发射一次，应再装射钉，直至弹夹上子弹用完为止。

（5）使用射钉枪前要认真检查枪的完好程度，操作者最好经过专门训练。在操作时才允许装钉，装钉后严禁对人。

（6）射击的基体必须稳固坚实，并已有抵抗射击冲力的刚度。扣动扳机后如发现子弹不发火，应再次按于基体上扣动扳机，如仍不发火，仍保持原射击位置数秒后，再来回拉伸枪管，使下一颗子弹进入枪膛，再扣动扳机。

（7）射钉枪用完后，应注意保存。

四、风动打钉枪（FDD251 型）

（一）特点

风动打钉枪是专供锤打扁头钉的风动工具，其特点是使用方便，安全可靠，劳动强度低，生产效率高。

（二）基本参数

（1）使用气压：0.5～0.7MPa；

（2）打钉范围：25×51mm 普通标准圆钉；

（3）风管内径：10mm；

（4）冲击次数：60 次/min；

（5）枪身质量：3.6kg。

五、铆接（人力或风动）注意事项

1. 一般注意事项

(1) 工作前应检查工具和锤头是否完整牢固，并穿戴必要的防护用品。

(2) 铆合要对正，铆钉人和顶钉人要互相联系好，必须先顶紧后铆，顶钉人和铆钉人要错开站立。

(3) 松紧螺丝应选用合适的扳手，不得猛力扳动，不得以扳手作手锤用。

(4) 锤头必须平整光洁，扁铲头部不许有飞刺，木柄要坚牢，打锤、手锤、平锤不得互相代替使用。

(5) 打锤和铲钉时，要看清周围是否有人，防止误伤。

(6) 使用夹钳要与铆钉径符合，钳口钳柄不得有裂纹。

(7) 打过铳子（标撞）时，最后一锤要轻打，接铳子应用特别铁器接住，禁止用手接。用锤铲打铆钉或物件时，在将断的时候要轻打，钉头要挡住，严格禁止对面有人。

(8) 高空作业时，应站在牢固的脚手架上，要系好安全带，禁止上下直线同时作业。工具材料应放置平稳。下面不得有易燃物品。

2. 风动铆枪操作注意事项

(1) 工作前必须检查铆枪、风顶把、风管阀门等是否完好，并应经常清洗和注油。

(2) 风管须用风吹净管内杂物后，才接在风把上，以免灰尘进入窝内。风管接头用卡子卡紧。

(3) 带风压装卸风窝时，不可横向操作，应向上或向下，并不要看风枪口。

(4) 风管的阀门要标示明确，以免弄错开关。

(5) 拉安风管时要平顺安置，不得扭曲。在空中作业时，风管应绑紧在架子上。工作时不得骑在风管上。

(6) 铆作中断时，必须将风窝上风钮关闭后并用绳绑好平放在牢固的地方。铆作完毕时，必须将窝胆拿出，将入风口堵塞，防止侵入灰尘。

第六节　磨光机具

一、电动角向磨光机

电动角向磨光机是供磨削用的电动工具。由于其砂轮轴线与电机轴线成直角，所以特别适用于位置受限制不便用普通磨光机的场合。该机可配用多种工作头：粗磨砂轮、细磨砂轮、抛光轮、橡皮轮、切割砂轮、钢丝轮等。电动角向磨光机就是利用高速旋转的薄片砂轮以及橡皮砂轮、细丝轮等对金属构件进行磨削、切削、除锈、磨光加工。

(一) 用途

在建筑装饰工程中，常使用该工具对金属型材进行磨光、除锈、去毛刺等作业，使用范围比较广泛。

(二) 规格及技术参数

国内（浙江永康电动工具厂）生产的产品有 SIMJ-100 型、SIMJ-125 型、SIMJ-180 型、SIMJ-230 型等几种，其技术参数见表 2-7。

电动角向磨光机的基本技术参数　　表 2-7

产品规格	SIMJ-100 型	SIMJ-125 型	SIMJ-180 型	SIMJ-230 型
砂轮最大直径（mm）	Φ100	Φ125	Φ180	Φ230
砂轮孔径（mm）	Φ16	Φ22	Φ22	Φ22
主轴螺纹	M10	M14	M14	M14
额定电压（V）	220	220	220	220
额定电流（A）	1.75	2.71	7.8	7.8
额定功率（Hz）	50～60	50～60	50～60	50～60
额定输入功率（W）	370	580	1700	1700
工作头空载转速（r/min）	10000	10000	8000	5800
机身质量（kg）	2.1	3.5	6.8	7.2
出厂价格（元/台）	120	220	320	346

（三）工作条件

（1）海拔不超过1000m。

（2）环境空气温度不超过40℃，不低于－15℃。

（3）空气相对湿度不超过90%（25℃）。

（四）使用注意事项

（1）使用前应检查工具的完好程度，不能任意改换电缆线、插头。雨季应加强检查。该机如长期搁置而需要重新启用时，应测量绝缘电阻。

（2）使用时按切割、磨削件材料不同，选择安装合适的切磨轮，按额定电压要求接好电源。

（3）工作过程中，不能让砂轮受到撞击，使用切割砂轮时，不得横向摆动，以免使砂轮破裂。

（4）使用过程中，若出现下列情况者，必须立即切断电源，进行处理。

1）传动部件卡住，转速急剧下降或突然停止转动；

2）发现有异常振动或声响、温升过高或有异味时；

3）发现电刷下火花过大或有环火时。

（5）使用工具时应经常检查、维护和保养。用完后应放置在干燥处妥善保存，并保证处在清洁、无腐蚀性气体的环境中。机壳用碳酸酯制成，不应接触有机溶剂。

二、电动角向钻磨机

电动角向钻磨机是一种供钻孔和磨削两用的电动工具。当把工作部分换上钻夹头，并装上麻花钻时，即可对金属等材料进行钻孔加工。如把工作部分换上橡皮轮，装上砂布、抛布轮时，可对制品进行磨削或抛光加工。由于钻头与电动机轴向成直角，所以它特别适用于空间位置受限制不便使用普通电钻和磨削工具的场合，可用于建筑装饰工程中对多种材料的钻孔、清理毛刺表面、表面砂光及雕刻制品等。所用电机是单相串激交直流两用电动机。

电动角向钻磨机的规格以型号及钻孔最大直径表示。其基本技术参数见表 2-8。

电动角向钻磨机的技术参数　　表 2-8

型号	钻孔直径(mm)	抛布轮直径（mm)	电压(V)	电流(A)	输出功率(W)	负载转速(r/min)
回 $JIDI_6$	6	100	220	1.75	370	1200

三、磨床

（一）磨床的功能和类型

1. 磨床的功能

用磨料磨具（砂轮、砂带、油石或研磨料等）作为工具对工件表面进行切削加工的机床，统称为磨床。它们是由于精加工和硬表面加工的需要而发展起来的。目前也有不少用于粗加工的高效磨床。

磨床用于磨削各种表面，如内外圆柱面和圆锥面、平面、螺旋面、齿轮的轮齿表面以及各种成形面等，还可以刃磨刀具，应用范围非常广泛。

由于磨削加工容易得到高的加工精度和好的表面质量，所以磨床主要应用于零件精加工，尤其是淬硬钢件和高硬度特殊材料的精加工。近年来由于科学技术的发展，现代机械零件的精度和表面粗糙度要求愈来愈高，各种高硬度材料应用日益增多，以及由于精密铸造和精密锻造工艺的发展，有可能将毛坯直接磨成成品；此外，随着高速磨削和强力磨削工艺的发展，进一步提高了磨削效率。因此磨床的使用范围日益扩大，它在金属切削机床中所占的比重不断上升，目前在工业发达的国家中，磨床在机床总数中的比例已达 30%～40%。

2. 磨床的种类

磨床的种类很多，其主要类型有：

（1）外圆磨床

外圆磨床包括万能外圆磨床、普通外圆磨床、无心外圆磨床等。

（2）内圆磨床

内圆磨床包括普通内圆磨床、无心内圆磨床、行星式内圆磨床等。

（3）平面磨床

平面磨床包括卧轴矩台平面磨床、立轴矩台平面磨床、卧轴圆台平面磨床、立轴圆台平面磨床等。

（4）工具磨床

工具磨床包括工具曲线磨床、钻头沟槽磨床、丝锥沟槽磨床等。

（5）刀具刃具磨床

刀具刃具磨床包括万能工具磨床、拉刀刃磨床、滚刀刃磨床等。

（6）各种专门化磨床

各种专门化磨床是专门用于磨削某一类零件的磨床，如曲轴磨床、凸轮轴磨床、花键轴磨床、活塞环磨床、齿轮磨床、螺纹磨床等。

（7）其他磨床

其他磨床种类很多，如研磨机、抛光机、超精加工机床、砂轮机等。

（二）磨床使用注意事项

（1）磨床砂轮的安装要做到：

1）根据工件选用合适的砂轮，其硬度、强度、磨料粒度均应符合说明书要求；

2）砂轮应有出厂合格证并有受检合格的标志；

3）对砂轮进行全面检查，发现质量不合要求或外观有裂纹等缺陷时不得使用；

4）砂轮在安装前必须进行静平衡试验。其最大不平衡度不超过 15～20gcm；

5）砂轮应直接装在轴上，法兰直径均为砂轮直径的 1/3～1/2；

6）法兰与砂轮之间必须用衬垫垫好；

7）砂轮与磨床主轴必须同心；

8）装配时严禁用硬物敲击，紧螺母时要用专用扳手，紧固要适当；

9）装牢防护罩，砂轮侧面与罩内壁向应保持20～30mm的间隙；

10）砂轮装好后，启动不能过急，要先经点动检查，并经过5～10min的空车运转，确认正常后，方可使用。

（2）修磨砂轮时，必须戴防护镜。用金钢石修整砂轮时，必须用固定架衔住，不得手持修正。

（3）液压系统的油压不得低于规定值，液压缸内有空气时，必须排除后方可使用。

（4）装卸工件时，必须将砂轮退到安全位置。运转中，操作人员不得站在或面对砂轮旋转的离心力方向。

（5）砂轮的转速不得超限，必须选择合理的进给量，缓慢进给，并应充分利用吸尘器。

（6）工作台快速移动时，必须先使工件与砂轮脱开，砂轮未退离工件前，不得停止转动。

（7）加工有花键、键槽的表面或偏圆工件时，进给应缓慢，并严格控制磨削量。

（8）停车前，应先关闭冷却液，继续空转数分钟，待砂轮所吸水分全部甩尽后方可停车。

第七节　有关设备使用过程中的一般注意事项

一、金属切削机床使用过程中的一般注意事项

（1）操作人员必须经过技术学习，熟识机械构造性能、操作和保养方法，方准参加工作，新学徒应在技工指导下操作。

（2）操作人员应对所使用机械的安全操作规程认真遵守。

（3）操作人员上班前不准饮酒，在精神不正常时严禁开动机

械。

(4) 操作人员工作时必须配戴规定的防护用品，开动机械时严禁戴手套和围巾，女工要戴帽子，辫子、长发盘放在帽内。

(5) 机械在运行中操作人员必须精神集中，禁止玩笑、嬉戏、闲谈、瞌睡、看画报、小说之类和离开工作岗位。

(6) 机械的各种轮、带传动部分必须装设防护罩，已装好的不得随便拆除。

(7) 机床必须按其性能合理使用，严禁超负荷或代替其他机械使用，也不得带病运转。使用中发生故障时必须立即停止使用进行修理。电器部分由电工方面负责。工作照明灯要用 36V 低压电源。

(8) 非操作人员不得开动机床，亦不许可一个人单独在车间开动机器。

(9) 机床的电动机、电器、线路及液压、液力装置、气动装置应按照有关规定执行。

(10) 机床必须安装牢固平稳，布置和排列应确保安全，机床周围不得堆放与生产无关的物品。

(11) 启动前应检查以下各项，确认可靠后，方可启动。

1) 各部螺栓紧固，配合适当；

2) 行程限位、信号等安全装置完整、灵敏、可靠；

3) 润滑系统保持清洁，油量充足；

4) 电气开关，接地或接零均良好；

5) 传动及电气部分的安全防护装置完好牢固；

6) 各操纵手柄的位置正常，动作可靠；

7) 工件、夹具、刀具无裂纹、破损、缺边、断角并夹牢固。

(12) 启动后，应低速运转，正常后方可作业。

(13) 床面上不得放置工具、材料及其他物件。

(14) 装卸较重大的工件时，床面上应垫放木板，使用起重设备时，应由起重工配合进行。

(15) 机床在切削过程中，操作人员的面部不得正对刀口，并不得在切削行程内检查切削面。

（16）高速切削铸铁件时，必须戴防护眼镜。

（17）在机床运转中严禁；

1）用手摸、身触或用棉纱擦拭工件和机床联动部分；

2）用手直接清除切屑；

3）测量或找正工件；

4）换装工件，装卸刀具、齿轮和皮带等；

5）用人力或工具强制机床制动。

（18）当更换工件、装卸工具、修理机床或有事必须离开时，应关车拉闸。

（19）发现运转不正常或有异响时，应立即停车，进行检修。

（20）作业后，切断电源，退出刀具，将各部手柄放在空档位置，并擦拭机床进行保养，然后锁好电闸箱。

二、锻压机械使用过程中的一般注意事项

（1）工作前应详细检查所用工具是否良好坚固，打花、破裂、缺口、松动的工具应修理或更换。大锤手锤等带有木柄的必须加装带倒刺的铁楔，锤顶要平整光洁。大锤木柄使用前应在水内泡湿。

（2）火炉应筑烟囱，小炉也要装烟罩，煤气要排出室外，炉附近不得有木料或易燃品，并放置灭火器。

（3）火钳必须适合工作的尺度及形状，且钳柄不应过细或有裂纹。

（4）錾子淬火要适当，发现有飞刺要随时打磨好，受打击的工具顶部严禁淬火。高碳钢不准用来制造受击的工具。

（5）两人打大锤时，不准相互对立，并要注意锤头起落，瞻前顾后，防止伤人，并注意落锤点，以防打偏。严禁戴手套，前后附近不准有人站立。

（6）掌钳工不要把钳柄直冲身体，手指禁止伸入两钳柄内，两脚不能靠近铁砧。

（7）锻打工件时，工件要放在砧的中心，要平整稳定。打烧红的工件前应先清除其表面的铁皮。

(8) 工件的加热温度要适宜，温度过高或过分降低的工件不可强打。不准打空锤。

(9) 锻打工件时，掌钳者要掌握指挥，但严禁用手指示打锤，并不得用手去移动砧子上的工件，头部更不准探进锤头落下的范围内。

(10) 红火锻件不应远距离投送，在特殊情况下应有足够安全的防护措施。锻打完成的红热工件，禁止乱堆，并应与其他物品分开，指定堆放地点、设立标志，以防误触烫伤。

(11) 冷錾工件将要断开时，不要用力打锤，操作人员闪开一侧，并注意周围行人，防止临断时突然崩跳飞出伤人。

(12) 对于热处理所使用的剧毒化学药品（如氰化物等）必须专人保管并建立领发制度，在使用时必须熟识药物性质，操作人员应备有合格的防毒面具，非操作人员一律不准接近。

(13) 下班前必须熄灭炉火，炉渣倒在指定地点，炉中余烬必须铲去或用水浇灭。

三、钳工操作注意事项

(1) 操作人员进入车间应戴好本工种规定的防护用品，并检查操作环境是否符合安全要求。

(2) 高空作业必须经医生进行体格检查，必须戴安全带，不准穿滑底鞋。

(3) 工作前应检查工具是否良好，不得有缺口、裂纹、起花等现象。工具不要放在工作物或机器上。高空作业时，工具应放在工具袋内。

(4) 人力搬运材料或设备时，要清理好通道，两人以上工作，应互相呼应，轻起轻放。头重脚轻的物体要支撑稳定。

(5) 工作台上装设多种机具时必须留有一定的间隔距离，以免互相干扰。台上虎钳夹的工件要夹紧，所夹工件不得超过虎钳口最大行程的2/3，夹工件时不得用力过猛，切不得用套管套进钳柄加力，或用铁具敲打。

（6）有关电气设备检修安装应由电气工作人员进行，不得随便乱动。

（7）操作时要注意到周围上下环境岗位应干燥洁净。电源有适当距离，防止触电、滑倒等事故，打大锤时协助人员不得相互面对且要注意避免锤头或工作物飞出伤人。

（8）在金属设备上或容器内使用动力电源（如手电钻，手砂轮等），除必须使用合格的胶皮线外，还必须设专人监护负责操作看管电源开关，如发现问题，立即切断电源。操作人员必须戴绝缘手套，脚下必须踏在干燥木板上或胶皮垫上，以防触电。

（9）拧紧螺栓时要检查扳手或螺丝有无裂纹损坏，拧紧时不要用力过猛，必须看其材质大小、松紧程度来决定工具套上管子使用。

（10）使用梯子时，为了防上打滑，下面应有人扶。不准在梯子上使用电钻或抬工作物。

（11）钻、挫磨出的铁屑，应用毛刷清除，禁止用手抹或口吹。

（12）使用机械在转动中，不得更换工具、浇注润滑油和禁止用手来制动。

（13）使用的纱头、油布要放在指定地点，以免引起火灾。用纱头揩手时要注意纱团有无铁屑。

（14）检修机械或拆卸机械前应切断电源，电气部分由电工进行。机械在试运转前对所安装的零件、安全设施以及各传动系统等应进行详细检查，合格后方可试运转。谁修理、谁试车，如多人参加试车，应由专人负责，明确分工。试运转时，不应让非工作人员入内。

（15）设备就位时先放置临时垫铁，注意防止压手。两人以上找平找正一台设备时，必须紧密配合，步调一致，防止头重脚轻的设备倾倒伤人和损坏。

（16）用汽油清洗工件时要在通风良好地方进行并严禁烟火，清洗完后应将废汽油集中在指定安全地点。

(17) 工作完毕后，虎台钳不准夹有工件，所有使用工具应擦拭干净按指定地方分别存放，不得杂乱无章地堆放在一个工具箱内。工件堆放整齐，清扫好现场才离开。

第三章 金属装饰材料

在各类建筑装饰工程中，以各种金属作为建筑装饰材料，在我国有着源远流长的光荣历史。例如，北京颐和园和泰安岱庙中的铜亭，泰山顶上的铜殿，云南昆明的金殿，西藏布达拉宫金碧辉煌的装饰等都是古代留下的光辉典范。现代则有金色的五角星闪耀在纪念性建筑物的塔尖上，民间则有紫铜屋面，现代建筑中有光彩夺目的铝合金门窗及其他金属装饰材料。这是因为金属装饰材料具有独特的性能、光泽和颜色，作为建筑装饰材料，显得庄重华贵、五彩缤纷，并且经久耐用，优于其他各类建筑装饰材料。

第一节 建筑装饰钢材

一、建筑装饰钢材

建筑装饰钢材是建筑装饰工程中应用最广泛、最重要的建筑装饰材料之一。钢材的优点和优良的特性主要表现在以下几个方面：一是材质比较均匀，性能比较可靠；二是具有较高的强度和较好的塑性和韧性，可承受各种性质的荷载；三是具有优良的可加工性，可制成各种型材；四是可按照设计制成各种形状，具有较好的可塑性。

建筑装饰钢材是指用于建筑装饰工程中的各种钢材。如用于建筑工程中的各种型钢、钢板、钢筋、钢丝等；如用于装饰工程中的普通不锈钢及制品、彩色不锈钢、彩色涂层钢板、彩色压型钢板、钢门帘板、轻钢龙骨等。

（一）钢材的分类及其化学成分

1. 钢材的分类

钢材的分类方法很多，主要有：按冶炼方法不同分类、按化学成分不同分类、按钢材的质量不同分类和按钢材的用途不同分类等。

(1) 按冶炼方法不同分类

钢材按冶炼方法，可分为按冶炼炉种不同分类和按脱氧程度不同分类两种方法。

1) 按冶炼炉种不同分类。按冶炼炉种不同分类，可分为平炉钢、氧气转炉钢、空气转炉钢和电炉钢 4 种。

①平炉钢。平炉钢是以固态或液态生铁、适量铁矿石和废钢作为主要原料，用煤气或重油作为燃料，进行冶炼而制得的钢。平炉钢冶炼时间较长，去除杂质比较彻底，钢材的质量高，但成本较高。平炉主要用于冶炼优质碳素钢、合金钢及其他有特殊要求的专用钢。

②氧气转炉钢。氧气转炉钢是由炉顶向炉内吹入氧气，使熔融铁水中的碳和硫等有害杂质被氧化除去，从而得到比较纯净的钢水。氧气转炉炼钢的生产周期较短，生产效率比较高，杂质清除较充分，钢材的质量较好，可以冶炼优质碳素钢和合金钢。

③空气转炉钢。空气转炉钢是向冶炼的铁水中吹入空气，以空气中的氧气将铁液中的碳和硫等杂质氧化除去。由于吹炼中较易吸收有害气体氮、氯等，以及冶炼时间短，不易准确控制其成分，所以钢材质量较差。由于空气转炉的设备投资小，冶炼中不需要燃料，冶炼速度较快，所以其成本较低。

④电炉钢。电炉钢是用电热进行冶炼的，其原料主要是废钢及铁。电炉熔炼温度可以自由调节，清除杂质比较容易，钢材的质量最好，但冶炼成本也最高，电炉主要用于冶炼优质碳素钢和特殊合金钢。

2) 按脱氧程度不同分类。根据炼钢时的脱氧程度不同，钢材可分为沸腾钢、镇静钢、半镇静钢和特殊镇静钢 4 种。

①沸腾钢。沸腾钢是一种脱氧不完全的钢，其组织不够致密，成分不太均匀，质量比较差。但其生产效率高、产量高、价格较低。沸腾钢的代号一般用“F”表示。

②镇静钢。镇静钢是一种脱氧程度比较完全的钢材，与沸腾钢相比，其低温抗冲击韧性更为突出，是建筑装饰工程中首选的优质钢材。镇静钢的代号一般用“Z”表示。

③半镇静钢。半镇静钢的脱氧程度是一种介于沸腾钢和镇静钢之间的钢材，钢材质量较好，价格适中，用途比较广泛，是建筑装饰工程中用量较大的一种钢材。半镇静钢的代号一般用“B”表示。

④特殊镇静钢。特殊镇静钢是一种脱氧程度比镇静钢更加充分彻底的钢材，钢材质量最好，但生产周期较长，价格比镇静钢还高，所以在建筑工程中很少应用。特殊镇静钢的代号一般用“TZ”表示。

(2) 按化学成分不同分类

按化学成分不同分类，钢材可分为碳素钢和合金钢两大类。

1) 碳素钢。碳素钢是以铁碳为主要成分的合金钢材，而其中碳对合金性质起决定性影响的钢称为碳素钢。按含碳量的不同，碳素钢又可分为低碳钢（其含碳量小于0.25%）、中碳钢（其含碳量为0.25%～0.60%）和高碳钢（其含碳量为0.60%～2.06%）3种。其含碳量越高，强度越大，但钢材的韧性和可焊性变差。

2) 合金钢。碳素钢中的含碳量高其强度和硬度虽然大，但其塑性和韧性下降。为改善这一状况，并为使其达到其他某些性能的要求，可在炼钢过程中加入其他少量的合金元素。

按合金元素含量的总量不同，合金钢又可分为低合金钢（合金元素总含量小于5%）、中合金钢（合金元素总含量5%～10%）和高合金钢（合金元素总含量大于10%）。

(3) 按钢材的质量不同分类

按钢材的质量不同分类，实质上是根据钢材中最有害杂质磷（P）和硫（S）的含量多少进行分类，可分为普通钢、优质钢、高级优质钢和特级优质钢4种。

（4）按钢材的用途不同分类

按钢材的用途不同进行分类，可以分为建筑钢、结构钢（碳素钢、合金钢）、工具钢（碳素工具钢、合金工具钢）和特殊性能钢（不锈钢、耐酸钢、耐热钢等）。

二、建筑装饰钢材的标准与选用

建筑装饰工程中常用的钢材，主要是钢结构用钢，其又可分为碳素结构钢和低合金高强度结构钢。

1. 碳素结构钢

（1）牌号及其表示方法

根据《碳素结构钢》（GB700—88）中的规定，此类钢的牌号由代表屈服点字母、屈服点数值、质量等级符号、脱氧方法等四部分按顺序组成。其中，以“Q”代表屈服点，屈服点数值可分为195、215、235、255和275MPa五种；质量等级以硫、磷等杂质含量由多到少，分别由字母A、B、C、D表示；冶炼脱氧程度，以F表示沸腾钢、b表示半镇静钢、Z表示镇静钢、TZ表示特殊镇静钢，当钢材为镇静钢或特殊镇静钢时，符号“Z”和“TZ”可予以省略。

（2）碳素结构钢的选用

钢材的选用一方面要根据钢材的质量、性能及相应的标准；另一方面要根据工程使用条件对钢材性能的要求。

国家标准（GB700—88）将碳素结构钢分为五个牌号，每个牌号又分为不同的质量等级。一般来讲，钢材牌号数值越大，含碳量越高，其强度和硬度也就越高，但塑性、韧性降低。

工程结构的荷载类型、焊接情况及环境温度等条件，对钢材性能有不同的要求，选用钢材时必须满足。一般情况下，沸腾钢在下述情况下是限制使用的：①直接承受动荷载的焊接结构；②非焊接结构而计算温度等于或低于－20℃；③受静荷载及间接动荷载作用，而计算温度等于或低于－30℃时的焊接结构。

建筑装饰钢结构中，主要应用的是Q235，即用Q235钢轧成的各种型材、钢板和管材。Q235钢材的强度、韧性和塑性以及可加工等综合性能较好，且冶炼方便、成本较低。由于Q235-D含有足够的形成细粒结构的元素，同时对硫、磷元素控制比较严格，其冲击韧性好，抵抗振动、冲击荷载的能力强，尤其在一定负温条件下，较其他牌号更为合理。但Q235-A级钢一般仅适用于承受静荷载作用的结构。

Q215钢材强度低、塑性大、受力产生变形大，经冷加工后可代替Q235钢使用。

Q275钢材虽然强度很高，但塑性较差，有时轧成带肋钢筋用于钢筋混凝土中，很少用于装饰工程。

2.低合金高强度结构钢

(1) 牌号及其表示方法

我国按照“多元少量”的原则，发展了硅钒、硅钛、硅锰系等低合金高强度结构钢。根据《低合金高强度结构钢》(GB1591—94)规定，共分为Q295、Q345、Q390、Q420和Q460五个牌号。其牌号的表示方法由屈服点字母Q、屈服点数值、质量等级（分A、B、C、D、E五级）三部分组成。

(2) 低合金高强度结构钢的应用

合金元素加入钢材后，改变了其原来钢的组织和性能。以含碳量相近的18Nb或16Mn与碳素结构钢Q235相比，屈服点提高了约32%，同时仍具有良好的塑性、冲击韧性、可焊性、耐蚀性及耐低温性等优点。

钢材进行合金化，一般是利用铁矿石或废钢中原有的合金元素（如铌、铬等）；或者加入一些廉价的合金元素（如硅、锰等）；有特殊要求时，也可加入少量的合金元素（如钛、钒等）。冶炼设备基本上与碳素钢相同，因此，这种钢材的成本与普通碳素结构钢基本接近。

低合金高强度结构钢主要是用于轧制各种型钢、钢板、钢管及钢筋，可以广泛用于钢结构和钢筋混凝土结构中。采用低合金高强度结构钢，可减轻结构重量，延长使用寿命，特别是用于大跨度、大柱网结构，技术经济效果更加显著。

三、装饰用钢材制品

在现代建筑装饰工程中，金属制品越来越受到人们的重视和欢迎，应用范围越来越广泛。如柱子外包不锈钢，楼梯扶手采用不锈钢钢管等。目前，建筑装饰工程中常用的钢材制品种类很多，主要有不锈钢钢板与钢管、彩色不锈钢板、彩色涂层钢板、彩色压型钢板、镀锌钢卷帘门及轻钢龙骨等。

（一）普通不锈钢

1. 普通不锈钢的特性

普通建筑钢材在一定介质的侵蚀下，很容易产生锈蚀。据有关资料统计，每年全世界有上千万吨钢材遭到锈蚀破坏。钢材的锈蚀破坏有两种：一是化学腐蚀，二是电化学腐蚀，钢材的腐蚀大多数属于电化学腐蚀，是难以避免的一种腐蚀。

当钢中加入适量的铬（Cr）元素时，就能大大提高其耐蚀性，不锈钢就是在钢中掺加铬合金的一种合金钢，钢中的铬含量越高，钢的抗腐蚀性能越好。不锈钢中除含有铬外，还含有镍、锰、钛、硅等元素。

2. 普通不锈钢制品

普通不锈钢按其化学成分不同，可分为铬不锈钢、铬镍不锈钢和高锰低铬不锈钢等。我国生产的普通不锈钢产品已达 40 多个品种，在建筑装饰工程所用的普通不锈钢制品主要是不锈钢型材和不锈钢薄钢板。

（1）不锈钢型材

不锈钢型材有圆管、方管、矩形管及异型材等。不锈钢型材主要适用于建筑装饰、门窗、厨房设备、卫生间、高档家具、商店柜台和医药、食品、酿造设备等。不锈钢型材的品种规格见表 3-1。

不锈钢型材品种规格及生产单位　　表 3-1

品种规格　(mm)	生产单位
不锈钢圆管（直径×壁厚） ϕ76.2×（1.0、1.2）；ϕ63.5×1.0；ϕ50.8×（0.8、1.0）；ϕ38.1×0.8；ϕ31.8×0.8； ϕ25.4×（0.5、0.8）；ϕ22.2×0.5；ϕ19.0×0.5；ϕ15.9×0.5 不锈钢拉花管（直径×壁厚） ϕ25.4×1.0；ϕ38.1×1.0；ϕ50.8×1.2 以上圆管的长度均为 6000	南京金驰装饰材料有限公司
不锈钢圆管（直径×壁厚） ϕ15.9×（0.4、0.5、0.6、0.7、0.8、0.9、1.0）；ϕ22.2×（0.5、0.6、0.7、0.8、1.0、1.2、1.5）；ϕ25.4×（0.5、0.6、0.7、0.8、0.9、1.0、1.2、1.5、2.0）；ϕ31.8×（0.6、0.7、0.8、0.9、1.0、1.2、1.5、2.0）；ϕ38.1×（0.6、0.7、0.8、0.9、1.0、1.2、1.5、2.0）；ϕ50.8×（0.7、0.8、1.0、1.2、1.5）；ϕ57.0×（1.0、1.2、1.5、2.0、2.5）；ϕ63.5×（0.8、1.0、1.2、1.5、2.0、2.5）；ϕ76.2×（0.8、1.0、1.2、1.5、2.0、2.5） 不锈钢配件 葵花拉手　ϕ150；ϕ180；ϕ200；ϕ220 圆盘拉手　ϕ180；ϕ200；ϕ220 摩丁拉手　ϕ32×300；ϕ38×500；ϕ51×600 圆筒拉手　ϕ38×（500、600）；ϕ51×（500、600、800） 弯精（粗）头　ϕ25；ϕ32；ϕ38；ϕ51；ϕ63；ϕ76 圆头座　ϕ13；ϕ16；ϕ19；ϕ22；ϕ25；ϕ32；ϕ38 装饰球　ϕ51；ϕ63；ϕ80；ϕ104；ϕ114；ϕ120；ϕ150；ϕ180 法兰　ϕ16；ϕ19；ϕ25；ϕ25；ϕ32；ϕ38；ϕ51；ϕ63；ϕ76 装饰盖　ϕ16；ϕ19；ϕ25；ϕ32；ϕ38；ϕ51；ϕ63；ϕ76 门夹　90×900；90×850 毛巾通座　ϕ19；ϕ22 毛巾架　16×500	广东省佛山市澜石南方不锈钢厂
KCK 圆管 外径：ϕ9.5；ϕ12.7；ϕ15.9；ϕ19.1；ϕ22.2；ϕ25.4；ϕ31.8；ϕ50.8；ϕ63.5；ϕ76.2；ϕ88.9；ϕ101.6 壁厚：0.5、0.6、0.8、0.9、1.0、1.2、1.5 KCK 方管：25×25；38×38；50×50 KCK 矩形管：25×50；45×75 管子长度均为 6000	常州永发不锈钢型材有限公司

续表

品　种　规　格　(mm)	生产单位
光亮不锈钢圆管　ϕ25～ϕ76 光亮不锈钢拉手　ϕ25；ϕ38；ϕ50；ϕ63；ϕ76，长度任意 不锈钢扶梯　ϕ25；ϕ50；ϕ63；ϕ76 不锈钢门夹：不锈钢圆柱；不锈钢方柱；不锈钢柜台、衣架、屏风、灯具、货架等	北京市航天装饰金工厂

（2）不锈钢薄钢板

不锈钢薄钢板是建筑装饰工程用量较大、用途较广的金属材料。主要适用于屋面、幕墙、门窗、内外墙装饰面等。目前，用普通不锈钢薄钢板包柱，是一种新颖的具有很高观赏价值的建筑装饰手法，在国内外发展非常迅速。常用的普通不锈钢薄钢板的规格见表 3-2。

常用普通不锈钢薄钢板的参考规格　　**表 3-2**

钢板厚度 (mm)	钢　板　厚　度 (mm)									备注
	500	600	700	750	800	850	900	950	1000	
	钢　板　长　度(mm)									
0.35、0.40、0.45、0.50 0.55、0.60 0.70、0.75	1000 1500 2000	1200 1500 1800 2000	1000 1420 2000	1000 1500 1800 2000	1500 1600 2000	1700 2000	1500 1800 2000	1500 1900 2000	1500 2000	热轧钢板
0.80 0.90	1000 1500	1200 1420	1400 2000	1500 1800 2000	1500 1600 2000	1500 1700 2000	1500 1800 2000	1500 1900 2000	1500 2000	
1.0、1.1 1.2、1.25、1.4、1.5 1.6、1.8	1000 1500 2000	1200 1420 2000	1000 1420 2000	1000 1500 1800 2000	1500 1600 2000	1500 1700 2000	1000 1500 1800 2000	1500 1900 2000	1800 2000	
0.20、0.25 0.30、0.40	1000	1200 1800 2000	1420 1800 2000	1500 1800 2000	1500 1800 2000	1500 1800 2000	1500 2000		1500 2000	冷轧钢板
0.50、0.55 0.60	1000 1500	1200 1800 2000	1420 1800 2000	1500 1800 2000	1500 1800 2000	1500 1800 2000	1500 1800		1500 2000	

续表

钢板厚度(mm)	钢 板 厚 度(mm)									备注
	500	600	700	750	800	850	900	950	1000	
	钢 板 长 度(mm)									
0.70		1200	1420	1500	1500	1500				冷轧钢板
0.75	1000	1800	1800	1800	1800	1800	1500		1500	
	1500	2000	2000	2000	2000	2000	1800		2000	
0.80		1200	1420	1500	1500	1500	1500			
0.90	1000	1800	1800	1800	1800	1800	1800		1500	
	1500	2000	2000	2000	2000	2000	2000		2000	
1.0、1.1、1.2、1.4	1000	1200	1420	1500	1500	1500				
1.5、1.6	1500	1800	1800	1800	1800	1800	1800			
1.8、2.0	2000	2000	2000	2000	2000	2000	2000		2000	

（二）彩色不锈钢板

彩色不锈钢板，系在普通不锈钢钢板的基面上，通过进行艺术性和技术性的精心加工，使其表面上成为具有各种绚丽色彩的不锈钢装饰板，其颜色有蓝、灰、紫、红、青、绿、橙、茶色、金黄等多种，能满足各种装饰的要求。

彩色不锈钢钢板的用途很广泛，可用于厅堂墙板、天花板、电梯厢板、车厢板、建筑装潢、广告招牌等装饰之用，采用彩色不锈钢钢板装饰墙面，不仅坚固耐用、美观新颖，而且具有浓厚的时代气息。

不锈钢装饰板是近年来广泛使用的一种新型装饰材料，而且还在不断发展、创新。主要品种有镜面不锈钢板（又名不锈钢镜面板、镜钢板）、彩色不锈钢板、彩色不锈钢镜面板、钛金不锈钢装饰板等。

1.不锈钢镜面板

不锈钢镜面板是以不锈钢薄板经特殊抛光处理加工而成。其适用于高级宾馆、饭店、影剧院、舞厅、会堂、机场候机楼、车站码头、艺术馆、办公楼、商场及民用建筑的室内外墙面、柱面、檐口、门面、顶棚、装饰面、门贴脸等处的装饰贴面。

2.彩色不锈钢板

彩色不锈钢板是在普通不锈钢板上，通过独特的工艺配方，使其表面产生一层透明的转化膜，光通过彩色膜的折射和反射，产生物理光学效应，在不同的光线下，从不同角度观察，给人以奇妙、变幻之感。彩色不锈钢板有玫瑰红、玫瑰紫、宝石蓝、天蓝、深蓝、翠绿、荷绿、茶色、青铜、金黄等色及各种图案。用途同不锈钢镜面板。

3. 钛金不锈钢装饰板

钛金不锈钢装饰板是近几年出现的一种彩色不锈钢钢板，它是通过多弧离子镀膜设备，把氮化钛、掺金离子镀金复合涂层镀在不锈钢板、不锈钢镜面板上而制造出的豪华装饰板。主要产品有钛金板、钛金镜面板、钛金刻花板、钛金不锈钢覆面墙地砖等。

钛金不锈钢装饰板多用于高档超豪华建筑，适用范围同不锈钢镜面板。其中，钛金不锈钢覆面墙地砖则专用于墙面、楼地面的装饰。

钛金不锈钢装饰板的产品性能应达到相应的标准。产品的规格平面尺寸一般为：1220mm × 2440mm、1220mm × 3048mm，其厚度有 0.6mm、0.7mm、0.8mm、0.9mm、1.0mm、1.2mm、1.5mm 等多种。

（三）彩色涂层钢板

彩色涂层钢板是近 30 年迅速发展起来的一种新型钢预涂产品。涂装质量远比对成型金属表面进行单件喷涂或刷涂的质量更均匀、更稳定、更理想。它是以冷轧钢板、电镀锌钢板或热镀锌钢板为基板经过表面脱脂、磷化、铬酸盐等处理后，涂上有机涂料经烘烤而制成的产品。常简称为“彩涂板”或“彩板”。当基板为镀锌板时，被称为“彩色镀锌钢板”。

1. 彩色涂层钢板的类型

按彩色涂层钢板的结构不同，可分为涂装钢板、PVC 钢板、隔热涂装钢板、高耐久性涂层钢板等。

（1）涂装钢板

涂装钢板是以镀锌钢板为基体，在其正面和背面都进行涂装，以保证它的耐腐蚀性。正面第一层为底漆，通常涂抹环氧底漆，因为它与金属的附着力很强。背面也涂有环氧或丙烯酸树脂，面层过去采用醇酸树脂，现在改为聚酯类涂料和丙烯酸树脂涂料。

（2）PVC 钢板

PVC 钢板分为两种类型，一种是涂布 PVC 钢板；另一种是贴膜 PVC 钢板。PVC 表面涂层的主要缺点是易产生老化，为改善这一缺点，已出现在 PVC 表面再复合丙烯酸树脂的复合型 PVC 钢板。

（3）隔热涂装钢板

隔热涂装钢板是在彩色涂层钢板的背面贴上 15～17mm 的聚苯乙烯泡沫塑料或硬质聚氨酯泡沫塑料，以提高涂层钢板的隔热及隔音性能，现在我国已开始生产隔热涂装钢板这种产品。

（4）高耐久性涂层钢板

高耐久性涂层钢板，由于采用耐老化性极好的氟塑料和丙烯酸树脂作为表面涂层，所以其具有极好的耐久性、耐腐蚀性。

彩色涂层钢板的结构如图 3-1 所示。彩色涂层钢板的类型如表 3-3 所示。

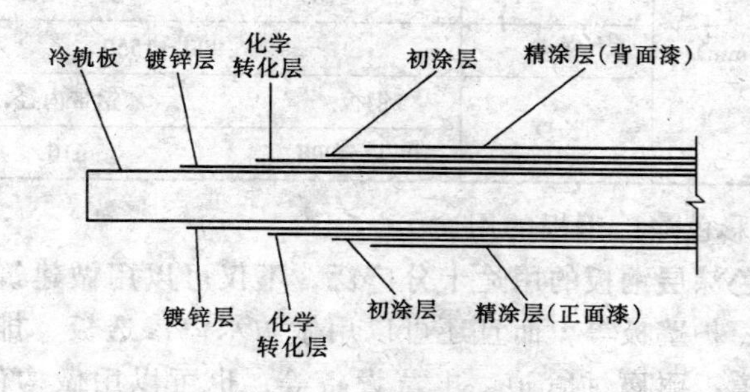

图 3-1　彩色涂层钢板的结构

2. 彩色涂层钢板的性能

彩色涂层钢板具有耐污染性能、耐高温性能、耐低温性能、耐沸水性能。彩色涂层钢板基材的化学成分和力学性能应符合相应标准的规定；涂层性能应符合 GB 1275—91 的有关规定。

彩色涂层钢板分类及规格

（摘自宝山钢铁厂冷轧厂产品资料）　　表 3-3

<table>
<tr><th>项目</th><th colspan="3">内 容 摘 要</th></tr>
<tr><td>基板种类</td><td colspan="3">冷轧板、电镀锌板、热镀锌板</td></tr>
<tr><td rowspan="7">用　途</td><td colspan="2">类别</td><td>代号</td></tr>
<tr><td colspan="2">建筑外用</td><td>JW</td></tr>
<tr><td colspan="2">建筑内用</td><td>JN</td></tr>
<tr><td colspan="2">家具</td><td>JJ</td></tr>
<tr><td colspan="2">家用电器</td><td>JD</td></tr>
<tr><td colspan="2">钢窗</td><td>GC</td></tr>
<tr><td colspan="2">其他</td><td>QT</td></tr>
<tr><td rowspan="4">涂料种类</td><td colspan="2">聚酯</td><td>JZ</td></tr>
<tr><td colspan="2">硅改性聚酯</td><td>GZ</td></tr>
<tr><td colspan="2">聚偏氟乙烯</td><td>JF</td></tr>
<tr><td colspan="2">聚氯乙烯-塑料溶胶</td><td>SJ</td></tr>
<tr><td rowspan="5">规格（mm）</td><td rowspan="2">厚度</td><td>冷轧基板</td><td>镀锌基板</td></tr>
<tr><td>0.3～2.0</td><td>0.5～2.0</td></tr>
<tr><td>宽度</td><td colspan="2">900～1550</td></tr>
<tr><td rowspan="2">长度</td><td>钢板</td><td>钢带内径</td></tr>
<tr><td>1000～4000</td><td>610</td></tr>
</table>

3．彩色涂层钢板的用途

彩色涂层钢板的用途十分广泛，不仅可以用做建筑外墙板、屋面板、护壁板等，而且还可以用做防水汽渗透板、排气管道、通风管道、耐腐蚀管道、电气设备等，也可以用做构件以及家具、汽车外壳等，是一种非常有发展前途的装饰性板材。

（四）覆塑复合金属板

覆塑复合金属板是目前一种最新型的装饰性钢板。这种金属板是以Q235、Q255金属板（钢板或铝板）为基材，经双面化学处理，再在表面覆以厚0.2～0.4mm的软质或半软质聚氯乙烯膜，然后在塑料膜上贴保护膜，在背面涂背涂加工而成。不仅被广泛用于交通运输或生活用品方面，如汽车外壳、家具等，而且适用于内外墙、天花吊顶、隔板、隔断、电梯间等处的装饰。覆塑复合钢板是一种多用装饰钢材。覆塑复合钢板的规格及性能，如表3-4所示。

覆塑复合钢板的规格及性能　　表3-4

产品名称	规格(mm)	技术性能
塑料复合钢板	长:1800、2000 宽:450、500、1000 厚:0.35、0.40、0.50、0.60、0.70、0.80、1.0、1.5、2.0	耐腐蚀性:可耐酸、碱、油、醇类的腐蚀。但对有机溶剂的耐腐蚀性差; 耐水性能:耐水性好; 绝缘、耐磨性能:良好; 剥离强度及深冲性能:塑料与钢板的剥离强度≥20N/cm²。当冷弯其180°,复合层不分离开裂; 加工性能:具有普通钢板所具有的切断、弯曲、深冲、钻孔、铆接、咬合、卷材等性能,加工温度以20～40℃最好; 使用温度:在10～60℃可以长期使用,短期可耐120℃

（五）铝锌钢板及铝锌彩色钢板

铝锌钢板又名镀铝锌钢板、镀铝锌压型钢板。主要适用于各种建筑物的墙面、屋面、檐口等处。

铝锌彩色钢板又名镀铝锌彩色钢板、镀铝锌压型彩色钢板。它是以冷轧压型钢板经铝锌合金涂料热浸处理后，再经烘烤涂装而成。颜色有灰白、海蓝等多种，产品20年内不会脱裂或剥落。

铝锌钢板及铝锌彩色钢板的规格：厚度一般为0.45mm、0.60mm；有效宽度为975mm；最长不超过12m。

（六）彩色压型钢板

彩色压型钢板是以镀锌钢板为基材，经过成型机的轧制，并涂敷各种耐腐蚀性涂层与彩色烤漆而制成的轻型围护结构材料。这种钢板适用于工业与民用及公共建筑的屋盖、墙板及墙壁装贴等。

彩色压型钢板的规格及特征，如表 3-5 所示，其常用板型如图 3-2 所示。

各种彩色压型钢板的规格及特征 表 3-5

板材名称	材质与标准	板厚(mm)	涂层特征	应用市位
C.G.S.S	镀锌钢板 日本标准 (JISG3302)	0.80	上下涂丙烯酸树脂涂料，外表面为深绿色、内表面淡绿色烤漆	屋面 W550 板
C.G.S.S	镀锌钢板 日本标准 (JISG3302)	0.50 0.60	上下涂丙烯酸树脂涂料，外表面为深绿色，内表面淡绿色烤漆	墙面 V115N 板
G.A.A.S.S	镀锌钢板 日本标准 (JIS314) 锌附着重 20g/m^2	0.50	化学处理层加高性能结合层加石棉绝缘层加合成树脂层，两面彩色烤漆	屋脊、屋面与墙壁 接头异形板
强化 C.G.S.S	日本标准 (JISG3302)	0.80	在 C.G.S.S 涂层中加入玻璃纤维，两面彩色烤漆	特殊屋面 墙面
镀锌板 KP-1	日本标准 (JISG3352)	1.2	锌合金涂层	特殊辅助建筑用板

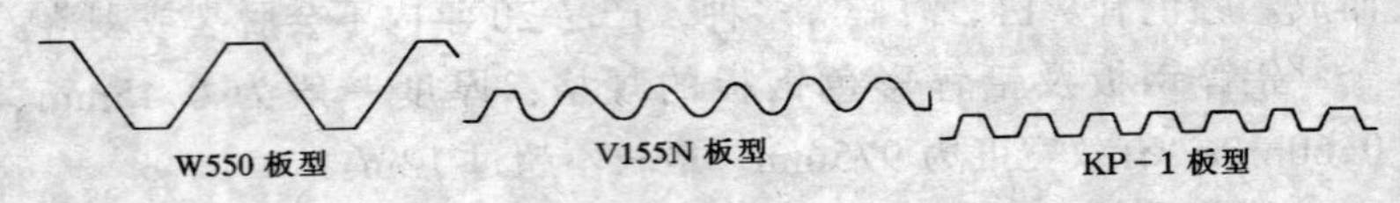

图 3-2 压型钢板的型式

（七）搪瓷装饰板

搪瓷装饰板是以钢板、铸铁等为基底材料，在此基底材料的表面上涂覆一层无机物（搪瓷），经高温烧成后，能牢固地附着于基底材料表面的一种装饰材料。

搪瓷装饰板不仅具有金属基板的刚度，而且具有搪瓷釉层的化学稳定性和良好的装饰性。所以不仅可用于各类建筑的内外墙面的装饰，而且也可制成小块幅面作为家庭用的装饰品。

（八）钢门帘板

门帘板是钢卷帘门的主要构件。通常所用产品的厚度为1.5mm，展开宽度为130mm，每米帘板的理论质量为8.2kg，材质为优质碳素钢，表面镀锌处理。门帘板的横断面，如图3-3所示。

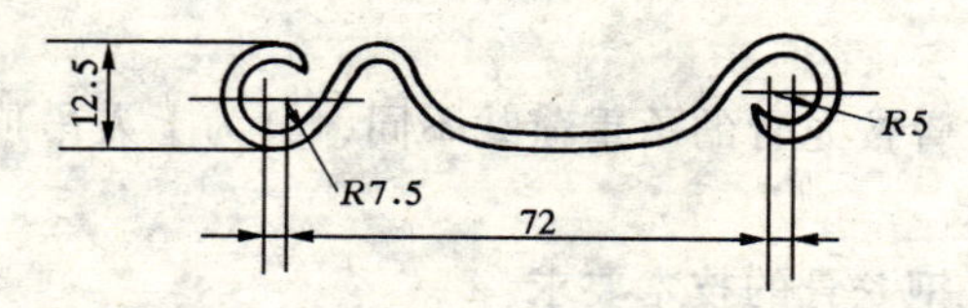

图3-3　门帘板横断面图

钢门帘板不仅坚固耐久、整体性好，而且具有极好的装饰、美观作用，还具有良好的防盗性。这种钢材装饰材料，可以广泛用于商场、仓库及银行建筑的大门或橱窗设施。

（九）轻钢龙骨

轻钢龙骨是目前装饰工程中最常用的顶棚和隔墙等的骨架材料，它是采用镀锌钢板、优质轧带板或彩色喷塑钢板为原料，经过剪裁、冷弯、滚轧、冲压成型而制成，是一种新型的木骨架的换代产品。

1. 轻钢龙骨的特点和种类

（1）轻钢龙骨的特点

轻钢龙骨具有自身质量较轻、防火性能优良、施工效率较高、结构安全可靠、抗冲击性能好、抗震性能良好、可提高隔热、隔声效果及室内利用率等优点。

(2) 轻钢龙骨的种类

轻钢龙骨按其断面型式可以分为C形龙骨、U形龙骨、T形龙骨和L形龙骨等多种。

C形龙骨主要用于隔墙，即C形龙骨组成骨架后，两面再装以面板从而组成隔断墙。U形龙骨和T形龙骨主要用于吊顶，即在U形龙骨T形龙骨组成骨架后，装以面板从而组成明架或暗架顶棚。

在轻钢龙骨中，按其使用部位不同可分为吊顶龙骨和隔断龙骨。吊顶龙骨的代号为D，隔断龙骨的代号为Q。吊顶龙骨又分为主龙骨（大龙骨）和次龙骨（中龙骨、小龙骨）。主龙骨也称为“承重龙骨”。隔断龙骨又分为竖龙骨、横龙骨和贯通龙骨等。

轻钢龙骨按龙骨的承重荷载不同，分为上人吊顶龙骨和非上人吊顶龙骨。

(3) 轻钢龙骨的技术要求

轻钢龙骨的外观质量、力学性能要求应分别符合表3-6和表3-7中的规定。

轻钢龙骨的外观质量要求 表3-6

缺陷种类	优等品	一等品	合格品
腐蚀、损伤、黑斑、麻点	不允许	无较严重的腐蚀、损伤、麻点。总面积不大于 $1cm^2$ 的黑斑，每米长度内不得多于5处	

吊顶轻钢龙骨的力学性能 表3-7

项目		力学性能要求
静载试验	覆面龙骨	最大挠度不大于10.0mm，残余变形不大于2.0mm
	承载龙骨	最大挠度不大于5.0mm，残余变形不大于2.0mm

2. 隔墙轻钢龙骨

(1) 隔墙轻钢龙骨的种类和规格

根据《建筑用轻钢龙骨》（GB1981—89）中的规定，隔墙轻钢龙骨产品的主要规格有：Q50、Q75、Q100、Q150 系列，其中 Q75 系列以下的轻钢龙骨，用于层高 3.5m 以下的隔墙；Q75 系列以上的轻钢龙骨，用于层高 3.5～6.0m 的隔墙。隔墙轻钢龙骨的主件有：沿地龙骨、竖向龙骨、加强龙骨、通贯龙骨，其主要配件有；支撑卡、卡托、角托等。

隔墙（断）龙骨的名称、产品代号、规格、适用范围，如表 3-8 所示。

隔墙（断）龙骨的名称、产品代号、规格、适用范围 **表 3-8**

名称	产品代号	标记	规格尺寸（mm）			用钢量（kg/m）	适用范围	生产单位
			宽度	高度	厚度			
沿顶沿地龙骨	Q50	QU50×40×0.8	50	40	0.8	0.82	用于层高 3.5m 以下的隔墙	北京市建筑轻钢结构厂
竖龙骨		QC50×45×0.8	50	45	0.8	1.12		
通贯龙骨		QU50×12×1.2	50	12	1.2	0.41		
加强龙骨		QU50×40×1.5	50	40	1.5	1.50		
沿顶沿地龙骨	Q75	QU77×40×0.8	77	40	0.8	1.00	除第 3 种用于 3.5m 以下外，其他均用于 3.5～6.0m	
竖龙骨		QC75×45×0.8	75	45	0.8	1.26		
通贯龙骨		QC75×50×0.5	75	50	0.5	0.79		
加强龙骨		QU38×12×1.2	38	12	1.2	0.58		
		QU75×40×1.5	75	40	1.5	1.77		
沿顶沿地龙骨	Q100	QU102×40×0.5	102	40	0.5	1.13	用于层高 6.0m 以下的隔墙	
竖龙骨		QC100×45×0.8	100	45	0.8	1.43		
通贯龙骨		QU38×12×1.2	38	12	1.2	0.58		
加强龙骨		QU100×40×1.5	100	40	1.5	2.06		

（2）隔墙轻钢龙骨的应用

隔墙轻钢龙骨主要适用于办公楼、饭店、医院、娱乐场所、影剧院等分隔墙和走廊隔墙等部位。在实际隔墙装饰工程中，一般常用于单层石膏板隔墙、双层石膏板隔墙、轻钢龙骨隔声墙和轻钢龙骨超高墙等。

3. 顶棚轻钢龙骨

(1) 顶棚轻钢龙骨的种类和规格

用轻钢龙骨作为吊顶材料，按其承载能力大小，可分为不上人吊顶和上人吊顶两种，不上人吊顶只承受吊顶本身的重量，龙骨的断面尺寸一般较小，常用于空间较小的顶棚工程；上人吊顶不仅要承受吊顶本身的重量，而且还要承受人员走动的荷载，一般应承受 80～100kg/m^2 的集中荷载，常用于空间较大的影剧院、音乐厅、会议中心或有中央空调的顶棚工程。

顶棚轻钢龙骨的规格主要有：D38、D45、D50、D60 系列 4 种。顶棚轻钢龙骨的名称、代号、规格尺寸，如表 3-9 所示。

顶棚轻钢龙骨的名称、代号、规格尺寸 表 3-9

<table>
<tr><th rowspan="2">名 称</th><th rowspan="2">产品代号</th><th colspan="3">规格尺寸(mm)</th><th rowspan="2">用钢量
(kg/m)</th><th rowspan="2">吊点间距
(mm)</th><th rowspan="2">吊顶
类型</th><th rowspan="2">生产
单位</th></tr>
<tr><th>宽度</th><th>高度</th><th>厚度</th></tr>
<tr><td rowspan="3">主龙骨
(承载龙骨)</td><td>D38</td><td>38</td><td>12</td><td>1.2</td><td>0.56</td><td>900～1200</td><td>不上人</td><td rowspan="11">北京市建筑轻钢结构厂</td></tr>
<tr><td>D50</td><td>50</td><td>15</td><td>1.2</td><td>0.92</td><td>1200</td><td>上人</td></tr>
<tr><td>D60</td><td>60</td><td>20</td><td>1.5</td><td>1.53</td><td>1500</td><td>上人</td></tr>
<tr><td rowspan="2">次龙骨
(覆面龙骨)</td><td>D25</td><td>25</td><td>19</td><td>0.5</td><td>0.13</td><td rowspan="2"></td><td rowspan="2"></td></tr>
<tr><td>D50</td><td>50</td><td>19</td><td>0.5</td><td>0.41</td></tr>
<tr><td>L 形龙骨</td><td>L35</td><td>15</td><td>35</td><td>1.2</td><td>0.46</td><td></td><td></td></tr>
<tr><td rowspan="5">T16-40 暗式
轻钢吊顶龙骨</td><td>D-1 型吊顶</td><td>16</td><td>40</td><td></td><td>0.9kg/m^2</td><td>1250</td><td>不上人</td></tr>
<tr><td>D-2 型吊顶</td><td>16</td><td>40</td><td></td><td>1.5kg/m^2</td><td>750</td><td>不上人</td></tr>
<tr><td>D-3 型吊顶</td><td colspan="3"></td><td>2.0kg/m^2</td><td>800～1200</td><td>上人</td></tr>
<tr><td>D-4 型吊顶</td><td colspan="3"></td><td>1.1kg/m^2</td><td>1250</td><td>不上人</td></tr>
<tr><td>D-5 型吊顶</td><td colspan="3"></td><td>2.0kg/m^2</td><td>900～1200</td><td>上人</td></tr>
<tr><td>主龙骨</td><td>D60(CS60)</td><td>60</td><td>27</td><td>1.5</td><td>1.37</td><td>1200</td><td>上人</td><td rowspan="5">北京新型建筑材料总厂</td></tr>
<tr><td>主龙骨</td><td>D60(C60)</td><td>60</td><td>27</td><td>1.5</td><td>0.61</td><td>850</td><td>不上人</td></tr>
<tr><td>T 形主龙骨</td><td>D32</td><td>25</td><td>32</td><td></td><td></td><td rowspan="3">900～1200</td><td rowspan="3">不上人</td></tr>
<tr><td>T 形次龙骨</td><td>D25</td><td>25</td><td>25</td><td></td><td></td></tr>
<tr><td>T 形边龙骨</td><td>D25</td><td>25</td><td>25</td><td></td><td></td></tr>
</table>

(2) 顶棚轻钢龙骨的应用

轻钢龙骨顶棚材料，主要适用于饭店、办公楼、娱乐场所、医院、音乐厅、报告厅、会议中心、影剧院等新建或改建的工程中。其可以制成U形上人龙骨吊顶、U形不上人龙骨吊顶、U形龙骨拼插式吊顶等。

4. 烤漆龙骨

烤漆龙骨是最近几年发展起来的一个龙骨新品种，其产品新颖、颜色鲜艳、规格多样、强度较高、价格适宜，因此在室内顶棚装饰工程中被广泛采用。其中镀锌烤漆龙骨是与矿棉吸声板、钙维板等顶棚材料相搭配的新型龙骨材料。龙骨结构组织紧密、牢固、稳定，具有防锈不变色和装饰效果好等优良性能。龙骨条的外露表面经过烤漆处理，可与顶棚板材的颜色相匹配。

烤漆龙骨与饰面板的顶棚尺寸固定（600mm×600mm，600mm×1200mm），可以与灯具有效地结合，产生装饰的整体效果，同时拼装面板可以任意拆装，因此施工容易，维修方便，特别适用于大面积的顶棚装修（如工业厂房、医院、商场等），达到整洁、明亮、简洁的效果。烤漆龙骨有A系列、O系列和凹槽型3种规格，各系列又分主龙骨、副龙骨和边龙骨3种。

第二节　铝合金装饰材料

一、铝及铝合金

目前，世界各工业发展国家，在建筑装饰工程中，大量采用了铝合金门窗、铝合金柜台、铝合金装饰板、铝合金吊顶等。近十几年来，铝合金更是突飞猛进发展，建筑业已成为铝合金的最大用户。如日本的高层建筑98%采用了铝合金门窗，我国香港地区铝合金型材发展十分迅速。

我国由于引进发达国家的先进技术和设备，使我国铝合金制品的起点较高，发展较快。目前我国已有平开铝窗、推拉铝窗、平开铝门、平推拉铝门、铝制地弹簧门等几十个系列产品投入市场，基本满足了我国基本建设的需要。

1. 铝

铝在地壳组成中占8.13%，仅次于氧和硅。铝在自然界中以化合物状态存在，铝的矿石铝矾土（含 Al_2O_3 约47%～65%）是炼铝最好的原料；此外还有高岭土（含 Al_2O_3 约38%）、矾土石（含 $Al_2O_3$40%～60%）、明矾石（含 Al_2O_3 约37%）。铝的生产分为两步，第一步是用氢氧化钠或碳酸钠，从铝矿石中把氧化铝分离出来，第二步由氧化铝电解制取金属铝。

纯铝产品有铝锭和铝材两种。按其纯度可分为高纯铝（纯度为99.93%～99.99%）、工业高纯铝（纯度为98.85%～99.90%）和工业纯铝（纯度为98.50%～99.00%）三种。

2. 铝合金

为了提高铝的实用价值，在纯铝中加入适量的镁、锰、铜、锌、硅等元素制成铝合金。铝合金仍然能保持质轻的特点，但其机械性能明显提高，如铝-锰铝合金、铝-铜铝合金、铝-铜-镁系硬铝合金、铝-锌-镁铜系超硬铝合金等。

按加工方法不同，铝合金又可分为变形铝合金、铸造铝合金和装饰铝合金3种。

（1）变形铝合金

变形铝合金是通过冲压、弯曲、辊轧等工艺使其组织、形状发生变化的铝合金。我国生产的变形铝合金包括防锈铝合金-LF、硬铝合金-LY、超硬铝合金-LC、锻铝合金-LD等。

1）防锈铝合金。防锈铝合金为铝-镁合金和铝-锰合金，合金中的主要合金元素是锰和镁。锰的作用主要是提高其抗蚀能力，并起固溶强化作用；镁也起固溶强化作用，并使合金密度降低。

防锈铝合金抗腐蚀性能高、塑性很好。这类铝合金不能进行时效硬化，属于不能热处理强化的铝合金，但可冷变形加工，利用加工产生硬化，提高铝合金的强度。

2）硬铝合金。硬铝合金又称杜拉铝，为Al-Cu-Mg系合金，还含有少量的锰。各种硬铝合金都可进行时效强化，它是属于可热处理强化的，并亦可进行变形强化的铝合金。

硬铝合金根据其硬度不同，又可分为低合金硬铝、标准硬铝和高合金硬铝三种。低合金硬铝中 Mg、Cu 的含量低，塑性好，强度低，主要用于制作铆钉；标准硬铝合金元素含量中等，强度和塑性属中等水平，退火后变形加工性能良好，主要用于轧材、锻材、冲压件等；高合金硬铝合金元素含量较多，强度和硬度高，塑性及变形加工性能较差，用于制作航空模锻件及重要销、轴等零件。

硬铝合金的不足之处，一是抗蚀性较差，特别是在海水等环境中其抗蚀性更差。为了防护，可在外面包一层高纯度铝（称为包铝）；二是固溶处理的加热温床范围很窄，所以必须严格控制加热温度。

3）超硬铝合金。超硬铝合金为 Al-Mg-Zn-Cu 系合金，并含有少量的铬和锰。经热处理后，可强化为强度最高的一种铝合金。但其抗蚀性差，在高温下软化快，可通过包铝法（每面包铝厚度不小于板厚的 2%～8%）加以提高。多用于制造受力大的重要构件，如飞机大梁、起落架等。

4）锻铝合金。锻铝合金为 Al-Mg-Si-Ni-Fe 系合金，其不仅具有良好的热塑性、铸造性和锻造性，并且具有较高的机械性能，主要用于承重的锻件和模锻件。锻铝合金常用来制造建筑型材。

（2）铸造铝合金

铸造铝合金按主要合金元素的不同，可分为 Al-Si 铸造铝合金、Al-Cu 铸造铝合金、Al-Mg 铸造铝合金和 Al-Zn 铸造铝合金 4 类。

1）Al-Si 铸造铝合金。Al-Si 铸造铝合金其铸造性能优良，但强度与塑性都较差，常需要进行变质处理，即在浇铸前向合金内液体中加入占合金质量 2%～3% 的变质剂（常用钠盐混合物，如 2/3NaF + 1/3NaCl）以细化组成，提高其强度和塑性。

2）Al-Cu 铸造铝合金。Al-Cu 铸造铝合金强度较高，耐热性好，但铸造性能不好，耐蚀性较差。

3）Al-Mg 铸造铝合金。Al-Mg 铸造铝合金强度高，表观密度小（仅为 2.55），有良好的耐蚀性，但其铸造性不好，耐热性低。

4）Al-Zn 铸造铝合金。Al-Zn 铸造铝合金价格比较低，铸造性能优良。

(3) 装饰性铝合金

装饰性铝合金是以铝为基体而加入其他合金元素所构成的一种新型合金。这种铝合金除了应具备必须的机械和加工性能外，并且具有特殊的装饰性能和装饰效果，其不仅可代替常用的铝合金材料，还可替代镀铬的锌、铜或铁件，避免镀铬加工时对环境的污染。

日本研制出一种“电解发色”的装饰性铝合金，其主要成分为：Mn 占 0.5%～2.0%（能使铝合金生成有色的膜）；Mg 占 0.5%～4.0%（能使铝合金组织细化）。另外，再加入 0.1%～1.0%的 Cr（能使表面具有光泽）、0.01%～0.3%的 Ti（能使组织细化，并改善热裂性）、0.002%～0.01%的 Be（能改善表面光泽，防止熔炼时氧化）。

这种铝合金的强度非常高，抗拉强度可达 195MPa，屈服强度可达 80MPa 以上，延伸率 δ_{10} 约 27%。它在阳极氧化后，随着氧化溶液不同（不同的氧化工艺），由于本身含有不同的添加元素，而呈现出不同的颜色（如驼色、金黄色、青铜色、黄色、琥珀色、灰白色等），其装饰效果很好。

二、铝合金型材

(一) 建筑装饰铝合金型材的生产

由于建筑装饰铝合金型材品种规格繁多，断面形状复杂，尺寸和表面要求严格，它和钢铁材料不同，在国内外的生产中，绝大多数采用挤压方法；当生产批量较大，尺寸和表面要求较低的中、小规格的棒材和断面形状简单的型材时，可以采用轧制方法。由此可见，建筑铝合金型材的生产方法，可分为挤压和轧制两大类，以挤压方法生产为主。

挤压方法的优点

挤压方法与其他压力加工方法相比，具有以下优点：

（1）挤压法比轧制、锻造方法更具有较强烈的三向压缩应力状态，可使金属充分发挥其塑性。它可加工某些用轧制或锻造法加工困难，甚至不能加工的低塑性的金属或合金。

（2）挤压法不仅可以生产断面形状较简单的管、棒、型、线等材料，而且还可以生产断面变化、形状复杂的型材和管材，如阶段变断面型材、带异形筋条的壁板型材、空心型材和变断面管材等。

（3）挤压法灵活性很大，只需要更换模子等挤压工具，即可生产出形状、尺寸不同的制品。更换工具所需时间较短，这对订货批量较小，品种规格多的轻金属材料的生产，更具有重要的现实意义。

（4）挤压法生产的制品尺寸精度，远比轧制法和锻造法高得多，表面质量好，不需要再进行机械加工。

（5）挤压过程对金属的机械性能也有良好的影响，尤其对某些具有挤压效应的铝合金来说，其挤压制品在淬火和时效后，纵向性能比用轧制、锻造、拉伸等方法所制得的同种合金状态制品的性能高得多，这将给材料的合理使用带来很大好处。

挤压法生产虽然具有以上诸多优点，但也存在几何废料损失比较大，生产效率较低，变形能力较小，挤压工具的材料及加工费用较昂贵等缺点。

（二）建筑装饰铝合金表面处理技术

用铝合金制作的门窗，不仅自重轻，比强度大，且经表面处理后，其耐磨性、耐蚀性、耐光性、耐气候性好，还可以得到不同的美观大方的色泽。常用的铝合金表面处理技术有以下几种：

1. 阳极氧化处理

建筑装饰用的铝型材必须全部进行阳极（硫酸法）氧化处

理。处理后的铝型材表面呈银白色，这是目前建筑装饰铝材的主体，一般占铝型材总量的 75％～85％。着色铝型材占 15％～25％，但有逐渐增长的趋势。

铝型材阳极氧化的原理，实质上就是水的电解。水电解时在阴极上放出氢气，在阳极上产生氧气，该原生氧气和铝阳极形成的三价铝离子结合形成氧化铝薄层，从而达到铝型材氧化的目的。

2．表面着色处理

经中和水洗或阳极氧化后的铝型材，可以进行表面着色处理。着色处理的方法有：自然着色法、金属盐电解着色法（简称电解着色法）、化学浸渍着色法、涂漆法和无公害处理法等。其中常用的着色方法是自然着色法和电解着色法。

（1）自然着色法

铝材在特定的电解液和电解条件下，进行阳极氧化的同时而产生着色的方法称为自然着色法。自然着色法按着色法原因不同，可分为合金着色法和溶液着色法。合金着色法靠控制铝材中合金元素及其含量和热处理条件等来控制着色。不同的铝合金由于所含的合金成分及含量不同，在常规硫酸及其他有机酸溶液中阳极氧化所生成的膜的颜色也不同。

在实际生产中，自然着色是合金着色法和溶液着色法的综合，既要控制合金的成分，又要控制电解液成分和电解条件。

（2）电解着色法

对在常规硫酸溶液中生成的氧化膜进一步进行电解，使电解液中所含金属盐的金属阳离子沉积到氧化膜孔底而着色的方法称为电解着色法。

电解着色的本质就是进行电镀，是把金属盐溶液中的金属离子通过电解沉积到铝阳极氧化膜针孔底部，光线在这些金属粒子上漫射，就使氧化膜呈现颜色。由于预处理、阳极氧化及电解着色条件不同，电解析出的金属及其粒度和分布状况也存在差异，从而就出现不同的颜色，获得从青铜色系、褐色系以至红、青、绿等原色的着色氧化膜。

（三）建筑装饰铝合金型材的性能

目前，我国生产的铝合金建筑装饰型材约300多种，这些铝合金型材大多数用于建筑装饰工程。最常用的铝合金型材，主要是铝镁硅系合金，其化学成分如表3-10所示。铝合金建筑装饰型材的主要机械性能如表3-11所示。铝合金建筑装饰型材的主要物理性能如表3-12所示。

建筑装饰型材铝合金（LD_{31}）化学成分　　表3-10

Mg	Si	Fe	Cu	Mn	Cr	Zn	Ti	其他杂质		杂质总和	Al
								单个	合计		
0.2～0.6	0.45～0.9	0.35	0.10	0.10	0.10	0.10	0.10	0.05	0.15	0.85	其余

建筑装饰型材铝合金（LD_{31}）机械性能　　表3-11

状　态	抗拉强度 σ_6 （MPa）	屈服强度 $\sigma_{0.2}$ （MPa）	伸长率 δ （%）	布氏硬度 H_b （MPa）	持久强度极限 （MPa）	剪切强度 τ （MPa）
退　火	89.18	49.0	26	24.50	54.88	68.8
淬火+人工时效	241.08	213.44	12	71.54	68.8	151.9

建筑装饰型材铝合金（LD_{31}）物理性能　　表3-12

性能名称	密度	导热系数 （25℃） W/（m. K）	比　热 （100℃） kJ/（kgK）	电阻率 （20℃，CS状态） $\Omega\cdot mm^2/m$	弹性模量 （MPa）
数值	2.715	19.05	0.96	3.3×10^{-2}	7000

铝合金建筑装饰型材具有良好的耐蚀性能，在工业气氛和海洋性气氛下，未进行表面处理的铝合金的耐腐蚀能力优于其他合金材料，经过涂漆和氧化着色后，铝合金的耐蚀性更高。铝合金的耐应力腐蚀性能为：在3%$NaCl$+0.5%H_2O_2溶液中，当应力为0.90$\sigma_{0.2}$时，其使用寿命大于720h（试样厚度为2.0mm，规格为标准的拉应力腐蚀试样）。

建筑装饰型材铝合金属于中等强度变形铝合金，可以进行热处理（一般为淬火和人工时效）强化。铝合金具有良好的机械加工性能，可用氩弧焊进行焊接，合金制品经阳极氧化着色处理后，可着成各种装饰颜色。

三、铝合金门窗

铝合金门窗是将经表面处理的铝合金型材，经过下料、打孔、铣槽、攻丝、制窗等加工工艺而制成的门窗框料构件，然后再与连接件、密封件、开闭五金件一起组合装配而成。

现代建筑装饰工程中，门窗大量采用铝合金已成为发展趋势，尽管其造价比普通的门窗高 3～4 倍，但由于长期维修费用低、性能好，可节约大量能源，特别是具有良好的装饰性，所以世界各国应用日益广泛。

（一）铝合金门窗的特点

铝合金门窗与其他材料（钢门窗、木门窗）相比，具有质量较轻、性能良好、色泽美观、耐腐蚀性强、维修方便、便于工业化生产等优点。

(1) 质量较轻

众多工程实践充分证明，铝合金门窗用材较省、质量较轻，每 $1m^2$ 耗用铝型材质量平均只有 8～12kg（每 $1m^2$ 钢门窗耗用钢材质量平均为 17～20kg），较钢木门窗轻 50%左右。

(2) 性能良好

铝合金门窗较木门窗、钢门窗最突出的优点是密封性能好，其气密性、水密性、隔音性、隔热性都比普通门窗有显著的提高。在装设空调设备的建筑中，对防尘、隔音、保温、隔热有特殊要求的建筑，以及多台风、多暴雨、多风沙地区的建筑更宜采用铝合金门窗。

(3) 色泽美观

铝合金门窗框料型材表面经过氧化着色处理，可着银白色、金黄色、古铜色、暗红色、黑色、天蓝色等柔和的颜色或带色的条纹；还可以在铝材表面涂装一层聚丙烯酸树脂保护装饰膜，表面光滑美观，便于和建筑物外观、自然环境以及各种使用要求相协调。铝合金门窗造型新颖大方，线条明快，色调柔和，增加了建筑物立面和内部的美观。

(4) 耐蚀性强、维修方便

铝合金门窗在使用过程中，既不需要涂漆，也不褪色、不脱落，表面不需要维修。铝合金门窗强度高，刚性好、坚固耐用，零件使用寿命长，开闭轻便灵活、无噪音，现场安装工作量较小，施工速度快。

(5) 便于工业化生产

铝合金门窗从框料型材加工、配套零件及密封件的制作，到门窗装配试验都可以在工厂内进行，并可以进行大批量工业化生产，有利于实现铝合金门窗产品设计标准化、产品系列化、零配件通用化，有利于实现门窗产品的商业化。

(二) 铝合金门窗的种类

铝合金门窗的分类方法很多，按其用途不同进行分类，可分为铝合金窗和铝合金门两类。按开启形式不同进行分类，铝合金窗可分为固定窗、上悬窗、中悬窗、下悬窗、平开窗、滑撑平开窗、推拉窗和百页窗等；铝合金门分为平开门、推拉门、地弹簧门、折叠门、旋转门和卷帘门等。

根据国家标准规定，各类铝合金门窗的代号见表3-13。

各类铝合金门窗代号 **表3-13**

门窗类型	代号	门窗类型	代号
平开铝合金窗	PLC	推拉铝合金窗	TLC
滑轴平开铝合金窗	HPLC	带纱推拉铝合金窗	ATLC
带纱平开铝合金窗	APLC	平开铝合金门	PL
固定铝合金窗	GLC	带纱平开铝合金门	SPLM
上悬铝合金窗	SLC	推拉铝合金门	TLM
中悬铝合金窗	CLC	带纱推拉铝合金订	STLM
下悬铝合金窗	XLC	铝合金地弹簧门	LIHM
立转铝合金窗	ILC	固定铝合金门	GLM

1. 铝合金窗

（1）平开铝合金窗

平开铝合金窗是铝合金窗中的常用窗，其规格尺寸多，开启面积大，开关方便，可附纱窗。

平开铝合金窗按窗框厚度尺寸分为40、45、50、55、60、65、70等系列；按开启方向分为外开窗和内开窗；按构造分为平开窗、带纱平开窗和滑轴平开窗等。

92SJ712《平开铝合金窗》的平开窗标记组成如下：

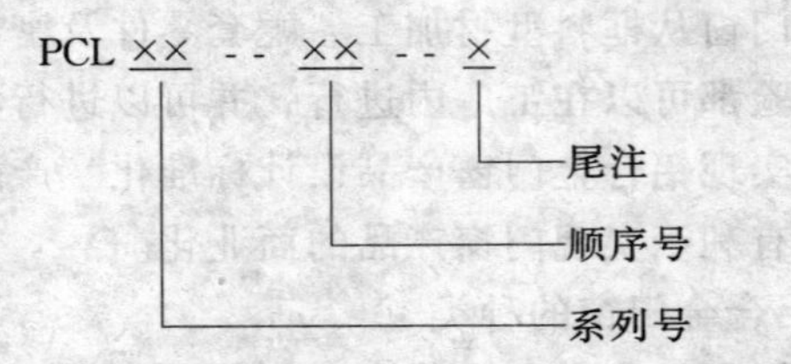

如为滑轴平开窗或带纱平开窗，则将“PLC”改为“HPLC”或“APLC”。92SJ712图集包括40系列滑轴平开铝合金窗、50系列平开铝合金窗和70系列滑轴平开铝合金窗。平开铝合金窗由窗框、窗扇、窗梃和启闭件构成。平开窗的窗扇与窗框用合页连接；滑撑窗的窗扇与窗框用滑撑连接。

92SJ712《平开铝合金窗》的主要材料配置见表3-14。

平开铝合金窗主要材料配置　　**表3-14**

构件名称 \ 系列号	40	50	70
窗　框	L040001	L050001 L050002	L070101　L070103 L070102
窗　扇	L040004	L050005	L070106　L070107 L070108
窗　梃	L040002 L040003	L050003 L050004	L070104 L070105

（2）推拉铝合金窗

推拉铝合金窗是铝合金窗最常用窗种，其开启后不占使用面积，规格尺寸多，可附纱窗。推拉铝合金窗按窗框厚度尺寸不同，可分为50、55、60、70、80、90等系列。

92SJ713《推拉铝合金窗》的推拉窗标记组成如下：

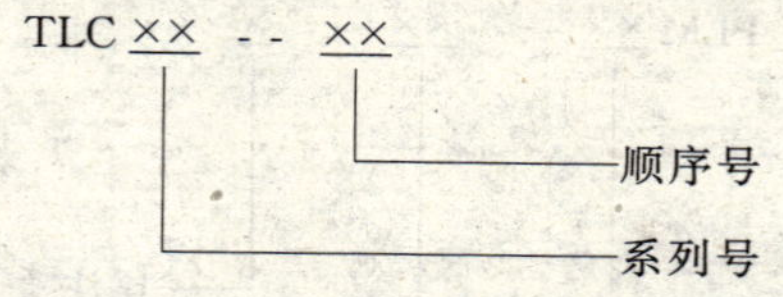

92SJ713图集包括55、60、70、90和90—1系列推拉铝合金窗。推拉铝合金窗由窗框、窗扇、窗梃和窗芯和启闭件构成。窗扇通过安装在下端的滑轮，在窗框上滑动开启。

(3) 立转铝合金窗

1) 立转铝合金窗垂直于水平面开启，窗扇一部分在室内，另一部分在室外。窗扇受力较均衡，开启轻便。开启面积大，通风效果好。

立转铝合金窗适用范围不太广泛，一般适用于宾馆、车站和候机厅等场所，也可做铝合金幕墙的配窗。

2) 立转铝合金窗按窗框厚度尺寸分为50、60、70等系列。

88YJ17《〈航空牌〉铝门窗》的70系列立转窗标记组成如下：

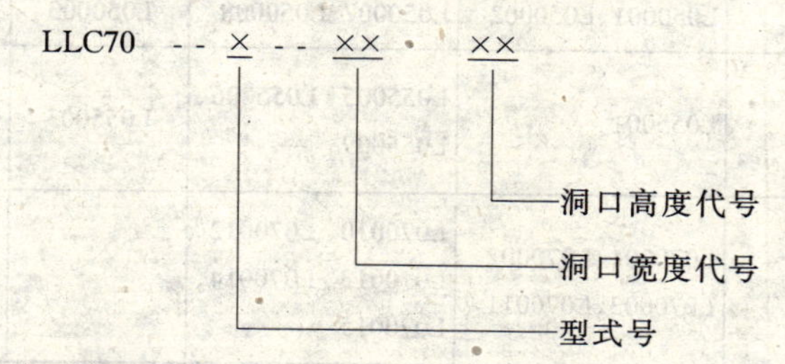

2. 铝合金门

(1) 平开铝合金门

平开铝合金门是铝合金门中常用门种，规格尺寸多，开启面积大，开关方便。

平开铝合金门按门框厚度尺寸分为40、45、50、55、60、

70 和 80 等系列；按开启方向分为外开门和内开门：按门框构造可分为有槛门和无槛门。

92SJ605《平开铝合金门》的平开门标记组成如下：

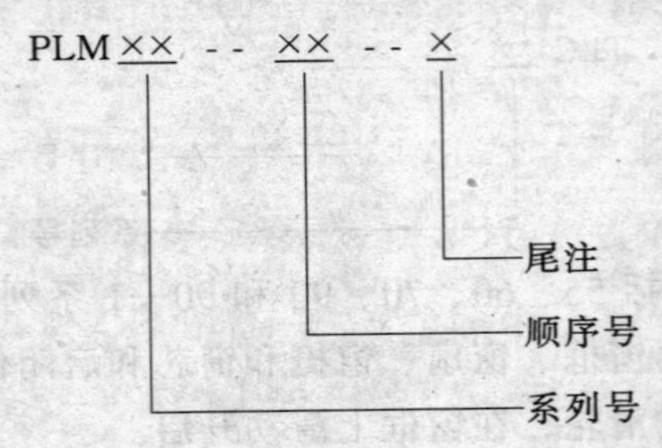

92SJ605 图集包括 50 系列、55 系列和 70 系列平开铝合金门。

平开铝合金门由门框、门扇、门梃和门芯和启闭件构成。门框与门扇通过合页连接。门芯板由专用铝合金型材拼装组成。

92SJ605《平开铝合金门》的主要材料见表 3-15。

平开铝合金门的主要材料表 **表 3-15**

构件名称 / 系列号	门 框	门 扇	门梃	门芯
50	L050001、L050002	L050007、L050008	L050003	L050009
55	L055001	L055005、L055006、L055009	L055003	L055004
70	L070001、L070002 L070003、L070011	L070010、L070012、L070013、L070014、L070015		L070016

(2)推拉铝合金门

1)推拉铝合金门按门框厚度尺寸分为 70、80、90 等系列。

92SJ606《推拉铝合金门》的推拉门标记组成如下：

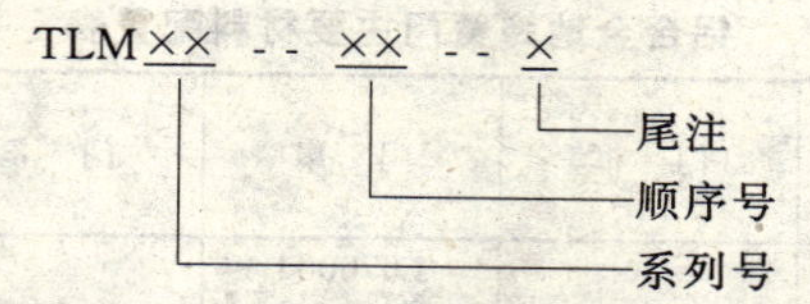

推拉铝合金门由门框、门扇、门梃、门芯和启闭件构成。门扇通过下端的滑轮在门框内滑动而启闭。由于门扇比一般窗扇大且重，有些推拉铝合金门采用加重型的滚珠轴承。

92SJ606《推拉铝合金门》的主要材料配置见表 3-16。

推拉铝合金门主要材料配置表 **表 3-16**

系列号 \ 构件名称	门框	门扇	门梃	门芯
70	L070601 L070604 L070615 L070616	L070605 L070606 L070607 L070608 L070622	L070611 L070614 L070621	L070607
90	L090701 L090702 L090703	L090704 L090705 L090706 L070607 L090708	L090709 L090710	

(3) 铝合金地弹簧门

1) 铝合金地弹簧门按门框厚度尺寸分为 45、55、70、80、100 等系列。

92SJ607《铝合金地弹簧门》的地弹簧门标记组成如下：

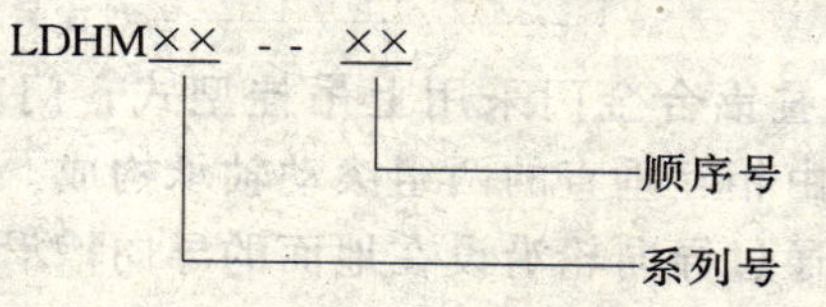

2) 铝合金地弹簧门由门框、门扇、门梃和地弹簧等构成。门扇下端与地弹簧相连，门扇可开向室内外。

92SJ607《铝合金地弹簧门》的主要材料配置见表 3-17。

铝合金地弹簧门主要材料配置表 表 3-17

系列号 \ 构件名称	门 框	门 扇	门 梃	门 芯
70	L070001	L070004 L070005 L070006 L070007 L070008 L070009	L070002 L070003	L070010
100	L100001 L100002 L10004	L100005 L100006 L100007 L100008 L100010 L100011	L100002 L100009	

(4) 折叠铝合金门

1) 88YJ17《〈航空牌〉铝门窗》的 42 系列折叠铝合金门，是多门扇组合、上吊挂下导向的宽洞口用门。门扇转动灵活，推移轻便。开启后门扇折叠在一起，占建筑使用面积少。

折叠铝合金门适用于宽洞口、不频繁开启的高级或外观装饰性强的建筑用门，也可用作大厅内的活动间壁或隔断。

2) 折叠铝合金门按折叠方式分为单向折叠门和双向折叠门。

3) 42 系列折叠铝合金门的标记组成如下：

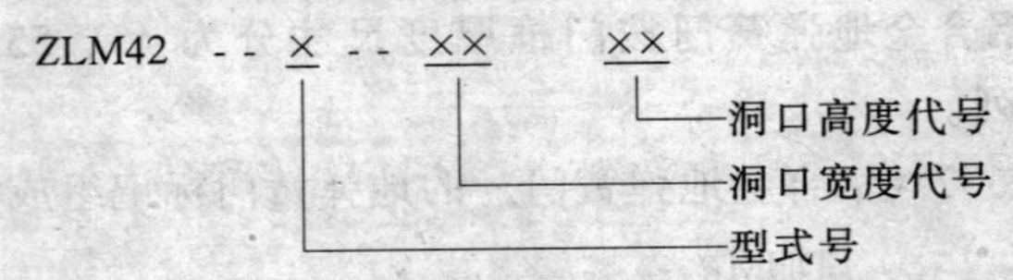

42 系列折叠铝合金门采用上吊挂型式，门的重量由上梁承担。吊挂装置由相互垂直的两组滚动轴承构成。门扇下部设有导向轮，使门扇通过导向轮沿设在地面的导向槽滑动。根据人流的多少，门可折叠几扇或全部折叠使用。

(5) 旋转铝合金门

1) 88YJ17《〈航空牌〉铝门窗》的 100 系列旋转铝合金门，

结构严紧。门扇在任何位置均具有良好的防风性，节能保温。外观华丽、造型别致、玲珑清秀。

旋转铝合金门适用于高级或外观装饰性强的建筑外门，不适用于大量人流和车辆通过。

2）旋转铝合金门的标记。

100 系列旋转铝合金门的标记组成如下；

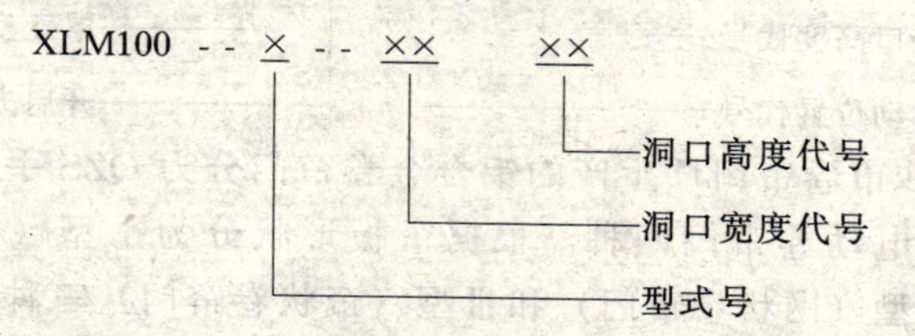

100 系列旋转门分为二种型式，型式号的规定见表 3-18。

100 系列旋转门的型式 **表 3-18**

型式	第一种型式	第二种型式
图示		

100 系列旋转铝合金门门体由外框、圆顶、固定扇和活动扇四个部分构成。

(6) 铝合金卷帘门

①铝合金卷帘门的特点

铝合金卷帘门其帘板采用铝合金型材，造型美，开启轻便灵活，易于安装，门扇启闭不占使用面积，有一定的防风、防火、隔声和防盗性能。

铝合金卷帘门适用于外观装饰强、启动不频繁的建筑用门。

②铝合金卷帘门的类型

铝合金卷帘门按开启方式分为手动式和电动式；按帘板形状可分为板状卷帘门、网状卷帘门和帘状卷帘门；按安装位置分为墙体中间安装、墙体内侧安装和墙体外侧安装。

86YJ05《铝合金门窗》（上海玻璃机械厂产品）的 68 系列轻型卷帘门标记组成如下：

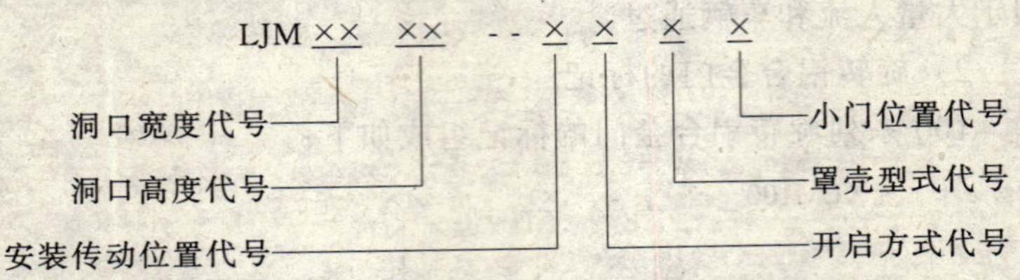

长沙市卷帘门厂生产的铝合金卷帘门分为 QZS 手动卷帘门和 QZD 电动卷帘门两种。根据帘板形状分为Ⅰ型（板状卷帘门)、Ⅱ型（网状卷帘门）和Ⅲ型（帘状卷帘门）三种。各种代号的规定和特点见表 3-19。

铝合金卷帘门的特点 **表 3-19**

类别	支装传动位置						开启方式			罩壳型式				小门位置			
代号	1	2	3	4	5	6	1	2	3	X	1	2	3	X	M	M	M
特点	墙中支装		墙内支装		墙外支装		手动	电动	电动手动	无罩壳	三面罩壳	二面罩壳	墙体中间罩壳	无小门	中间小门	右侧小门	左侧小门
	左传动	右传动	左传动	右传动	左传动	右传动											

铝合金卷帘门由帘板（闸片)、卷轴、导轨、护罩（罩壳、外罩）和启闭装置等构成。

(7) 铝合金自动门

铝合金自动门按开启形式分为推拉自动门、平开自动门、圆弧自动门、折叠自动门和卷帘自动门等；按门扇结构分为普通型和豪华型。铝合金自动门适用于高级或外观装饰性强的工业和民用建筑。

88YJ17《〈航空牌〉铝门窗》的铝合金自动门，分为100系列推拉自动门、100系列平开自动门和100系列圆弧自动门。

100系列推拉自动门的标记组成如下：

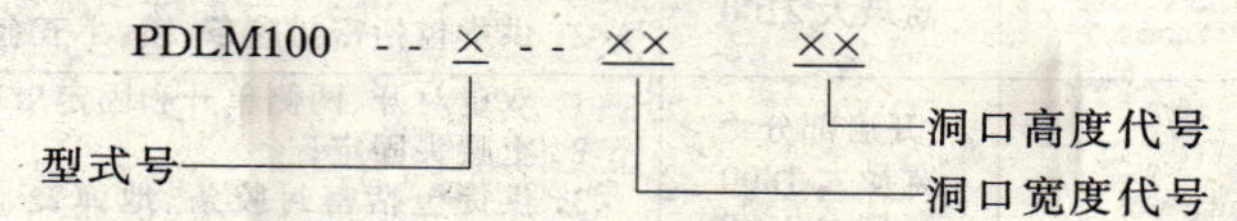

100系列圆弧自动门的标记组成如下：

YDLM100 - - ×× ××

洞口高度代号

洞口宽度代号

(三)铝合金门窗的常用型号、规格

建筑装饰工程上所用铝合金门窗，应当根据设计的门窗尺寸进行制作。目前，生产铝合金门窗的厂家很多，生产的型号和规格更是五花八门，很不规范，质量差别很大。我国生产比较规范、质量优良、常用的定型铝合金门窗的型号、规格，见表3-20所示。

沈阳某铝窗公司生产的铝合金门窗的型号、规格　　表3-20

名称	型号或类别	洞口尺寸(mm)	备注
固定窗	O型、Ⅱ型	宽最大1800 高最大600	1.O型和Ⅱ型的材料断面不同 2.供货包括密封胶条、小五金在内
平开窗		宽最大1200 高最大1800	1.设双道密封条，适用于有空调要求的房间； 2.根据需要可配纱窗； 3.开启方式有两侧开启，中间固定：中间开启，两侧固定；两侧开启，上腰头固定三种
推拉窗	两扇推拉窗	宽最大1800 高最大2100	1.设双道密封条，适用于有空调要求的房间； 2.可组合大要带窗； 3.供货包括密封胶条、尼龙封条、滑轨、滑轮等在内
	四扇推拉窗	宽最大3000 高最大1800	

续表

名称	型号或类别	洞口尺寸 (mm)	备　注
开平门		宽最大 900 高最大 2100	1. 设双道密封条、单方向开启，适用于有空调要求的房间； 2. 供货包括密封胶条、锁、小五金在内
弹簧门		开启部分： 宽最大 1800 高最大 2100	1. 双扇对开、两侧单开和固定扇均可； 2. 上腰头固定； 3. 供货包括密封胶条、地弹簧、小五金在内
推拉门		根据用户要求加工	供货包括密封胶条、尼龙封条、锁、滑轨、滑轮在内

注：1. 窗洞口尺寸可根据需要用基本窗进行组合。

2. 铝材表面着色为银白色、青铜色和古铜色三种，可根据用户需要着色。

四、铝合金龙骨

（一）铝合金龙骨的种类和性能

铝合金龙骨材料是装饰工程中用量最大的一种龙骨材料，它是以铝合金材料加工成型的型材。其不仅具有质量轻、强度高、耐腐蚀、刚度大、易加工、装饰好等优良性能，而且具有配件齐全、产品系列化、设置灵活、拆卸方便、施工效率高等优点。

铝合金龙骨按断面形式不同，可分为 T 型铝合金龙骨、槽形铝合金龙骨、LT 型铝合金龙骨和圆形与 T 型结合的管形铝合金龙骨。但装饰工程上常用的是 T 型铝合金龙骨，尤其是利用 T 型龙骨的表面光滑明净、美观大方，广泛应用龙骨底面外露或半露的活动式装配吊顶。

铝合金龙骨同轻钢龙骨一样，也有主龙骨和次龙骨，但其配件相对于轻钢龙骨较少。因此，铝合金龙骨也可常常与轻钢龙骨配合使用，即主龙骨采用轻钢龙骨，次龙骨和边龙骨采用铝合金龙骨。

按使用的部位不同，在装饰工程中常用的铝合金龙骨有：铝合金吊顶龙骨、铝合金隔墙龙骨等。

（二）吊顶龙骨与隔墙龙骨

1. 铝合金吊顶龙骨

采用铝合金材料制作的吊顶龙骨，具有质轻、高强、不锈、美观、抗震、安装方便、效率较高等优良特点，主要适用于室内吊顶装饰。铝合金吊顶龙骨的形状，一般多为 T 形，可与板材组成 450mm×450mm、500mm×500mm、600mm×600mm 的方格（如图 3-4 所示），其不需要大幅面的吊顶板材，可灵活选用小规格吊顶材料。铝合金材料经过电氧化处理，光亮、不锈，色调柔和，非常美观大方。铝合金吊顶龙骨的规格和性能，如表 3-21 所示。

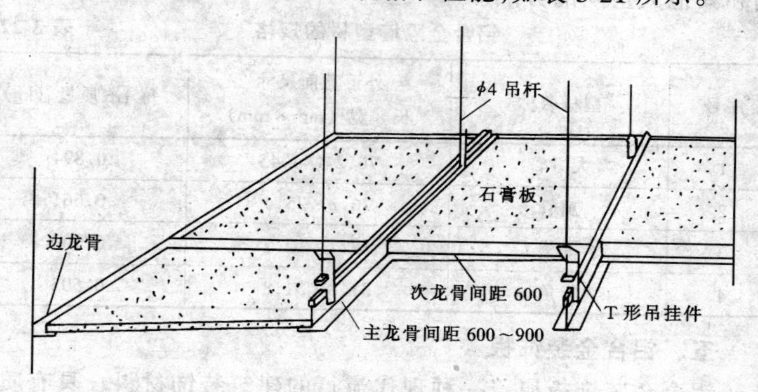

图 3-4　T 形不上人吊顶龙骨安装示意（mm）

铝合金吊顶龙骨的规格和性能　　表 3-21

名称	铝龙骨	铝平吊顶筋	铝边龙骨	大龙骨	配　件
规格（mm）	φ4　22　22 壁厚 1.3	22　22 壁厚 1.3	22　22 壁厚 1.3	45　15 壁厚 1.3	龙骨等的连接件及吊挂件
截面积（cm^2）	0.775	0.555	0.555	0.870	
单位质量（kg/m）	0.210	0.150	0.150	0.770	
长度（m）	3 或 0.6 的倍数	0.596	3 或 0.6 的倍数	2	
机械性能	抗拉强度 210MPa，延伸率 8%				

2. 铝合金隔墙龙骨

铝合金隔墙是用大方管、扁管、等边槽、连接角等4种铝合金型材做成墙体框架，用较厚的玻璃或其他材料做成墙体饰面的一种隔墙方式。4种铝合金型材的规格见表3-22所示。

铝合金隔墙的特点是：空间透视很好，制作比较简单，墙体结实牢固，占据空间较小。主要适用于办公室的分隔、厂房的分隔和其他大空间的分隔。

铝合金隔墙型材的规格 **表 3-22**

序号	型材名称	外形截面尺寸 长×宽（mm×mm）	每1m质量（kg）
1	大方管	76.2×44.45	0.894
2	扁管	76.2×25.4	0.661
3	等槽	12.7×12.7	0.100
4	等角	31.8×31.8	0.503

五、铝合金装饰板

铝合金装饰板属于一种现代流行的建筑装饰材料，具有质量轻、不燃烧、耐久性好、施工方便、装饰华丽等优点，主要适用于公共建筑室内外装饰饰面。铝合金装饰板的颜色多种多样，主要有本色、古铜色、金黄色、茶色等。

1. 铝合金压型板

铝合金压型板是目前国内外被广泛应用的一种新型建筑装饰材料，具有质量轻、外形美观、耐久性好、安装容易、表面光亮、可反射太阳光等优点。主要用于屋面和外墙的装饰。

铝合金压型板是用毛坯材料经轧制而成，目前采用的毛坯材料是防锈铝LF21板材。板型有波纹形和瓦楞形等，如图3-5所示。

图 3-5 铝合金压型板板型

LF21铝合金压型板的技术性能，如表3-23所示。

LF21 铝合金压型板的技术性能 表 3-23

密度	抗拉强度(MPa)	伸长率(%)	弹性模量(MPa)	线膨胀系数(10^{-6}/℃)		电阻系数($\Omega\cdot mm^2/m$)
				-50～20℃	20～100℃	
2.73	150～220	2～6	7×10^7	2196	23.2	0.034

LF21 铝合金压型板的组织细小均匀，具有优良的耐蚀性能，因此，LF21 铝合金压型板，无论是在大气中使用，还是在海洋性气候中使用，均具有优异的抗腐蚀能力。此外 LF21 铝合金具有良好的工艺成型性能和焊接性能。

2. 铝合金花纹板及铝合金浅花纹板

(1) 铝合金花纹板

铝合金花纹板是采用防锈铝合金等毛坯材料，用特制的花纹轧辊轧制而成。表面花纹美观大方，突筋高度适中，不易磨损，防滑性能好，防腐蚀性能强，并便于冲洗。通过表面处理，可获得不同的美丽色彩。花纹板板材平整，裁剪尺寸精确，便于安装固定，可以广泛应用于现代建筑物上，作墙面装饰及楼梯踏步板等。

(2) 铝合金浅花纹板

铝合金浅花纹板也是一种优良的建筑装饰材料，它花纹精巧别致，色泽美观大方。它比普通铝板的刚度大 20%，并且抗污垢、抗划伤、擦伤能力均有所提高。它的立体图案和美丽色彩，更能使建筑物生辉，这种铝合金浅花纹板是我国特有的建筑装饰材料。

铝合金浅花纹板对白光反射率可达 75%～90%，热反射率可达 85%～95%。在氨、硫、硫酸、亚磷酸、浓硝酸、浓醋酸中耐蚀性良好。

3. 铝及铝合金冲孔平板

铝及铝合金冲孔平板是用各种铝合金平板经机械冲孔而制成。它的特点是：有良好的防腐蚀性能，光洁度高，有一定强度，易于机械加工成各种规格的形状、尺寸，有良好的防震、防水、防火性能及良好的消音效果，是建筑中最理想的装饰消音材料。

4. 铝合金花格网

铝合金花格网选用铝、镁、硅合金为材料，经挤压、辗轧、展延的新工艺加工而成，以菱形状和组合菱形为结构网。其具有造型美观、抗冲击性强、安全防盗性能好、不锈蚀、重量轻等优点。既可用在高层建筑物、高速公路的防护栏，也可用在民用住宅、宾馆、商场、运动场的阳台，各种橱窗、透光吊顶、围墙等。铝合金花格网的型号和规格，见表 3-24。

铝合金花格网的型号和规格 **表 3-24**

型　号	花　型	规　格（mm）	颜　色
AG104-7	单　花	1150×4200	银、金、古铜
AG107-7	双　花	940×4100	银、金、古铜
AG916-12	双　花	1150×4300	银、金、古铜
AG102-25	单　花	1000×4800	银、金、古铜
AG107-25	双　花	940×4200	银、金、古铜
LHGD-7-1B	小单花	1020×3230	银色
LHGD-7-2A	中单花	1550×5500	银色
LHDG-7-2B	中单花	1350×6360	银色
LHGD-7-3A	大单花	1800×5580	银色
LHGD-7-4A	长筋单花	1150×7200	银色
LHDG-7-1A	双　花	1150×5650	银色

5. 铝合金波纹板

铝合金波纹板系工程围护结构材料之一，主要用于地面装饰，也可用作屋面。其表面经阳极着色处理后，有银白、金黄、古铜等多种颜色。其具有很强的光反射能力，且质轻、高强、抗震、防火、防潮、隔热、保温、耐蚀等优良性能，可抗 8～10 级风力不损坏。铝合金的牌号、规格见表 3-25。其断面形状如图 3-6 所示。

铝合金波纹板的牌号、形态和规格尺寸　　表 3-25

合金牌号	供应状态	波型代号	规格尺寸允许偏差（mm）				
			厚　度	长　度	宽度	波高	波距
L1～L6	Y	波 20-106	0.6～1.0	$(2000\sim10000)^{+15}_{-10}$	1115^{+25}_{-10}	20±2	106±2
LF21	Y	波 33-131	0.6～1.0	$(2000\sim10000)^{+25}_{-10}$	1008^{+25}_{-10}	33±2.5	131±3

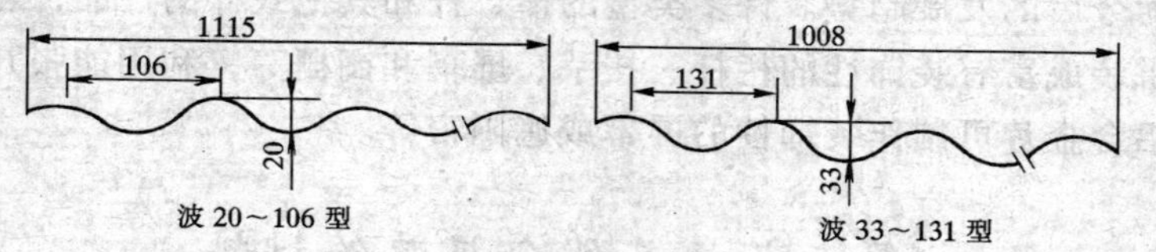

图 3-6　铝合金波纹板断面形状

六、其他铝合金装饰制品

1. 铝合金百叶窗

铝合金百叶窗系以高铝镁合金制作的百叶片，以梯形尼龙绳串联而制成。百页片规格一般为 0.25mm × 25mm × 700mm、0.25mm × 25mm × 970mm、0.25mm × 25mm × 1150mm 等多种。百叶窗的角度，可按室内光线明暗的要求和通风量大小的需要，拉动尼龙绳进行调节，百页片可同时翻转 180°。这种窗帘与普通窗帘相比，具有启闭灵活、使用方便、经久不锈、造型美观、与窗搭配协调等优点，并可作为遮阳或遮挡视线之用。但在实际工程中目前应用还不太广泛。

2. 铝箔材料

铝箔既有保温、隔蒸汽的功能，又是一种优良的装饰材料。其常以纯铝加工成卷材，厚度为 0.006～0.025mm，可用于建筑结构表面的装饰。

3. 搪瓷铝合金装饰制品

向窑炉中装入加有磨细的颜料的玻璃，以高温（一般超过 427℃）熔融后，搪涂在铝合金的表面上，能制得色泽鲜艳、多种色彩、坚硬耐久的铝合金装饰制品。它具有高度耐碱和耐酸的优良性能,并相对地不受气候的影响。由于瓷釉可以薄层施加,因而它在铝合金表面上的粘附力,比在其他金属表面上更强。搪瓷铝合金装饰制品是一种值得推广、有发展前途的建筑装饰材料。

4. 专门的铝合金建筑装饰制品

由于铝合金具有质量轻、光泽好、耐腐蚀、不生锈等优良性能，所以采用铝合金材料制作专门的铝合金建筑装饰制品，已成为今后的发展趋势。许多类型的棒、杆和其他式样的产品，可以拼装成富有装饰性的栏杆、扶手、屏幕和搁栅等，利用能张开的铝合金片可制作装饰性的屏幕或遮阳帘等。

第三节　其他金属装饰材料

除以上最常用的建筑装饰钢材材料和铝合金装饰材料外，还常用其他金属装饰材料，如铜及铜合金、铁艺制品和金属装饰线条等。

一、铜及铜合金

铜具有良好的导电性、导热性、耐腐蚀性和延展性等物理化学特性。导电性能和导热性能仅次于银，纯铜可拉成很细的铜丝，制成很薄的铜箔。除了纯铜外，铜能与锌、锡、镍、铍等金属组成各种重要的合金。

1. 纯铜

纯铜的新鲜断面是玫瑰红色的，但表面形成氧化铜膜后外观呈紫红色，故常称紫铜。这种氧化铜膜致密性较好，所以铜的抗蚀性也很好，广泛应用于建筑领域，如建筑屋顶、给水管等。

铜的塑性好而没有低温脆性，易于加工。铜具有优良的导电性和导热性，导电性仅次于银而优于其他金属。在所有的商品金属中，铜的电阻系数小，导电性能最好。所以，铜在电气工程中是不可缺少的，广泛用于电力和信息传导的电线电缆以及机电、变压器、家电等工业。每年全世界大约有 60％以上的铜应用于这方面。

2．合金铜

铜通过添加合金化元素，形成系列铜合金，可大大改善其强度和耐锈蚀性，但导电性略有下降。铜合金中最主要的合金元素是锌、锡、铝和镍。

（1）黄铜

普通黄铜是以铜锌为主的合金，含铜量80%、含锌量20%。普通黄铜管用于发电厂的冷凝器和汽车散热器上。

为了改善普通黄铜的机械性能、耐蚀性与工艺性能（如铸造性、切削性），常加入铅、铝、锰、锡、铁、镍等形成各种特殊黄铜。主要有锡黄铜、铁黄铜、镍黄铜、铝黄铜等

（2）青铜

铜合金中主要加入的元素不是锌而是锡、铝、铬、铍等元素，通称为青铜。例如：锡青铜在中国应用的历史非常悠久，用于铸造钟、鼎、乐器和祭器等。锡青铜也可用作轴承、轴套和耐磨零件等。铝青铜、铍青铜用于制造承受重载的耐腐蚀、耐磨损构件和重要弹簧零件，以及电接触器、电阻焊电极、钟表及仪表零件。

（3）白铜

白铜是以铜镍为主的合金，镍的添加量通常为10%～30%。为改善合金的组织和性能，常添加适量的锌或铁和锰。锌白铜酷似白银，在造币和装饰器件中用于仿银，还大量用于制造仪表零件。由于白铜兼有高耐蚀和高强度的综合性，大量用于船舶、滨海发电等海水冷凝管中。

3．铜及铜合金用途

由于铜具有上述优良性能，所以在工业上有着广泛的用途。进入20世纪90年代以后，国外在建筑行业中管道用铜增幅巨大，成为国外消费铜的大头。建筑业常利用铜的耐腐蚀性用于制造水管、屋顶及其他给排水设施，此外，还因其美观的外表而被用于建筑装修。

二、金属装饰线条

金属装饰线条是室内外装饰工程中的重要装饰材料，常用的金属装饰线条有铝合金线条、铜线条、不锈钢线条等。

(一) 铝合金装饰线条

铝合金装饰线条是用纯铝加入锰镁等合金元素后，挤压而制成的条状型材。

1. 铝合金线条的特点

铝合金线条具有轻质、高强、耐蚀、耐磨、刚度大等优良性能。其表面经过阳极氧化着色表面处理，有鲜明的金属光泽，耐光和耐气候性能良好。其表面还涂以坚固透明的电泳漆膜，涂后会更加美观、适用。

2. 铝合金线条的用途

铝合金线条可用于装饰面的压边线、收口线，以及装饰画、装饰镜面的框边线。在广告牌、灯光箱、显示牌上当作边框或框架，在墙面或天花面作为一些设备的封口线。铝合金线条还可用于家具上的收边装饰线，玻璃门的推拉槽，地毯的收口线等方面。

3. 铝合金线条的品种规格

铝合金装饰线条的品种很多，主要的可归纳为角线条、画框线条、地毯收口线条等几种。角线条又可分为等边角线条和不等边角线两种，铝合金线条的常用品种规格见表 3-26。

铝合金线条的规格品种　　表 3-26

截面形状	宽 B (mm)	高 H (mm)	壁厚 (mm)	长度 (m)
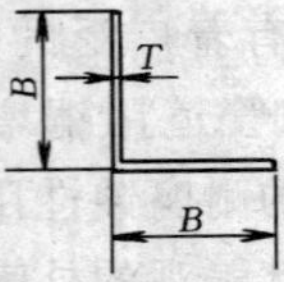 B T B	9.5	9.5	1.0	6
	12.5	12.5	1.0	
	15.0	15.0	1.0	
	25.4	25.4	1.0	
	25.4	25.4	1.5	
	25.4	25.4	2.3	
	30.0	30.0	1.5	
	30.0	30.0	3.0	

续表

截面形状	宽 B (mm)	高 H (mm)	壁厚 (mm)	长度 (m)
	25.4	25.4		6
	29.8	29.8		
	19.0	12.7	1.2	6
	21.0	19.0	1.0	
	25.0	19.0	1.5	
	30.0	18.0	3.0	
	38.0	25.0	3.0	
	9.50	9.50	1.0	6
	9.50	9.50	1.5	
	12.0	5.00	1.0	
	12.7	12.7	1.0	
	12.7	12.7	1.5	
	19.0	12.7	1.6	
	19.0	19.0	1.0	
	7.70	13.1	1.3	
	50.8	12.7	1.5	

（二）铜装饰线条

铜装饰线条是用铜合金“黄铜”制成的一种装饰材料。

1. 铜装饰线条的特点

铜装饰线条是一种比较高档的装饰材料，它具有强度高、耐磨性好、不锈蚀，经加工后表面有黄金色光泽等特点。

2. 铜装饰线条的用途

铜装饰线条主要用于地面大理石、花岗石、水磨石地面的间隔线，楼梯踏步的防滑线，楼梯踏步的地毯压角线，高级家具的装饰线等。

3. 铜装饰线条的规格、品种

铜装饰线条的规格、品种见表 3-27。

铜线条的规格和品种　　表 3-27

名　称	说明及规格(mm)	参考价格(1996 年)
全铜楼梯栏杆及扶手	系以 H62 优质拉制铜管制成,规格为(mm): 扶手管:ϕ(50、60、70、80、90、100)×4(壁厚) 栏杆管:ϕ(20、30)×3(mm)。亦可根据图纸加工。连接处均采用机械连接,便于拆卸更换。外露部分均可涂透明保护膜,美观大方	按楼梯设计算:400 元/m
楼梯地毯压杆(铜质)及包角(铜质)	系以 H62 黄铜、T2 紫铜、不锈钢等加工而成,表面经抛光并喷涂透明保护膜一层,以确保压杆本色。分“侧壁角可卸型”及“地毯包角直压型”两种。前者更换地毯方便,能延长地毯的使用寿命;后者结构比较简单,呈“┏”形、两端以小型法兰盘封端,配合地毯颜色,能起艺术烘托作用。该两种压杆供直升式或旋转式楼梯踏步压地毯之用。其规格如下: 侧壁角可卸型地毯压杆:ϕ20×4 直压型地毯包角:宽×高=(50、70)×(30、50)。系以 H62 黄铜板,经机械折边而成,上面并做 2×1 的防滑槽沟,兼起防滑条的作用	可卸型地毯压杆:75 元/套 地毯包角:98 元/m
楼梯地毯铜压棍	1.5×18×1000 1.5×16×1000	38.50 元/根 32.50 元/根
压棍脚(配铜地毯压棍用)	置于铜地毯压棍两端,作固定压棍之用	5.60 元/副
全铜楼梯防滑条	系以 H62 黄铜板加工而成,上面有机加工沟槽,作防滑用 规格为 10×41	125 元/m

(三) 不锈钢装饰线条

不锈钢装饰线条是以不锈钢为原料，经机械加工而制成，是一种比较高档的装饰材料。

1. 不锈钢线条的特点

不锈钢装饰线条具有高强度、耐腐蚀、表面光洁如镜、耐水、耐擦、耐气候变化等优良性能。

2．不锈钢线条的用途

不锈钢装饰线条的用途目前并不十分广泛，主要用于各种装饰面的压边线、收口线、柱角压线等处。

3．不锈钢线条的品种和规格

不锈钢线条主要有角形线和槽线两类，其具体规格见表3-28所示。

不锈钢线条的品种规格 　　　　**表 3-28**

截面形状	宽 B (mm)	高 H (mm)	壁厚 T (mm)	长度 (m)
	15.9	15.9	0.5	2～4
	15.9	15.9	1.0	
	19.0	19.0	0.5	
	19.0	19.0	1.0	
	20.0	20.0	0.5	
	20.0	20.0	1.0	
	22.0	22.0	0.8	
	22.0	22.0	1.5	
	25.4	25.4	0.8	
	25.4	25.4	2.0	
	30.0	30.0	1.5	
	30.0	30.0	2.0	
	20.0	10.0	0.5	
	25.0	13.0	0.5	
	25.0	13.0	1.0	
	32.0	16.0	0.8	
	32.0	16.0	1.5	
	38.1	25.4	1.5	
	38.1	25.4	0.8	
	75.0	45.0	1.2	
	75.0	45.0	2.0	
	90.0	25.0	1.2	
	90.0	25.0	1.5	
	90.0	45.0	1.5	
	90.0	45.0	2.0	
	100	25.0	1.5	
	100	25.0	2.0	

三、铁艺制品

铁艺制品是用铁制材料经锻打、弯花、冲压、铆焊、打磨、油漆等多道工序制成的装饰性铁件，可用作铁制阳台护栏、楼梯扶手、庭院豪华大门、室内外栏杆、艺术门、屏风、家具及装饰件等，装饰效果新颖独特。

铁艺制品能起到其他装饰材料所不能替代的装饰效果。比如：装饰一扇用铁艺嵌饰的玻璃门，再配以居室的铁艺制品会烘托出整个居室不同凡响的效果；木制板材暖气罩易翘曲、开裂，使用铁艺暖气罩不但散热效果好，还能起到较好的装饰效果。

虽然铁艺制品非常坚硬，但在安装、使用过程中也应避免磕碰。这是因为一旦破坏了表面的防锈漆，铁艺制品很容易生锈，所以在使用中用特制的“修补漆”修补，以免生锈。铁艺制品属性为生铁锻造，因此尽可能不在潮湿环境中使用，并注意防水防潮。

目前市场上出售的铁艺制品在制作工艺上分为两类：一类是用锻造工艺，即以手工打制生产的铁艺制品，这种制品材质比较纯正，含碳量较低，其制品也较细腻，花样丰富，是家居装饰的首选；另一类是铸铁铁艺制品，这类制品外观较为粗糙，线条直白粗犷，整体制品笨重，这类制品价格不高，却更易生锈。

第四节　金属连接材料

（一）常用室内装修小五金连接材料

室内装修小五金连接材料的种类很多，常用的有圆钉、木螺钉、自攻螺钉、射钉、螺栓等。

1. 圆钉类

（1）圆钉

圆钉是一种极其普通而常用的小五金连接材料，主要用于木质结构的连接。各种规格的圆钉见表 3-29。

（2）麻花钉

麻花钉的钉身有麻花花纹，钉着力特别强，适用于需要钉着力强的地方，如家具的抽斗部位、木质天花吊杆等。各种规格的麻花钉见表 3-30。

圆钉的产品规格 **表 3-29**

钉号	规格 (mm)	钉杆尺寸（mm）			1000 个钉的质量 (kg)		每公斤钉大约个数	
		长度 L	直径 d					
			标准型	重型	标准型	重型	标准型	重型
1	10	10	0.9	1.0	0.0499	0.0617	200040	16200
1.3	13	13	1.0	1.1	0.0803	0.097	12461	10307
1.6	16	16	1.1	1.2	0.1194	0.142	8375	7037
2	20	20	1.2	1.4	0.1778	0.242	5630	4130
2.5	25	25	1.4	1.6	0.303	0.395	3304	2532
3	30	30	1.6	1.8	0.474	0.600	2110	1666
3.5	35	35	1.8	2.0	0.700	0.864	1428	1157
4	40	40	2.0	2.2	0.988	1.195	1012	837
4.5	45	45	2.2	2.5	1.344	1.733	744	577
5	50	50	2.5	2.8	1.925	2.410	520	414
6	60	60	2.8	3.1	2.898	3.560	345	281
7	70	70	3.1	3.4	4.149	4.150	241	200
8	80	80	3.4	3.7	5.714	6.760	175	148
9	90	90	3.7	4.1	7.633	9.350	131	107
10	100	100	4.1	4.5	10.363	12.50	96.5	80
11	110	110	4.5	5.0	13.736	16.90	72.8	59
13	130	130	5.0	5.5	20.040	24.40	49.9	41
15	150	150	5.5	6.0	28.010	33.30	35.7	30
17.5	175	175	6.0	6.5	38.910	45.50	25.7	22
20	200	200	6.5		52.000		19.2	

麻花钉的产品规格 **表 3-30**

规格 (mm)	钉杆尺寸（mm）		1000 个钉的质量 (kg)	每公斤钉大约个数
	长度 L	直径 d		
50	50.8	2.77	2.40	416.6
50	50.8	3.05	2.91	343.6
55	57.2	3.05	3.28	304.8
65	63.5	3.05	3.64	274.7
75	76.2	3.40	5.43	184.0
75	76.2	3.76	6.64	150.6
80	88.9	4.19	9.62	104.0

（3）拼钉

拼钉又称榄形钉或枣核钉，外形为两头呈尖锥状，主要适用于木板拼合时作销钉用。各种规格的拼钉见表 3-31。

拼钉的产品规格 **表 3-31**

规　格 (mm)	钉杆尺寸（mm）		1000 个钉的质量 (kg)	每公斤钉大约个数
	长度 L	直径 d		
25	25	1.6	0.36	2778
30	30	1.8	0.55	1818
40	40	2.2	1.08	926
45	45	2.5	1.52	658
50	50	2.8	2.00	500
60	60	2.8	2.40	416
90	90	3.7	6.13	163
120	100	4.5	14.3	70

（4）水泥钢钉

水泥钢钉是采用优质钢材制造而成，其具有坚硬、抗弯等优良性能，可用锤头等工具直接钉入低强度等级的混凝土、水泥砂浆和砖墙，适用于建筑、安装行业等的装修。各种规格的水泥钢钉见表 3-32。

水泥钢钉产品规格 **表 3-32**

钉　号 (mm)	钉杆尺寸（mm）		1000 个钉的质量 (kg)	每公斤钉的大约个数
	长度 L	直径 d		
7	101.6	4.57	2.36	424
7	76.2	4.57	2.39	418
8	76.2	4.19	2.39	418
8	63.5	4.19	2.40	416
9	50.8	3.76	2.45	406
9	38.1	3.76	2.57	389
9	25.4	3.76	2.60	385
10	50.8	3.40	2.50	400
10	38.1	3.40	2.62	382
10	25.4	3.40	2.67	375
11	38.1	3.05	2.62	382
11	25.4	3.05	2.68	373
12	38.1	2.77	2.65	377
12	25.4	2.77	2.69	371

2. 木螺钉

木螺钉按其用途不同，可分为沉头木螺钉、半沉头木螺钉、半圆头木螺钉等。

（1）沉头木螺钉

沉头木螺钉又称平头木螺钉，适用于要求紧固后钉头不露出制品表面之用。其产品规格见表 3-33。

沉头木螺钉产品规格 **表 3-33**

直径（mm）	长度（mm）	直径（mm）	长度（mm）	直径（mm）	长度（mm）	直径（mm）	长度（mm）	直径（mm）	长度（mm）
1.6	6	3.0	14	4.0	16	4.5	40	6.0	35
1.6	8	3.0	16	4.0	18	4.5	45	6.0	40
1.6	10	3.0	18	4.0	20	4.5	50	6.0	45
2.0	6	3.0	20	4.0	22	4.5	60	6.0	50
2.0	8	3.0	22	4.0	25	4.5	70	6.0	60
2.0	10	3.0	25	4.0	30	5.0	18	6.0	70
2.0	12	3.0	30	4.0	35	5.0	20	6.0	85
2.0	14	3.5	8	4.0	40	5.0	22	6.0	100
2.5	8	3.5	10	4.0	45	5.0	25	7.0	45
2.5	10	3.5	12	4.0	50	5.0	30	7.0	50
2.5	12	3.5	14	4.0	60	5.0	35	7.0	60
2.5	14	3.5	16	4.0	70	5.0	40	7.0	85
2.5	16	3.5	18	4.5	14	5.0	45	7.0	100
2.5	18	3.5	20	4.5	16	5.0	50	8.0	40
2.5	20	3.5	22	4.5	18	5.0	60	8.0	50
2.5	22	3.5	25	4.5	20	5.0	70	8.0	60
2.5	25	3.5	30	4.5	22	5.0	85	8.0	70
3.0	8	3.5	35	4.5	25	5.0	100	8.0	85
3.0	10	3.5	40	4.5	30	6.0	25	8.0	100
3.0	12	4.0	12	4.5	35	6.0	30	8.0	120

（2）半圆头木螺钉

半圆头木螺钉顶端为半圆形，该钉拧紧后不易陷入制品里面，钉头底部平面积较大，强度比较高，适用于要求钉头强度高的地方，如木结构棚顶钉固铁蒙皮之用。其产品规格见表 3-34。

（3）半沉头木螺钉

半沉头木螺钉形状与沉头木螺钉相似，但该钉被拧紧以后，钉头略微露出制品的表面，适用于要求钉头强度较高的地方。其产品规格见表 3-35。

半圆头木螺钉的产品规格 表 3-34

直径（mm）	长度（mm）	直径（mm）	长度（mm）	直径（mm）	长度（mm）	直径（mm）	长度（mm）	直径（mm）	长度（mm）
2.0	6	3.0	10	4.0	35	5.0	50	6.0	60
2.0	8	3.0	12	4.0	40	5.0	60	6.0	70
2.0	10	3.0	16	4.0	45	5.0	70	6.0	80
2.0	12	3.0	20	4.0	50	5.0	80	6.0	100
2.5	8	3.0	25	4.0	60	5.0	100	8.0	50
2.5	10	3.0	30	5.0	20	6.0	25	8.0	70
2.5	12	4.0	12	5.0	25	6.0	30	8.0	80
2.5	16	4.0	16	5.0	30	6.0	35	8.0	100
2.5	20	4.0	20	5.0	35	6.0	40		
2.5	25	4.0	25	5.0	40	6.0	45		
3.0	8	4.0	30	5.0	45	6.0	50		

半沉头木螺钉的产品规格 表 3-35

直径（mm）	长度（mm）	直径（mm）	长度（mm）	直径（mm）	长度（mm）	直径（mm）	长度（mm）	直径（mm）	长度（mm）
2.0	10	3.0	35	5.0	20	6.0	45	8.0	100
2.0	12	3.0	40	5.0	25	6.0	50	8.0	120
2.0	16	4.0	10	5.0	30	6.0	60	10.0	16
2.0	20	4.0	12	5.0	35	6.0	70	10.0	20
2.0	25	4.0	16	5.0	40	6.0	80	10.0	25
2.0	30	4.0	20	5.0	45	6.0	90	10.0	30
2.5	10	4.0	25	5.0	50	6.0	100	10.0	35
2.5	12	4.0	30	5.0	60	8.0	16	10.0	40
2.5	16	4.0	35	5.0	70	8.0	20	10.0	45
2.5	20	4.0	40	5.0	80	8.0	25	10.0	50
2.5	25	4.0	45	5.0	90	8.0	30	10.0	60
2.5	30	4.0	50	5.0	100	8.0	35	10.0	70
3.0	10	4.0	60	6.0	16	8.0	40	10.0	80
3.0	12	4.0	70	6.0	20	8.0	45	10.0	90
3.0	16	4.0	80	6.0	25	8.0	50	10.0	100
3.0	20	5.0	10	6.0	30	8.0	60	10.0	120
3.0	25	5.0	12	6.0	35	8.0	70		
3.0	30	5.0	16	6.0	40	8.0	80		

3．自攻螺钉

自攻螺钉，钉身螺牙齿比较深，螺距宽、硬度高，可直接在钻孔内攻出螺牙齿，可减少一道攻丝工序，提高工效，适用于装饰的软金属板、薄铁板构件的连接固定之用，其价格比较便宜，常用于铝合金门窗的制作中。其产品规格见表 3-36。

自攻螺钉产品规格 **表 3-36**

直径	（L） 长 度 （mm）													
（mm）	6	8	10	12	16	18	20	25	30	35	40	45	50	60
3	—	—	—	—	—	—	—	—	—	—	—	—	—	—
4	—	—	—	—	—	—	—	—	—	—	—	—	—	—
5		—	—	—	—	—	—	—	—	—				

4. 射钉

射钉系列列射钉器（枪）击发射钉弹，使火药产生燃烧，释放出一定能量，把射钉钉入混凝土、砖砌体、钢铁上，将需要固定的物体固定上去。射钉紧固技术比人工凿孔、钻孔紧固等施工方法，既牢固又经济，并且大大减轻了劳动强度，适用于室内外装修、安装施工。射钉有各种型号，可根据不同的用途选择使用，常用的产品规格见表 3-37。

根据射钉的长短和射入深度的要求，可选用不同威力的射钉弹，各种射钉弹的代号、外形、尺寸、色标、威力等，见表 3-38。

5. 螺栓

装修工程用的螺栓分为塑料和金属两种，常用的是金属螺栓，可以代替预埋螺栓使用。

（1）塑料胀锚螺栓

塑料胀锚螺栓系用聚乙烯、聚丙烯塑料制造，用木螺钉旋入塑料螺栓内，使其膨胀压紧钻孔壁而锚固物体。适用于锚固各种拉力不大的物体。

（2）金属胀锚螺栓

金属胀锚螺栓又称拉爆螺栓，使用时将螺栓塞入钻孔内，施紧螺母拉紧带锥形的螺栓杆，使套管膨胀压紧钻孔壁而锚固物体。这种螺栓锚固力很强，适用于各种墙面、地面锚固建筑配件和物体，其规格见表 3-39。

射钉的产品规格 **表 3-37**

型号	L (mm)	M (mm)	D (mm)	用途	示意图
RD27S8	27	8	3.7	将射钉钉在混凝土、砖砌墙、岩石上，以固定构件 当射钉穴牙上QM切木环时，可将木质件固定在混凝土上 当射钉附加垫圈D23或D36时，可将松软件固定在混凝土上	
32S8	32	8	3.7		
37S8	37	8	3.7		
42S8	42	8	3.7		
47S8	47	8	3.7		
52S8	52	8	3.7		
62S8	62	8	3.7		
72S8	72	8	3.7		
DD27S10	27	10	4.5		
32S10	32	10	4.5		
37S10	37	10	4.5		
42S10	42	10	4.5		
47S10	47	10	4.5		
52S10	52	10	4.5		
62S10	62	10	4.5		
72S10	72	10	4.5		
HRD16S8	16	8	3.7	1.1 将射钉钉在金属（钢铁）基体上 当射钉穿上QM切木环时，可将木质件固定在钢铁基体上 当射钉附加垫圈D23或D36时，可将松软件固定在钢铁基体上	
19S8	19	8	3.7		
22S8	22	8	3.7		
32S8	32	8	3.7		
37S8	37	8	3.7		
42S8	42	8	3.7		
47S8	47	8	3.7		
52S8	52	8	3.7		
62S8	62	8	3.7		

射钉弹的产品规格 **表 3-38**

型号	口径×长度	外型图	色标	威力
S1	6.8×11		红 黄 绿 白	大 中 小 最小
S2	10×18		黑 红	特大 大

续表

型　号	口径×长度	外　型　图	色　标	威　力
S3	6.8×18		黑 红 黄 绿	最大 大 中 小
S4	6.3×1.0	S4 外形图与 S1 相同	红 黄 绿 白	大 中 小 最小
S5	5.6×15		黄 绿 棕 灰	大 中 小 最小

金属胀锚螺栓的规格　　**表 3-39**

规格	规格尺寸（mm）			钻孔直径要求（mm）		100 件质量（kg）	示意图
	L	l	c	混凝土	砖体		
M6×65	65	35	35	7.80	7.20	2.77	
M6×75	75	35	35	7.80	7.20	2.93	
M6×85	85	35	35	7.80	7.20	3.15	
M8×80	80	45	40	10.0	9.50	6.14	
M8×90	90	45	40	10.0	9.50	6.45	
M8×100	100	45	40	10.0	9.50	6.72	
M10×95	95	55	50	12.5	12.0	10.0	
M10×110	110	55	50	12.5	12.0	10.9	
M10×125	125	55	50	12.5	12.0	11.6	
M12×110	110	65	52	14.0	13.5	16.9	
M12×130	130	65	52	14.0	13.5	18.3	
M12×150	150	65	52	14.0	13.5	19.6	
M16×150	150	90	70	19.0	18.0	37.2	
M16×175	175	90	70	19.0	18.0	40.4	
M16×200	200	90	70	19.0	18.0	43.5	
M16×220	220	90	70	19.0	18.0	46.1	

6．铆钉

铆钉是建筑装饰工程中最常用的连接件，其品种规格非常多，主要品种有：开口型抽芯铆钉、封闭型开口铆钉、双鼓型抽芯铆钉、沟槽型抽芯铆钉、环槽铆钉和击芯铆钉。

(1) 开口型抽芯铆钉

开口型抽芯铆钉是一种单面铆接的新颖紧固件。各种不同材质的合钉，能适应不同强度的铆接，广泛适用于各个紧固领域。开口型抽芯铆钉具有操作方便、效率较高、噪音较低等优点。其规格尺寸见表 3-40，其示意图如图 3-7 所示。

开口型抽芯铆钉（K）规格尺寸（mm）及材料　　表 3-40

D	L	推荐铆接板厚度	D_1	H	α	d	钻孔直径	材　料	抗拉力（N/只）	抗剪力（N/只）
3	9	4.5～6.5	6	1	120°	1.8	3.1	纯　铝	310	240
	12	7.5～9.5						5号防锈铝	810	600
3.2	7	2.5～4.5	6	1		1.8	3.2	纯　铝	370	285
	9	4.5～6.5						2号防锈铝	670	530
	11	6.5～8.5						5号防锈铝	985	760
	13	8.5～10.5						不锈钢	2350	1870
4	6	1.0～3.0	8	1.4		2.2	4.1	纯　铝	590	450
	8	3.0～5.0						2号防锈铝	1020	840
	10	5.0～7.0						5号防锈铝	1560	1160
	13	8.0～10						不锈钢	3650	2890
	16	10～12								
	18	11～13								
4.8	7	1.5～3.5	9.5	1.5		2.6	4.9	纯　铝	860	660
	9	3.5～5.5						2号防锈铝	1420	1150
	11	5.5～7.5						5号防锈铝	2230	1690
	13	7.5～9.5						不锈钢	5330	4230
	14	8.5～10.5								
	16	10.5～12.5								
	18	12.5～14.5								
5	6	0.5～2.5						纯　铝	920	710
	8	2.5～4.5						2号防锈铝	1500	1200
	11	5.5～7.5						5号防锈铝	2590	1670
	13	7.5～9.5								
	16	10.5～12.5								
	18	12.5～14.5								

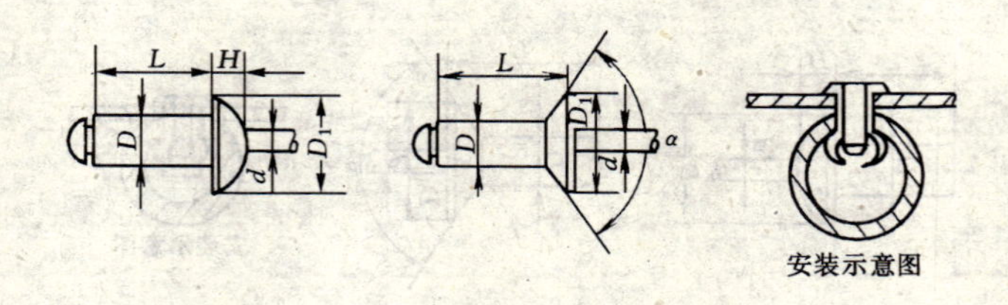

图 3-7　开口型抽芯铆钉（K）

（2）封闭型抽芯铆钉

封闭型抽芯铆钉也是一种单面铆接的新颖紧固件。不同材质的铆钉，适用于不同场合的铆接，广泛用于客车、航空、机械制造、建筑工程等。其规格尺寸见表 3-41，其示意图如图 3-8 所示。

封闭型抽芯铆钉（F）规格尺寸（mm）及材料　　表 3-41

D	L	推荐铆接板厚	D_1	H	α	d	钻孔直径	材　料	抗拉力（N/只）	抗剪力（N/只）
3.2	7 9 11 13 16	1～2.5 3～4.5 5～6.5 7～8.5 10～11.5	6	1	120°	1.7	3.3	纯　铝 5 号防锈铝	490 1240	445 1070
4.0	6 8 10 13 16	0.5～1.5 2.0～3.5 4.0～5.5 7.0～8.5 10～11.5	8	1.4		2.2	4.1	纯　铝 5 号防锈铝	720 2140	580 1560
4.8	8 10 13 15 16 18 23 25	0.5～3.0 4.0～5.0 7.0～8.0 9.0～10 10～11 12～13 16～18 19～20	9.5	1.5		2.64	4.9	纯　铝 5 号防锈铝	1120 3070	935 2230

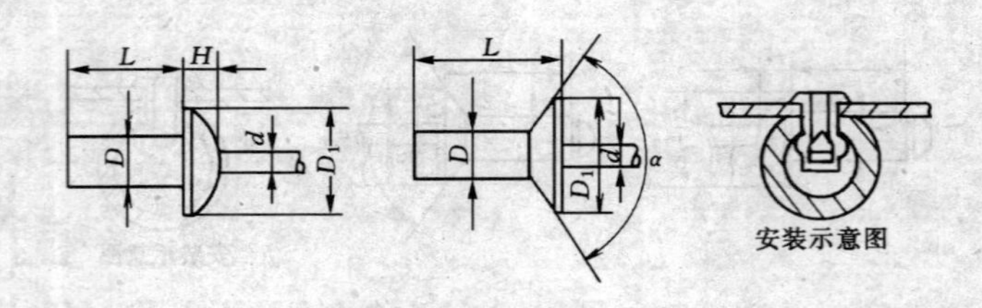

图 3-8 封闭型抽芯铆钉（F）

（3）双鼓型抽芯铆钉（S）

双鼓型抽芯铆是一种盲面铆接的新颖紧固件。这种铆钉具有对薄壁构件进行铆接不松动、不变形等优良特点，铆接完毕后两端均呈鼓形，由此称为双鼓型抽芯铆钉，广泛应用于各种铆接领域。其规格尺寸见表 3-42，其示意图如图 3-9 所示。

双鼓型抽芯铆钉规格尺寸（mm） **表 3-42**

D	L	推荐铆接板厚	D_1	d	钻孔直径	抗拉力（N/只）	抗剪力（N/只）
3.2	8 10 12 14 16	≤1 1.0～3.0 3.0～5.0 5.0～7.0 7.0～9.0	6.0	1.80	3.4	670	530
4.0	10 12 14 16 18	≤1.5 1.5～3.5 3.5～5.5 5.5～7.5 7.5～9.5	8.0	2.20	4.2	1020	845
4.8	10 12 14 16 18 20 22 24	≤1 1.0～3.0 3.0～5.0 5.0～7.0 7.0～9.0 9.0～11 11～13 13～15	9.5	2.65	5.0	1425	1160

（4）沟槽型抽芯铆钉

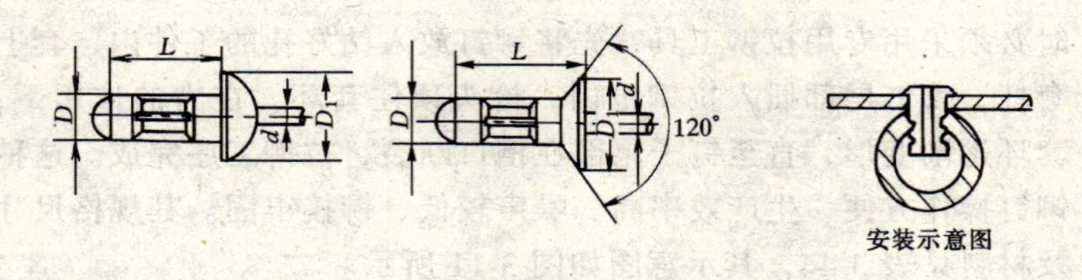

图 3-9　双鼓型抽芯铆钉（S）

沟槽型抽芯铆钉也是一种盲面铆接的新颖紧固件。适用于硬质纤维、胶合板、玻璃纤维、塑料、石棉板、木材等非金属构件的铆接。它与其他铆钉的区别在于表面带槽形，在盲孔内膨胀后，沟槽嵌入被铆构件的孔壁内，从而起到铆接作用。其规格尺寸见表 3-43，其示意图如图 3-10 所示。

沟槽抽芯铆钉规格尺寸（mm）　　**表 3-43**

D	L	D_1	钻孔直径	钻孔深度
4.2	12 14	8.0	4.4	15 17
5.0	10 12 15 19 25	9.5	5.2	13 15 18 22 28

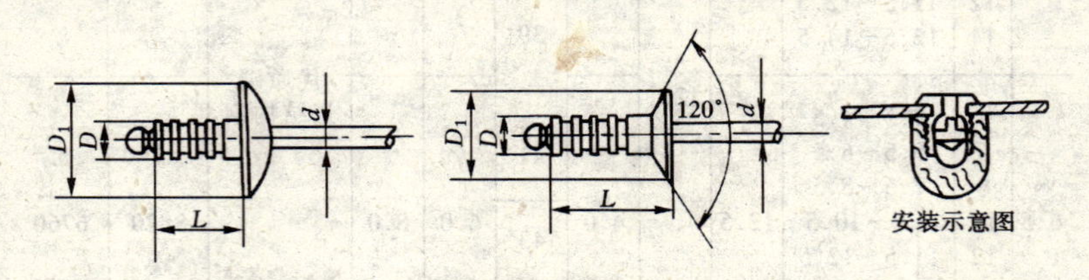

图 3-10　沟槽型抽芯铆钉（G）

（5）环槽铆钉

环槽铆钉为一种新颖的紧固件，采用优质碳素结构钢制成，机械强度高，其最大的特点是抗震性好，能广泛用于各种车辆、船舶、航空、电子工业、建筑工程、机械制造等紧固领域。铆接时必须采用专用拉铆工具，先将铆钉放入钻好孔的工件内，套上套杆，铆钉尾部插入拉铆枪内，枪头顶住套环，在力的作用下，套环逐渐变形，直至钉子尾部在槽口断裂，拉铆工序完成。这种铆钉操作方便、生产效率高、噪声较低、铆接牢固。其规格尺寸及材料见表 3-44，其示意图如图 3-11 所示。

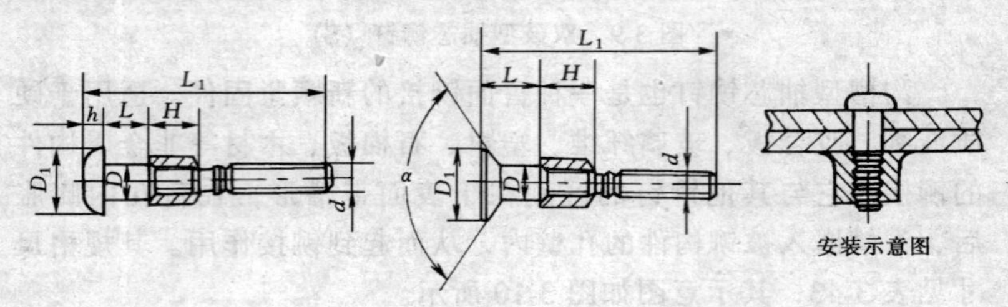

图 3-11 环槽铆钉（H）

环槽铆钉（H）规格尺寸（mm）及材料 **表 3-44**

D	L	推荐铆钉板厚	D_1	α	h	L_1	d	H	材料	抗拉力（N/只）	抗剪力（N/只）
5.0	64	2.5～4.5	9.50	120°	3.0	35	4.5	6.0	优质碳素结构钢	7840	5880
	6	5.5～6.5									
	8	7.5～8.5				37					
	10	9.5～10.5									
	12	11.5～12.5				39					
	14	13.5～14.5									
6.5	4	3.5～4.5	12.5		4.0		6.0	8.0		8820	6760
	6	5.5～6.5				41					
	8	7.5～8.5									
	10	9.5～10.5				43					
	12	11.5～12.5									
	14	13.5～14.5				45					
	16	15.5～16.5									

（6）击芯铆钉（JX）

击芯铆钉是一种单面铆接的紧固件，广泛用于各种客车、航空、船舶、机械制造、电讯器材、铁木家具等紧固领域。铆接时，将铆钉放入钻好的工件内，用手锤敲击钉芯至帽檐端面，钉芯敲入后，铆钉的另一端即刻朝外翻成四瓣，将工件紧固。操作简单、效率较高、噪音较低。其规格尺寸见表 3-45，其示意图如图 3-12 所示。

击芯铆钉（JX）规格尺寸（mm）及材料　　　　表 3-45

D	L	推荐铆接板厚	D_1	H	d	α	钻孔直径	材料	抗拉力（N/只）	抗剪力（N/只）
5.0	4 6 8 10 12 14	3.50～4.50 5.50～6.50 7.50～8.50 9.50～10.5 11.5～12.5 13.5～14.5	10	1.8	2.8	120°	5.1	5 号防锈铝	4900	2940
6.5	4 6 8 10 12 14 16	3.50～4.50 5.50～6.50 7.50～8.50 9.50～10.5 11.5～12.5 13.5～14.5 15.5～16.5	13	3.0	3.8	120°	6.5	5 号防锈铝	7640	4760

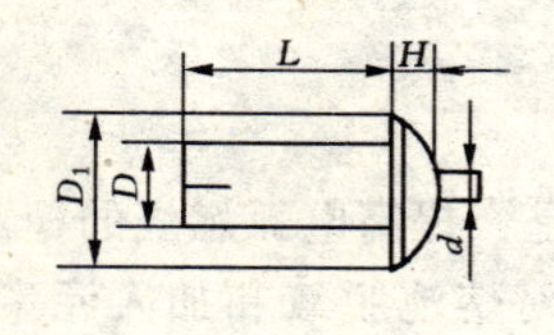

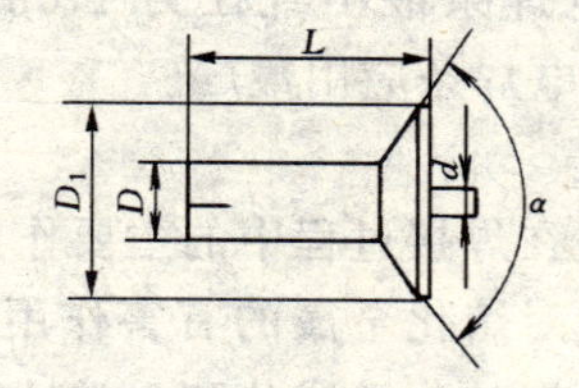

图 3-12　击芯铆钉（JX）

（二）电焊条

钢结构除用螺栓连接和铆钉连接外，焊条电弧焊是最常用的连接方法。一般焊条电弧焊所使用的焊条为普通电焊条，由焊芯和药皮（涂料）两部分组成。焊芯起导电和填充焊缝的作用，药皮则用于保证焊接顺利进行，并使焊缝具有一定的化学成分和力学性能。在建筑装饰工程中，最常用的电焊条是焊接结构钢的焊条。

1. 电焊条的组成

（1）焊芯

焊芯是组成焊缝金属的主要材料。它的化学成分和非金属夹杂物的多少，将直接影响着焊缝的质量。因此，结构钢焊条的焊芯应符合国家标准《焊接用钢丝》（GB1300—77）的要求。常用的结构钢焊条的牌号和成分见表 3-46。

碳素钢焊接钢丝的牌号和成分　　表 3-46

钢号	化学成分（%）							用途
	锰	碳	硅	铬	镍	硫	磷	
H08	0.30～0.55	≤0.10	≤0.03	≤0.20	≤0.30	<0.04	<0.04	一般焊接结构；
H08A	0.30～0.55	≤0.10	≤0.03	≤0.20	≤0.30	<0.03	<0.03	重要焊接结构；
H08MmA	0.80～1.10	≤0.10	≤0.07	≤0.20	≤0.30	<0.03	<0.03	用作埋弧自动焊钢丝

焊芯具有较低的含碳量和一定的含锰量，含硅量控制较严，硫、磷的含量则控制更严。焊芯牌号中带“A”字母者，其硫、磷的含量均不能超过 0.03%。焊芯的直径即称为焊条的直径，我国生产的电焊条最小直径为 1.6mm，最大为 8mm，其中以 3.2～5mm 的电焊条应用最广。

（2）药皮

焊条药皮在焊接过程中的主要作用是：提高电弧燃烧的稳定性，防止空气对熔化金属的有害作用，对熔池脱氧和加入元素，以保证焊缝金属的化学成分和力学性能。焊条药皮原料的种类和作用，见表 3-47 所示。

焊条药皮原料的种类、名称及其作用　　表 3-47

原料种类	原料名称	主要作用
稳弧剂	碳酸钾、碳酸钠、长石、大理石、钛白粉、钠水玻璃、钾水玻璃	改善引弧性，提高电弧燃烧的稳定性；
造气剂	淀粉、木屑、纤维素、大理石	造成一定量的气体，隔绝空气，保护焊接溶滴与熔池；
造渣剂	大理石、萤石、菱苦土、长石、锰矿、钛铁矿、粘土、钛白粉、金江石	造成具有一定物理-化学性能的熔渣，保护焊缝。碱性渣中的 CaO 还可起脱硫、磷作用

续表

原料种类	原 料 名 称	主 要 作 用
脱氧剂	锰铁、硅铁、钛铁、铝铁、石墨	降低电弧气氛和熔渣的氧化性，脱除金属中的氧。锰还起到脱硫作用；
合金剂	锰铁、硅铁、铬铁、铝铁、钒铁、钨铁	使焊缝金属获得必要的合金成分；
稀渣剂	萤石、长石、钛白粉、钛铁矿	增加熔渣流动性，降低熔渣粘度；
粘结剂	钾水玻璃、钠水玻璃	将药皮牢固的粘在钢芯上

2. 焊条的种类、型号和牌号

焊接的应用范围越来越广泛，为适应各个行业的需求，使各种材料可达到不同性能要求，焊条的种类和型号非常多。我国将焊条按化学成分划分为七大类，即碳钢焊条、低合金钢焊条、不锈钢焊条、堆焊焊条、铸铁焊条及焊丝、铝及铝合金焊条、铜及铜合金焊条等。其中应用最多的是碳钢焊条和低合金钢焊条。

焊条型号是国家标准中代号。碳钢焊条型号见GB5117—85，如E4303、E5015、E5016等。“E”表示焊条；前两位数字表示焊缝金属的抗拉强度等级；第三位数字表示焊条的焊接位置。“0”及“1”表示焊条适用于全位置焊接（平、立、仰、横）“2”表示焊条适用于平焊及平角焊，“4”表示焊条适用于向下立焊；第三位和第四位数字组合时表示焊接电流种类及药皮类型，如“03”为钛钙型药皮，交流或直流正、反接，“15”为低氢钠型药皮，直流反接，“16”为低氢钾型药皮，交流或直流反接。低合金钢焊条型号中的四位数字之后，还标出附加合金元素的化学成分。

焊条牌号是焊条行业统一的焊条代号。焊条牌号一般用一个大写拼音字母和三个数字表示，如J422、J507等。拼音字母表示焊条的大类，如“J”表示结构钢焊条（碳钢焊条和普通低合金钢焊条），“A”表示奥氏体不锈钢焊条，“Z”表示铸铁焊条等；前两位数字表示各大类中的若干小类，如结构钢焊条前两位数字表示焊缝金属抗拉强度等级，其等级有42、50、55、60、

70、75、80 等，分别表示其焊缝金属的抗拉强度大于或等于 420MPa、500MPa、550MPa、600MPa、700MPa、750MPa、800MPa；最后一个数字表示药皮类型和电流种类，见表 3-48 中所示，其中 1 至 5 为酸性焊条，6 和 7 为碱性焊条。其他焊条牌号的表示方法，见国家机械工业委员会所编写的《焊接材料产品样本》。

焊条药皮类型和电源种类编号 表 3-48

编　号	1	2	3	4	5	6	7	8
药皮类型	钛型	钛钙型	钛铁矿型	氧化铁型	纤维素型	低氢钾型	低氢钠型	石墨型
电源种类	直流或交流	交、直流	交、直流	交、直流	交、直流	交、直流	直流	交、直流

焊条还可按熔渣性质分为酸性焊条和碱性焊条两大类。药皮熔渣中酸性氧化物（如 SiO_2、TiO_2、Fe_2O_3）比碱性氧化物（如 CaO、FeO、MnO），多的焊条称为酸性焊条。此类焊条适合各类电源，其操作性能好，电弧稳定，成本较低，但焊缝的塑性和韧性稍差，渗合金作用弱，故不宜焊接承受动荷载和要求高强度的重要结构件。熔渣中碱性氧化物比酸性氧化物多的焊条称为碱性焊条。此类焊条一般要求采用直流电源，焊缝塑性及韧性好，抗冲击能力强，但可操作性差，电弧不够稳定，且价格较高，故只适合焊接重要结构件。

3. 焊条的选用原则

选用焊条通常是首先根据焊件化学成分、力学性能、抗裂性、耐腐蚀性以及高温性能等要求，选用相应的焊条种类；然后再根据焊接结构形状、受力情况、焊接设备和焊条价格等，来选定具体的焊条型号。在具体选用焊条时，一般应遵循以下选用原则：

（1）低碳钢和普通低合金钢构件，一般都要求焊缝金属与母材等强度，因此可根据钢材的强度等级来选用相应的焊条。但必须注意，钢材是按屈服强度确定等级的，而结构钢焊条的强度等级是指金属抗拉强度的最低保证值。

（2）同一强度等级的酸性焊条或碱性焊条的选定，主要应考虑焊接件的结构形状（简单或复杂）、钢板厚度、载荷性质（动荷或静荷）和钢材的抗裂性要求而定。通常对要求塑性好、冲击韧性高、抗裂能力强或低温性能好的结构，要选用碱性焊条。如果构件受力不复杂、母材质量较好，应尽量选用较经济的酸性焊条。

（3）低碳钢与低合金钢结构钢混合焊接，可按异种钢接头中强度较低的钢材来选用相应的焊条。

（4）铸钢的含碳量一般都比较高，而且厚度较大，形状比较复杂，很容易产生焊接裂纹。一般应选用碱性焊条，并采取适当的工艺措施（如预热）进行焊接。

（5）焊接不锈钢或耐热钢等有特殊性能要求的钢材，应选用相应的专用焊条，以保证焊缝的主要化学成分和性能与母材相同。

第四章　金属装饰施工工艺

第一节　金属结构安装

一、金属龙骨安装施工工艺

(一) 吊顶轻钢龙骨安装施工

1. 施工准备工作

(1) 材料

1) 轻钢龙骨。吊顶轻钢龙骨按其截面形状分为U形、C型和L型，如图4-1所示。分别为主龙骨（吊顶龙骨的主要受力构件)、次龙骨（吊顶龙骨中固定饰面层的构件）和边龙骨（通常为吊顶边部固定饰面板的龙骨)。按承载龙骨的规格尺寸，分为38系列、45系列、50系列、60系列。

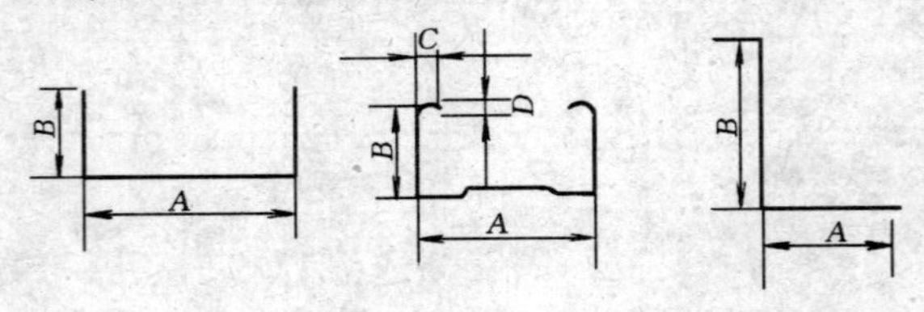

图4-1　吊顶轻钢龙骨

主龙骨（大龙骨）是轻钢吊顶体系中主要受力构件。整个吊顶的荷载通过主龙骨传给吊杆，主龙骨也称承载龙骨。

次龙骨（中、小龙骨）的主要作用是与饰面板固定。大多数为构造龙骨，其间距由饰面板的规格决定，次龙骨也称覆面龙骨。

2) 连接件。用来连接龙骨组成一个骨架，由于各生产厂家自成体系，在连接上有不同的连接件。目前使用较多的轻钢吊顶龙骨及配件，如图 4-2 所示。

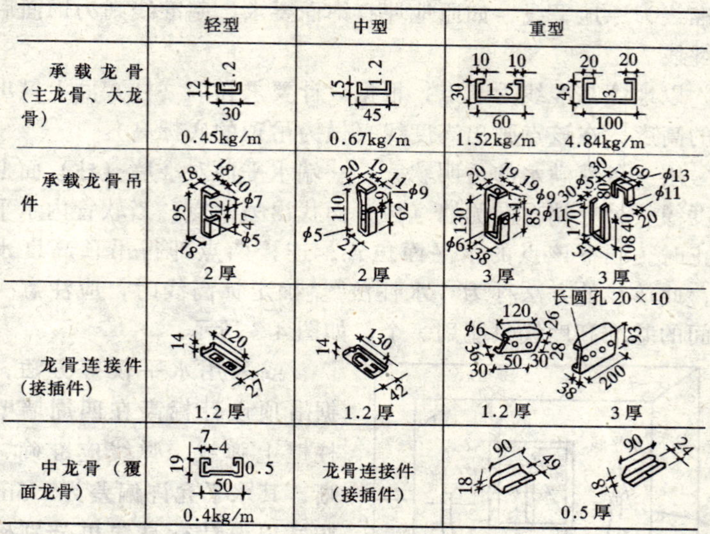

	轻型	中型	重型	
承载龙骨（主龙骨、大龙骨）	12 1.2 30 0.45kg/m	15 1.2 45 0.67kg/m	10 10 30 1.5 60 1.52kg/m	20 20 45 3 100 4.84kg/m
承载龙骨吊件	18 18 10 95 12 ϕ7 47 ϕ5 18 2厚	20 19 11 ϕ9 110 9 62 ϕ5 21 2厚	20 19 19 ϕ9 130 85 ϕ11 ϕ6 38 3厚	30 ϕ5 30 80 69 ϕ13 ϕ11 170 40 20 57 108 3厚
龙骨连接件（接插件）	14 120 27 1.2厚	14 130 42 1.2厚	ϕ6 120 26 96 28 50 30 30 1.2厚	长圆孔 20×10 93 38 200 3厚
中龙骨（覆面龙骨）	7 4 19 0.5 50 0.4kg/m	龙骨连接件（接插件）	90 18 46	90 24 18 0.5厚

图 4-2　轻钢龙骨及配件

3）固定材料。目前较多采用的有水泥钉、射钉和金属膨胀螺栓等。

4）吊筋。一般采用 $\phi6$ 或 $\phi8$ 钢筋，在一头加工出丝口。

5）罩面材料。主要有装饰石膏板、纸面石膏板、吸声穿孔石膏板及嵌装式装饰石膏板等。

（2）吊顶内的通风、水电、消防管道等均已安装就位，并基本调试完毕。

（3）施工机具装备齐全，主要包括冲击钻、自攻螺钉钻、电动螺丝刀、切割机、电焊机等。

（4）审查图纸，制定施工方案。

2．施工工艺

轻钢龙骨的施工操作顺序为：放线→固定吊点、吊杆→安装主龙骨→调平主龙骨→固定次龙骨→固定横撑龙骨。

(1) 放线

1) 确定标高线。定出地面的基准线，原地坪无饰面要求，基准线为原地平线，如原地坪有饰面要求，基准线则为饰面后的地坪线。

以地坪基准线为起点，根据设计要求在墙（柱）面上量出吊顶的高度，在该点画出高度线（做为吊顶的底标高）。

用一条灌满水的透明软管，一端水平面对准墙（柱）面上的高度线，另一端在同侧墙（柱）面找出另一点，当软管内水平面静止时，画下该点的水平面位置，连接两点即得吊顶高度水平线，此放线的方法称为“水柱法”。确定标高线时，应注意一个房间的基准高度线只能用一个，如图 4-3 所示。

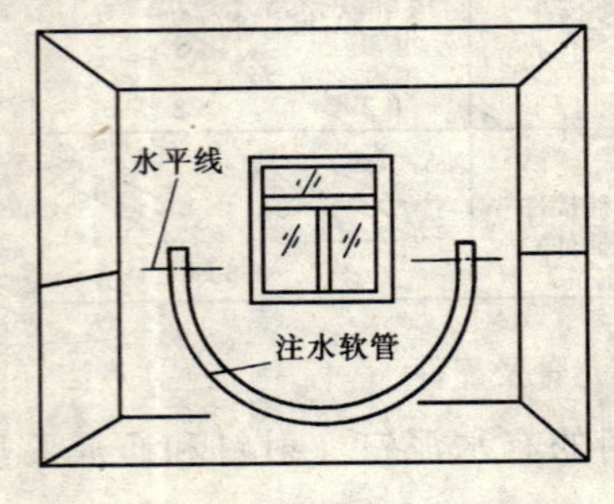

图 4-3　水平标高线的做法

或采用水平仪等方法，根据吊顶设计标高在四周墙壁或柱壁上弹线，弹线应准确、清晰，其水平允许偏差为 ± 5mm。按吊顶设计标高线再分别确定并弹出次龙骨和主龙骨所在位置的平面基准线。

2) 确定吊点位置。按每平方米一个均匀布置。

(2) 固定吊点、吊杆

1) 吊点。常采用膨胀螺栓、射钉、预埋铁件等方式。

2) 吊杆与结构的固定：与结构的固定方法，基本上有三种形式：

①对于板或梁上预留吊钩预埋件。即将吊杆与预埋件焊接、勾挂、拧固或以其他方法连接。

②在吊点的位置用冲击钻打膨胀螺栓，然后将膨胀螺栓同吊杆焊接。此种方法可省去预埋件，比较灵活。

③用射钉枪固定射钉，如果选用尾部带孔的射钉，将吊杆穿过尾部的孔即可。如果选用不带孔的射钉，宜选择一个小角钢固

定在楼板上，另一条边钻孔，将吊杆穿过角钢的孔即可固定，如图 4-4 所示。

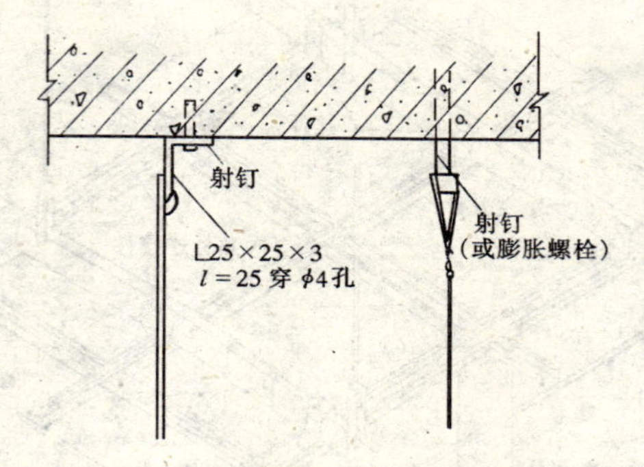

图 4-4　吊杆与结构层固定

吊杆一般采用 ϕ6～ϕ8 的钢筋制作，并做防腐处理，下料时，应计算好吊杆的长度尺寸，如下端要套丝的，要注意丝扣的长度留有余地，以备螺母紧固和吊杆的高度方向调节。

（3）安装主龙骨

主龙骨与吊杆连接，可采用焊接，也可采用吊挂件连接，焊接虽然牢固，但维修麻烦。吊挂件一般与龙骨配套使用，安装方便。在龙骨的安装程序上，因为主龙骨在上，所以，吊挂件同主龙骨相连，在主龙骨底部弹线，然后再用连接件将次龙骨与主龙骨固定。在主、次龙骨的安装程序上，可先将主龙骨与吊杆安装完毕，然后再依次安装中龙骨、小龙骨。也可以主、次龙骨一齐安装，二者同时进行。至于采用哪些形式，主要视不同部位及吊顶面积大小决定。

轻钢龙骨吊顶示意，如图 4-5 所示；连接节点，如图 4-6 所示。

（4）调平主龙骨

在安装龙骨前，应根据标高控制线，使龙骨就位并调平主龙骨。只要主龙骨标高正确，中、小龙骨一般不会发生什么问题。

待主龙骨与吊件及吊杆安装就位以后，以一个房间为单位进行调整平直。调平时按房间的十字和对角拉线，以水平线调整主

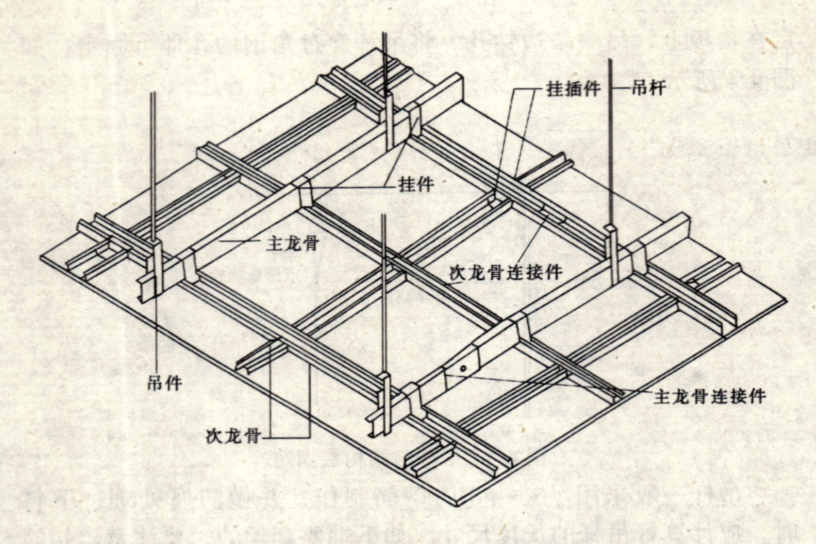

图 4-5 轻钢龙骨吊顶的组合示意

龙骨的平直；也可同时使用 60mm×60mm 的平直木方条，按主龙骨的间距钉圆钉将龙骨卡住作临时固定，木方两端顶到墙上或梁边，再依照拉线进行龙骨的升降调平。

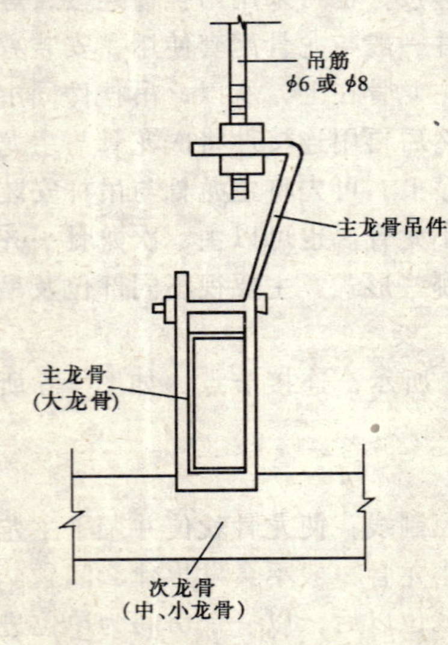

图 4-6 轻钢龙骨吊顶连接节点

较大面积的吊顶主龙骨调平时应注意，其中间部分应略有起拱，起拱高度一般不小于房间短向跨度的 1/200。

(5) 固定次龙骨、横撑龙骨

在覆面次龙骨与承载主龙骨的交叉布置点，可使用其配套的龙骨挂件（或称吊挂件、挂搭）将二者上下连接固定，龙骨挂件下部勾挂住覆面龙骨，上端搭在承载龙骨上，将其 U

型或 W 型腿用钳子嵌入承载龙骨内，如图 4-7 所示。

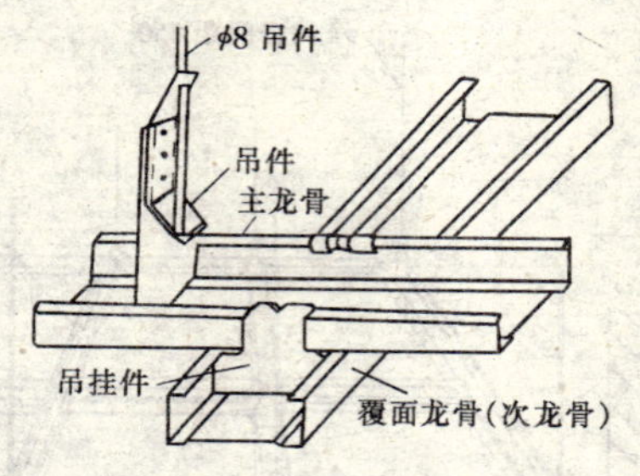

图 4-7 主、次龙骨连接

中龙骨的位置根据大样图按板材尺寸而定，如果间距较大（大于 800mm）时，在中龙骨之间增加小龙骨，小龙骨与中龙骨平行，与大龙骨垂直用小吊挂件固定。

固定横撑龙骨。横撑龙骨用中、小龙骨截取，其位置与中、小龙骨垂直，装在罩面板的拼接处，如装在罩面板内部或者作为边龙骨时，宜用小龙骨截取。横撑龙骨与中、小龙骨的连接，采用中、小接插件连接牢固，再安装沿边异型龙骨。

横撑龙骨与中、小龙骨的底面必须平顺，所有接头处不得有下沉，以便于罩面板安装。

横撑龙骨的间距与中龙骨的间距，都必须根据所使用罩面板的每块实际尺寸决定。主、次龙骨长度方向可用接插件连接，接头处要错开。龙骨的安装，一般是按照预先弹好的位置，从一端依次安装到另一端。如果有高低迭级，常规做法是先安装高的部分，然后再安装低的部分。对于检修孔、上人孔、通风篦子等部位，在安装龙骨的同时，应将尺寸及位置留出，将封边的横撑龙骨安装完毕。如果有吊顶下部悬挂大型灯饰，龙骨与吊杆都应做好配合，有些龙骨还需断开，那么，在构造上还应采取相应的加固措施。如若大型灯饰，悬挂最好同龙骨脱开，以便安全使用。如若一般灯具，对于隐蔽式装配吊顶，可以将灯具直接固定在龙骨上。

3. 轻钢龙骨的单层组合构造

吊顶骨架的组合可以是双层构造，也可以是单层构造，如图 4-8 所示。双层构造中的次龙骨、横撑龙骨、小龙骨（或一种龙骨的纵向与横向布置）等 C 型覆面龙骨紧贴主龙骨（U 型或 C 型大龙骨、承载龙骨）的底面安装吊挂；单层构造的吊顶骨架，

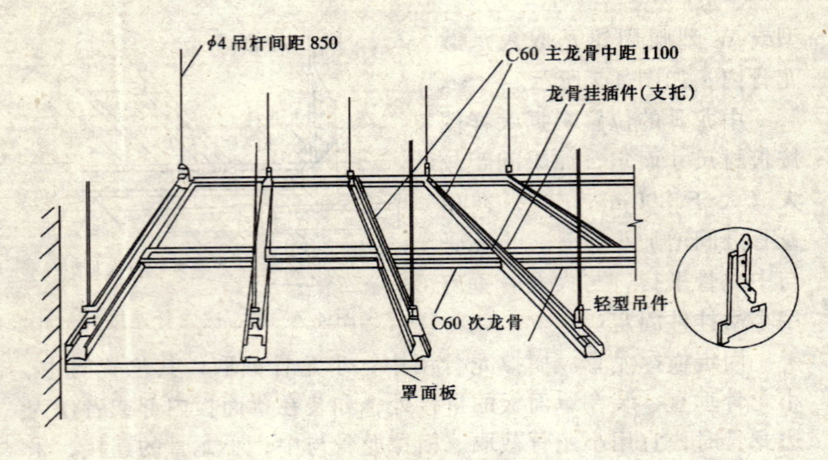

图 4-8　轻钢龙骨单层吊顶

无论大、中、小龙骨的布置，均在同一水平面，根据工程实际，也可以不采用大龙骨而以中龙骨进行纵横装设。

U型（或C型）承载大龙骨的中距及吊点间距，不同装饰构造的吊顶其配套材料的要求由设计区别确定。在一般情况下，双层轻钢U、C型龙骨骨架，大龙骨中距应≤1200mm，吊点间距也应≤1200mm，中龙骨中距为500～1500mm（根据罩面板拼接情况具体确定）；单层吊顶构造的主龙骨中距为400～600mm，吊点间距为800～1500mm。

单层吊顶的构造在室内装修中应用甚广，主要有构造简单，并能在同样吊顶高度效果之下争取到比双层构造更大的吊顶上部空间，而给吊顶内的管道敷设等提供更有利的条件。

4．基层板（饰面板）安装施工

龙骨安装完毕后要进行认真检查，符合要求后才能安装基层板（饰面板）。对安装完毕的轻钢龙骨架，特别要检查对接和连接处的牢固性，不得有漏连、虚接、虚焊等现象。

安装基层板（饰面板）同木龙骨一样可以安装各种类型的基层板，轻钢龙骨一般均与纸面石膏板相配使用，下面以纸面石膏板为例介绍基层板的施工方法。

(1) 纸面石膏板的钉装

建筑装饰装修工程施工质量验收规范（GB 50210—2001）对纸面石膏板的安装有明确规定，要求板材应在自由状态下就位固定，以防止出现弯棱、凸鼓等现象。纸面石膏板的长边（包封边），应沿纵向次龙骨铺设。板材与龙骨固定时，应从一块板的中间向板的四边循序固定，不得采用在多点上同时作业的做法。

用自攻螺钉铺钉纸面石膏板时，钉距以150～170mm为宜，螺钉应与板面垂直。自攻螺钉与纸面石膏板边的距离；距包封边（长边）以10～15mm为宜；距切割边（短边）以15～20mm为宜。钉头略埋入板面，但不能致使板材纸面破损。在装钉操作中，如出现有弯曲变形的自攻螺钉时，应予剔除，在相隔50mm的部位另安装自攻螺钉。纸面石膏板的拼接缝处，必须是安装在宽度不小于40mm的C型龙骨上；其短边必须采用错缝安装，错开距离应不小于300mm。安装双层石膏板时，面层板与基层板的接缝也应错开，上下层板各自的接缝不得同时落在同一根龙骨上。

(2) 嵌缝处理

纸面石膏板拼接缝的嵌缝材料主要有两种：一是嵌缝石膏粉，二是穿孔纸带。嵌缝石膏粉的主要成分是石膏粉加入缓凝剂等。嵌缝及填嵌钉孔等所用的石膏腻子，由嵌缝石膏粉加入适量清水，静置5～6min后经人工或机械调制而成，调制后应放置30min再使用。注意石膏腻子不可过稠，调制时的水温不可低于5℃，若在低温下调制应使用温水；调制后不可再加石膏粉，避免腻子中出现结块和渣球。穿孔纸带即是打有小孔的牛皮纸带，纸带上的小孔在嵌缝时可保证石膏腻子多余部分的挤出。纸带宽度为50mm。使用时应先将其置于清水中浸湿，这样做有利于纸带与石膏腻子的粘合。此外，另有与穿孔纸带起着相同作用的玻璃纤维网格胶带，其成品已浸过胶液，具有一定的挺度，并在一面涂有不干胶。它有着较牛皮纸带更优异的粘结作用，在石膏板板缝处有更理想的嵌缝效果，故在一些重要部位可采用它以取代穿孔牛皮纸带，以防止板缝开裂的可能性。玻璃纤维网格胶带的宽度一般为50mm，价格高于穿孔纸带。

整个吊顶面的纸面石膏板铺钉完成后，应进行检查，并将所有自攻螺钉的钉头涂刷防锈涂料，然后用石膏腻子嵌平。此后即作板缝的嵌填处理，其程序如下：

1）清扫板缝。用小刮刀将嵌缝石膏腻子均匀饱满地嵌入板缝，并在板缝处刮涂约60mm宽、1mm厚的腻子。随即贴上穿孔纸带（或玻璃纤维网格胶带），使用宽约60mm的腻子刮刀顺穿孔纸带（或纤网格胶带）方向压刮，将多余的腻子挤出，并刮平、刮实、不可留有气泡。

2）用宽约150mm的刮刀将石膏腻子填满宽约150mm的板缝处带状部分。

3）用宽约300mm的刮刀再补一遍腻子，其厚度不得超出2mm。

4）待腻子完全干燥后（约12h），用2号砂布或砂纸将嵌缝石膏腻子打磨平滑，其中部分略微凸起，但要向两边平滑过渡。

设计中考虑选用的纸面石膏板作为基层板，要想获得满意的装饰效果，那么必须在其表面饰以其他装饰材料。吊顶工程的饰面做法很多，常用的有裱糊壁纸、涂乳胶漆、喷涂及镶贴各种类型的罩面板等。

（二）吊顶铝合金龙骨安装施工

铝合金龙骨表观密度比较小，型材表面经过阳极氧化处理，表面光泽美观，有较强的抗腐、耐酸碱能力，防火性好，安装简单，适用于公共建筑大厅、楼道、会议室、卫生间、厨房间等吊顶。

1. 施工准备工作

（1）材料

1）铝合金龙骨。铝合金龙骨常用于活动式装配吊顶的有主龙骨、次龙骨及边龙骨。如用于明龙骨吊顶，次龙骨（包括中龙骨和小龙骨）、边龙骨采用铝合金龙骨，外露部分显得比较美观，而承担负荷的主龙骨（即大龙骨）可采用钢制的。所用吊杆一般也为钢制的。

用于活动式装配吊顶的铝合金龙骨，断面加工成“⊥”形状。共有三种规格。

①主龙骨（大龙骨）。主龙骨的侧面有长方形孔和圆形孔。方形孔供次龙骨穿插连接，圆孔状供悬吊固定。其断面及立面如图 4-9 所示。

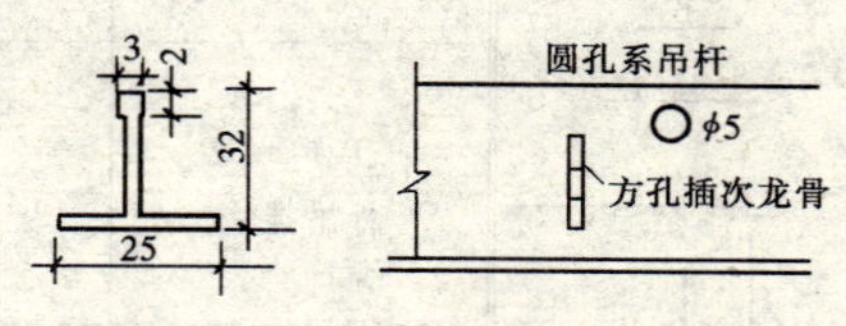

图 4-9　主龙骨断面和立面

②次龙骨（中、小龙骨）。次龙骨的长度，根据饰面板的规格下料。在次龙骨的两端，为了便于插入龙骨的方眼中，要加工成“凸头”形状。其断面及立面如图 4-10 所示。为了使多根次龙骨在穿插连接中保持顺直，在次龙骨的凸头部位弯了一个角度，使两根次龙骨在一个方眼中保持中心线重合。

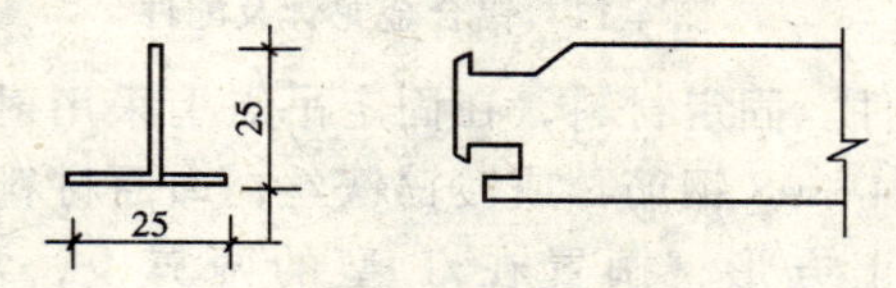

图 4-10　次龙骨断面和立面

③边龙骨。边龙骨亦称封口角铝。其作用是吊顶周边及检查口部位等封口，使边角部位保持整齐、顺直。边龙骨有等肢与不等肢差别。一般常用 25mm×25mm 等肢角边龙骨，色彩与板的色彩相同。

LT 型铝合金龙骨及主要配件如图 4-11 所示。

代号名称	简图
TL-23 龙骨	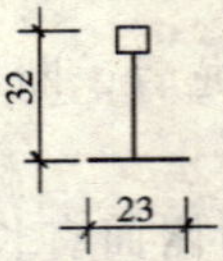 32 23
TL-23 次龙骨	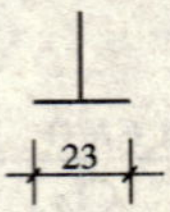 23
TL-边龙骨	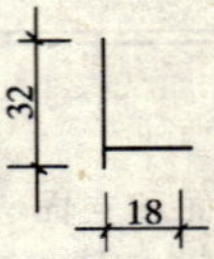 32 18
TL-异形龙骨	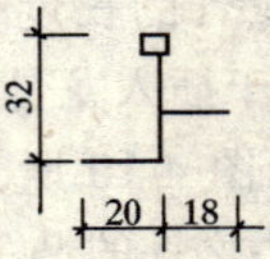 32 20 18

代号名称		简图
TC23 吊钩	LT-23 龙骨 LT-异形 龙骨吊钩	 13 25
TC50 吊钩	LT-23 龙骨 LT-异形龙 骨吊钩	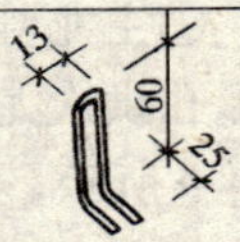 13 60 25
LT-异形龙 骨吊挂钩		 16 30 65(55) 22
LT-23 龙骨 LT-异形 龙骨连接件		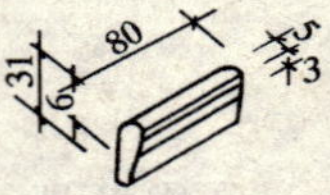 80 31 6 5 3
LT-23 横撑 龙骨连接钩		 16 14 8

图 4-11 铝合金龙骨及配件

2）连接件。固定材料，在固定吊点上采用射钉，膨胀螺栓等；吊杆，$\phi4 \sim \phi8$ 钢筋，或镀锌铁丝；饰面材料各种材质均可做成矩形或正方形，搁置在 T 型的两翼上，常用的尺寸为 500mm×500mm、600mm×600mm。

（2）其他准备工作同轻钢龙骨吊顶。

2．施工工艺

铝合金龙骨吊顶的施工操作顺序为：放线定位→固定悬吊体系→安装调平龙骨→安装饰面板。

单独由 T 型（及其 L 型边龙骨）铝合金龙骨装配的吊顶，只能是无附加荷载的装饰性单层轻型吊顶，它适宜于室内大面积平面顶棚装饰，与轻钢 U、C 型龙骨单层吊顶的主要不同点是它可以较灵活地将饰面板材平放搭装而不必进行封闭式钉固安装，其次是必要时可作明装（外露纵横骨架）、暗装（板材边部企口，嵌装后骨架隐藏）或是半明半暗式安装（外露部分骨架），如图 4-12 所示。

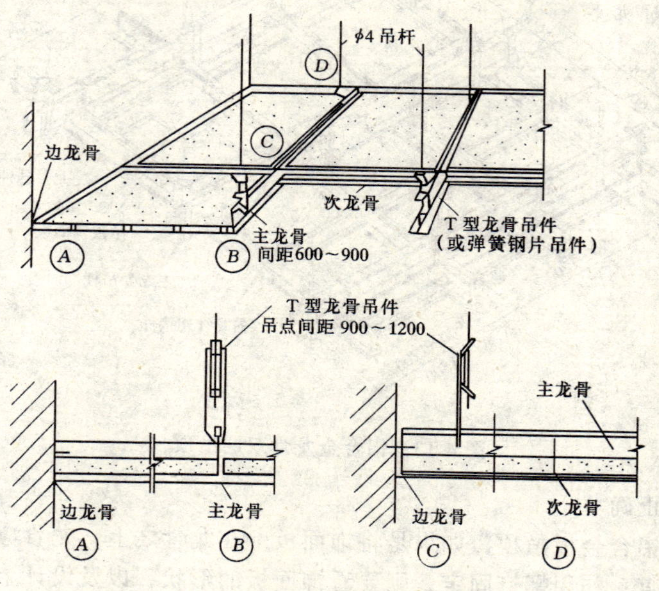

图 4-12　铝合金龙骨单层吊顶

当必须满足吊顶的一定承载能力时，则需与轻钢 U 型或 C 型承载龙骨相配合，即成为双层吊顶构造，如图 4-13 所示。

(1) 放线定位

放线主要是弹标高和龙骨布置线。

1) 根据设计图纸，结合具体情况，将龙骨及吊点位置弹到楼板底面上。如果吊顶设计要求具有一定造型或图案，应先弹出吊顶对称轴线，龙骨及吊点位置应对称布置。龙骨和吊杆的间距、主龙骨的间距是影响吊顶高度的重要因素。不同的龙骨断面及吊点间距，都有可能影响主龙骨之间的距离。各种吊顶、龙骨间距和吊杆间距一般都控制在 1.0～1.2m 以内。弹线应清晰，

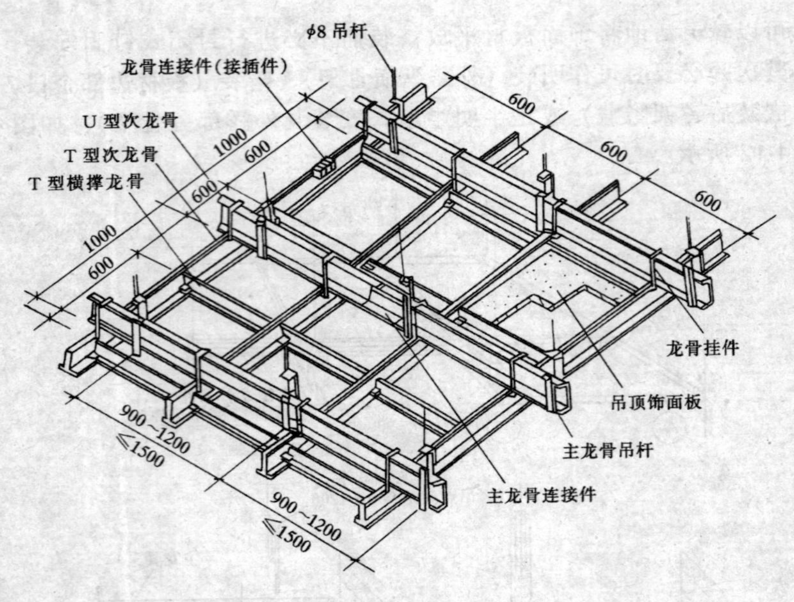

图 4-13　铝合金龙骨双层吊顶

位置正确。

铝合金板吊顶，如果是将饰面板卡在龙骨之上，龙骨应与板成垂直；如用螺钉固定，则要看饰面板的形状，以及设计上的要求而具体掌握。

2）确定吊顶标高。利用“水柱法”将设计标高线弹到四周墙面或柱面上；如果吊顶有不同标高，那么应将变截面的位置弹到楼板上。然后，再将角铝或其他封口材料固定在墙面或柱面，封口材料的底面与标高线重合。角铝常用的规格为 25mm×25mm，铝合金板吊顶的角铝应同板的色彩一致。角铝多用高强水泥钉固定，亦可用射钉固定。

(2) 固定悬吊体系

1）悬吊形式。采用简易吊杆的悬吊有镀锌铁丝悬吊、伸缩式吊杆悬吊和简易伸缩吊杆悬吊三种形式。

①镀锌铁丝悬吊。由于活动式装配吊顶一般不做上人考虑，

所以在悬吊体系方面也比较简单。目前用得最多的是射钉将镀锌铁丝固定在结构上，另一端同主龙骨的圆形孔绑牢。镀锌铁丝不宜太细，如若单股使用，不宜用小于 14 号的镀锌铁丝。

②伸缩式吊杆悬吊。伸缩式吊杆的形式较多，用得较为普遍的是将 8 号镀锌铁丝调直，用一个带孔的弹簧钢片将两根铁丝连起来，调节与固定主要是依靠弹簧钢片。当用力压弹簧钢片时，将弹簧钢片两端的孔中心重合，吊杆就可伸缩自由。当手松开后，孔中心错位，与吊杆产生剪力，将吊杆固定。操作非常方便，其形状如图 4-14 所示。

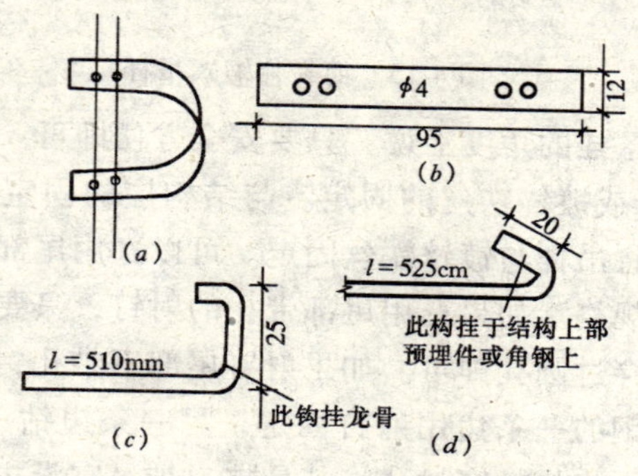

图 4-14 伸缩式吊杆

铝合金板吊顶，如果选用将板条卡到配置使用的龙骨上，宜选用伸缩式吊杆。龙骨的侧面有间距相等的孔眼，悬吊时，在两侧面孔眼上用铁丝拴一个圈或钢卡子，吊杆的下弯钩吊在圈上或钢卡上。

③简易伸缩吊杆悬吊。如图 4-15 所示的吊一种类型的简易伸缩吊杆，伸缩与固定的原理同图 4-14 所示是一样的，只是在弹簧钢片的形状上有些差别。

上述介绍的均属简易吊杆，构造比较简单，一般施工现场均可自行加工。稍复杂一些的是游标卡尺式伸缩吊杆，虽然伸缩效果好，但制作比较麻烦。有些上人吊顶，为了安全起见，也选用圆钢或角钢做吊杆，但龙骨也大部分采用普通型钢。至于选用何

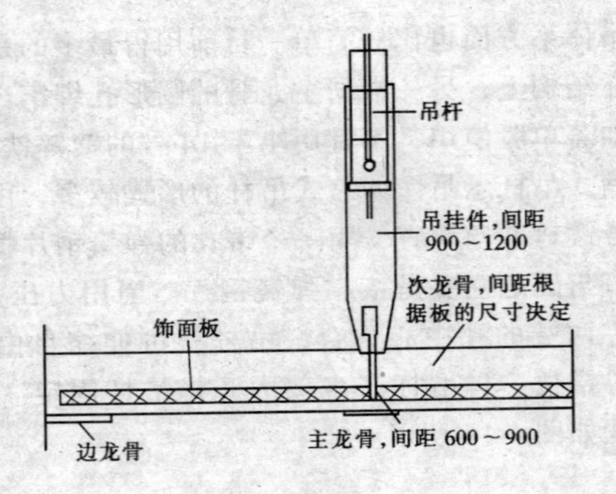

图 4-15　简易伸缩式吊杆

种材料，从悬挂的角度上说，只要安全方便即可。

2）吊杆或镀锌铁丝的固定。与结构层的固定，常用的办法是用射钉枪将吊杆与镀锌铁丝固定。可以选用尾部带孔或不带孔的两种射钉规格。如果选用尾部带孔的射钉，只要将吊杆一端的弯钩或铁丝穿过圆孔即可。如果射钉尾部不带孔，一般常用一块小角钢，角钢的一条边用射钉固定，另一条边钻一个 5mm 左右的孔，然后再将吊杆穿过孔将其悬挂。悬吊宜沿主龙骨方向，间距不宜大于 1.2m。在主龙骨的端部或接长处，需加设吊杆或悬挂铁丝。如若选用镀锌铁丝悬吊，不应绑在吊顶上部的设备管道上，因为管道变形或局部维修，对吊顶面的平整度带来影响。

如果用角钢一类材料做吊杆，则龙骨也可以大部分采用普通型钢，应用冲击钻固定膨胀螺栓，然后将吊杆焊在螺栓上。吊杆与龙骨的固定，可以采用焊接或钻孔用螺栓固定。

（3）安装调平龙骨

1）安装时，根据已确定的主龙骨（大龙骨）位置及确定的标高线，先大致将其基本就位。次龙骨（中、小龙骨）应紧贴主龙骨安装就位。

2）龙骨就位后，再满拉纵横控制标高线（十字中心线），从一端开始，一边安装，一边调整，最后再精调一遍，直到龙骨调平和调直为止。如果面积较大，在中间还应适当起拱。调平时应注意一定要从一端调向另一端，要做到纵横平直。

特别对于铝合金吊顶，龙骨的调平调直是施工工序比较麻烦的一道，龙骨是否调平，也是吊顶质量控制的关键。因为只有龙骨调平，才能使饰面达到理想的装饰效果。否则，波浪式的吊顶表面，宏观看上去很不顺眼。

3）边龙骨宜沿墙面或柱面标高线钉牢。固定时，一般常用高强水泥钉，钉的间距不宜大于50cm。如果基层材料强度较低，紧固力不好，应采取相应的措施，改用膨胀螺栓或加大钉的长度等办法。边龙骨一般不承重，只起封口作用。

4）主龙骨接长。一般选用连接件接长。连接件可用铝合金，亦可用镀锌钢板，在其表面冲成倒刺，与主龙骨方孔相线连。全面校正主、次龙骨的位置及水平度，连接件应错位安装。

（4）安装饰面板

安装饰面的型式分为明装、暗装和半隐三种。

1）明装——纵横T型龙骨骨架均外露、饰面板只要搁置在T型龙骨两翼上。

2）暗装——饰面板边部有企口、嵌装后骨架不暴露，这种安装法的T型龙骨也可采用钢制而不采用铝合金。

3）半隐——饰面板安装后外露部分骨架。

（三）隔墙轻钢龙骨安装施工

隔墙轻钢龙骨，或称墙体轻钢龙骨，可分为两种，即C型和U型；按其使用功能区分，有横龙骨、竖龙骨、通贯龙骨和加强龙骨四种；按其规格尺寸的不同来区别，主要有四个系列，即Q50（50系列）、Q75（75系列）、Q100（100系列）、Q150（150系列）。

横龙骨是龙骨的重要组成部分，其断面呈U型，在墙体轻钢骨架中主要作沿顶、沿地龙骨，多是与建筑的楼板底及地面结构相连结，相当于龙骨框架的上下轨槽，与C型竖龙骨配合使用。竖龙骨截面呈C型，用作墙体骨架垂直方向支承，其两端分别与沿顶、沿地横龙骨连结。

加强龙骨，又称扣盒子龙骨，其截面呈不对称C型。可单独作竖龙骨使用，也可两件相扣组合使用，以增加刚度。

1. 隔墙轻钢龙骨的安装

轻钢龙骨的安装顺序是：墙位放线→安装沿顶、沿地龙骨→安装竖向龙骨（包括门口加强龙骨）→安装横撑龙骨、通贯龙骨→各种洞口龙骨加固→安装墙内管线及其他设施。

(1) 墙位放线

根据设计要求，在楼（地）面上弹出隔墙位置线，即中心线及隔墙厚度线，并引测到隔墙两端墙（或柱）面及顶棚（或梁）的下面，同时将门口位置、竖向龙骨位置在隔墙的上、下处分别标出，作为标准线，而后再进行骨架组装。如果设计要求需设墙基的，应按准确位置先做隔墙基座的砌筑。

(2) 安装沿顶、沿地龙骨

在楼地面和顶棚下分别摆好横龙骨，注意在龙骨与地面、顶面接触处应铺填橡胶条或沥青泡沫塑料条，再按规定间距用射钉或用电钻打孔塞入膨胀螺栓，将沿地、沿顶龙骨固定于楼（地）面和顶（梁）面。射钉或电钻打孔按0.6m～1.0m的间距布置，水平方向不应大于0.8m，垂直方向不大于1.0m。射钉射入基体的最佳深度；混凝土为22～32mm，砖墙为30～50mm。

(3) 安装竖向龙骨

竖向龙骨的间距要依据罩面板的实际宽度而定，对于罩面板材较宽者，需在中间再加设一根竖龙骨，比如板宽900mm，其竖龙骨间距宜为450mm。将预先切截好长度的竖向龙骨推向沿顶、沿地龙骨之间，翼缘朝向罩面板方向。应注意竖龙骨的上下方向不能颠倒，现场切割时，只可从其上端切断。门窗洞口处应采用加强龙骨，如果门的尺度大并且门扇较重时，应在门洞口处上下另加斜撑。

(4) 安装横撑和通贯龙骨

在竖向龙骨上安装支撑卡与通贯龙骨连接；在竖向龙骨开口

面安装卡托与横撑连接；通贯龙骨的接长使用其龙骨接长件。

(5) 安装墙体内管线及其他装设

在隔墙轻钢龙骨主配件组装完毕，罩面板铺钉之前，要根据要求敷设墙内暗装管线、开关盒、配电箱及绝缘保温材料等，同时固定有关的垫缝材料。

2. 固定板材

如前所述，轻钢龙骨隔墙的饰面基层板有多种，其中最长用的是纸面石膏板。现以纸面石膏板为例，介绍轻钢龙骨隔墙的饰面基层板的安装固定方法。

在轻钢龙骨上固定纸面石膏板用平头自攻螺钉，其规格通常为 M4×25 或 M5×25 两种，螺钉的间距为 200mm 左右。固定纸面石膏板应将板竖向放置，当两块在一条竖向龙骨上对缝时，其对缝应在龙骨中间，对缝的缝隙不得大于 3mm（图 4-16）。

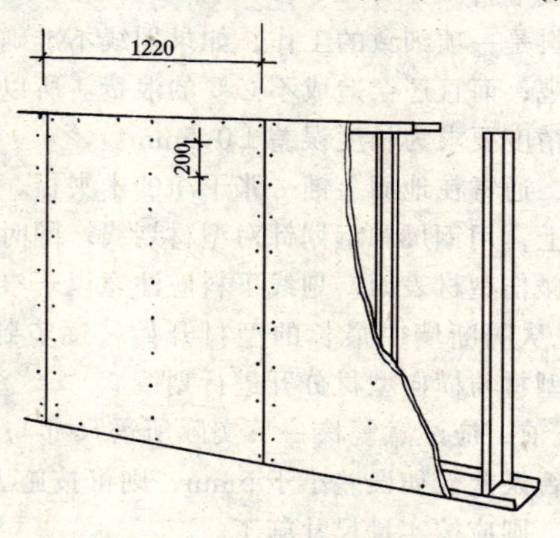

图 4-16　固定板材及对缝

固定时，先将整张板材铺在龙骨架上，对正缝位后，用 $\phi3.2$ 或 $\phi4.2$ 的麻花钻头，将板材与轻钢龙骨一并钻孔，再用 M4 或 M5 的自攻螺钉进行固定，固定后的螺钉头要沉入板材平面 2～3mm。板材应尽量整张地使用，不够整张位置时，可以切割，切割石膏板可用壁纸刀、钩刀、小钢锯条进行。

(四) 铝合金隔墙与隔断施工

铝合金隔断是用铝合金型材组成框架，再配以各种玻璃或其他材料装配而成。

1. 铝合金龙骨安装

铝合金隔断墙是用铝合金型材组成框架。其主要施工工序为：弹线定位→铝合金材料划线下料→固定及组装框架。

(1) 弹线定位

1) 弹线定位内容：①根据施工图确定隔墙在室内的具体位置；②隔墙的高度；③竖向型材的间隔位置等。

2) 弹线顺序：①先弹出地面位置线；②再用垂直法弹出墙面位置和高度线，并检查与铝合金隔断墙相接墙面的垂直度；③然后标出竖向型材的间隔位置和固定点位置。

(2) 划线下料

划线下料是一项细致的工作，如果划线不准确，不仅使接口缝隙不大美观，而且还会造成不必要的浪费。所以，划线的准确度要高，其精度要求为长度误差±0.5mm。

划线时，通常在地面上铺一张干净的木夹板，将铝合金型材放在木夹板上，用钢尺和钢划针对型材划线。同时，在划线操作时注意不要碰伤型材表面。划线下料应注意以下事项：

1) 应先从隔断墙中最长的型材开始，逐步到最短的型材，并应将竖向型材与横向型材分开进行划线。

2) 划线前，应注意复核一下实际所需尺寸与施工图中所标注的尺寸有否误差。如误差小于5mm，则可按施工图尺寸下料，如误差较大，则应按实量尺寸施工。

3) 划线时，要以沿顶和沿地型材的一个端头为基准，划出与竖向型材的各连接位置线，以保证顶、地之间竖向型材安装的垂直度和对位准确性。要以竖向型材的一个端头为基准，划出与横档型材各连接位置线，以保证各竖向龙骨之间横档型材安装的水平度。划连接位置线时，必须划出连接部的宽度，以便在宽度范围内安置连接铝角。

4）铝合金型材的切割下料，主要用专门的铝材切割机，切割时应夹紧型材，锯片缓缓与型材接触，切不可猛力下锯。切割时应齐线切，或留出线痕，以保证尺寸的准确。切割中，进刀用力均匀才能使切口平滑。快要切断时，进刀用力要轻，以保证切口边部的光滑。

（3）安装固定

半高铝合金隔断墙，通常是先在地面组装好框架后，再竖立起来固定，全封铝合金隔断墙通常是先固定竖向型材，再安装横档型材来组装框架。铝合金型材相互连接主要是用铝角和自攻螺丝。铝合金型材与地面、墙面的连接则主要是用铁脚固定法。

1）型材间的相互连接件。隔断墙的铝合金型材，其截面通常是矩形长方管，常用规格为 76mm×45mm 和 101mm×45mm（截面尺寸）。铝合金型材组装的隔墙框架，为了安装方便及美观效果，其竖向型材和横向型材一般都采用同一规格尺寸的型材。

型材的安装连接主要是竖向型材与横向型材的垂直接合，目前所采用的方法主要是铝角件连接法。铝角件连接的作用有两个方面：一方面是将两件型材通过第三者——铝角件互相接合；另一方面起定位作用，防止型材安装后的转动现象。

所用的铝角通常是厚铝角，其厚度为 3mm 左右，在一些非重要位置也可以用型材的边角料来做铝角连接件。对连接件的基本要求是有一定强度和尺寸准确，铝角件的长度应是型材的内径长，铝角件可正好装入型材管的内腔之中。铝角件与型材的固定，通常用自攻螺丝。

2）型材相互连接方法。沿竖向型材，在与横向型材相连接的划线位置上固定铝角。

①固定前，先在铝角件上打出 ϕ3mm 或 ϕ4mm 的两个孔，孔中心距铝角件端头 10mm 左右。然后，用一小截型材（厚 10mm 左右）放入竖向型材上即将固定横向型材的划线位置上。再将铝角件放入这一小截型材内，并用手电钻和用相同于铝角件上小孔直径的钻头，通过铝角件上小孔在竖向型材上打出两孔，

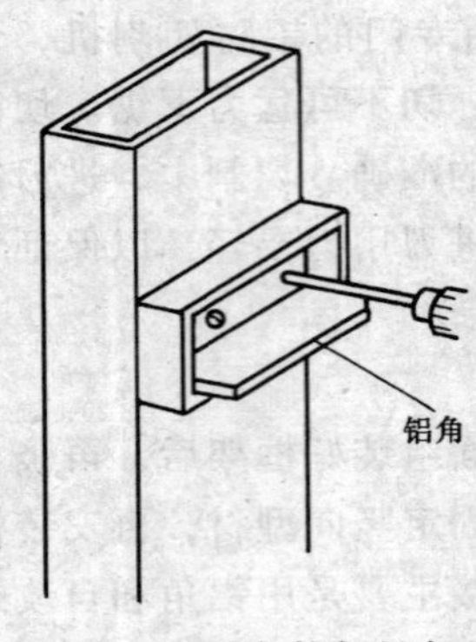

图 4-17 铝角件与竖向型材的连接

如图 4-17 所示。最后用 M4 或 M5 的自攻螺丝，把铝角件固定在竖向型材上。用这种方法固定铝角件，可使两型材在相互对接后，保证垂直度和对缝的准确性。这一小截型材在操作工艺中起到了模规的作用。

②横向型材与竖向型材对连时，先要将横向型材端头插入竖向型材上的铝角件，并使其端头与竖向型材侧面靠紧。再用手电钻将横向型材与铝角件一并打孔，孔位通常为两个，然后用自攻螺丝固定，一般方法是钻好一个孔位后马上用自攻螺丝固定，再接着打下一个孔。

两型材接合的形式如图 4-18 所示。所用自攻螺丝通常为半圆头 M4×20 或 M5×20。

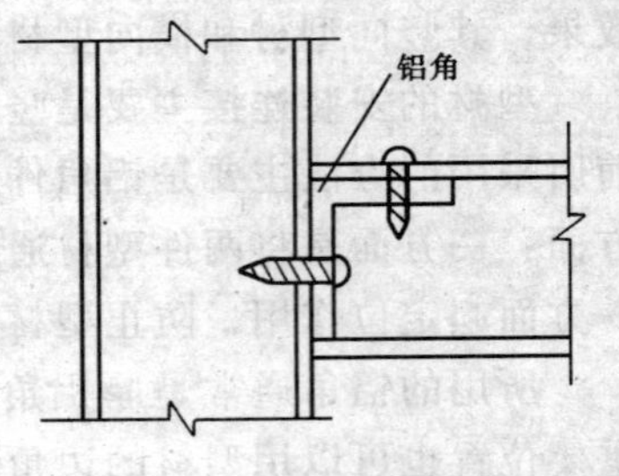

图 4-18 两型材的接合形式

③为了对接处的美观，自攻螺丝的安装位置该在较隐蔽处。通常的处理方法为：如对接处在 1.5m 以下，自攻螺丝头安装在型材的下方：如对接处在 1.8m 以上，自攻螺丝安装在型材的上方。这在固定铝角件时将其弯角的方向变一下即可。

3）框架与墙、地面的固定：铝合金框架与墙面、地面的固定，通常用铁脚件。铁脚件的一端与铝合金框架连接，另一端与墙面或地面固定。

①固定前，先找好墙面上和地面上的固定点位置，避开墙面的重要饰面部分和设备及线路部分，如果与木墙面固定，固定点必须安排在有木龙骨的位置处。然后，在墙面或地面的固定点位置上，做出可埋入铁脚件的凹槽。如果墙面或地面还将进行批灰

处理，可不必做出此凹槽。

②按墙面或地面的固定点位置，在沿墙、沿地或沿顶型材上划线，再用自攻螺丝把铁脚件固定在划线位置上。

③铁脚件与墙面、地面的固定，可用膨胀螺栓或铁钉木楔方法，但前者的固定稳固性优于后者。如果是与木墙面固定，铁脚件可用木螺钉固定于墙面内木龙骨上，如图 4-19 所示。

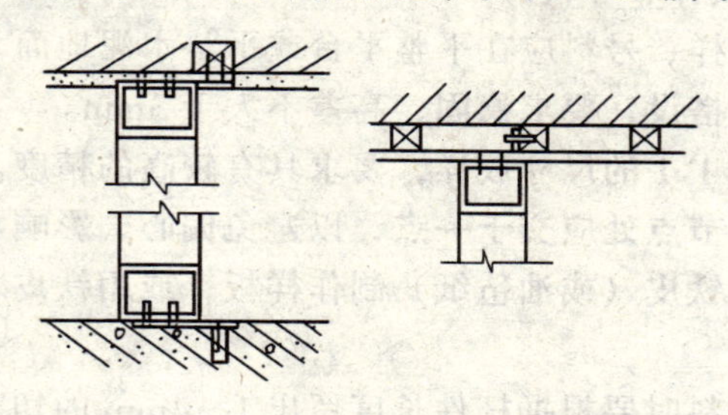

图 4-19　铝框架与墙地面的固定

（4）组装方法

铝合金隔断框架有两种组装方式：一种是先在地面上进行平面组装，然后将组装好的框架竖起进行整体安装；另一种是直接对隔断墙框架进行安装。但不论哪一种方式，在组装时都是从隔断墙框架的一端开始。通常，先将靠墙的竖向型材与铝角件固定，再将横撑型材通过铝角件与竖向型材连接，并以此方法组成框架。

以直接安装方法组装隔墙骨架时，要注意竖向型材与墙面、地面的安装固定；通常是先定位，再与横撑型材连接，然后再与墙面、地面固定。

2. 安装铝合金饰面板和玻璃

铝合金型材隔墙在 1m 以下部分，通常用铝合金饰面板，其余部分通常是安装玻璃。其安装方法详见金属饰面板安装。

二、金属装饰结构施工

装饰工程中所采用的钢结构通常为轻钢结构，其制作、安装施工要点如下：

（一）材料矫正

（1）轻型钢结构多用小截面型钢和圆钢，在运输堆放过程常产生弯曲或翘曲变形，下料时应矫直整平。

（2）矫正一般用顶撑、杆件压力机或顶床等冷矫正方法，并辅以模垫使其达到合格。

（二）放样、号料

（1）放样、号料应在平整平台或平整水泥地面上进行，平台常采用型钢搭设，要求稳固，高差不大于 3mm。

（2）以 1∶1 的尺寸放样，要求具有较高的精度。钢架的杆件重心线，在节点处应交于一点，以避免偏心，影响承载力，并按放样尺寸用铁皮（或油毡纸）制作样板，或用铁皮、扁铁制作样杆。

（3）号料时要根据杆件长度留出 1～4mm 的切割余量。号料允许偏差：长度 1mm，孔距 0.5mm。

（三）切割成型

（1）切割宜用冲剪机、无齿锯或砂轮锯等进行，特殊形状可用氧乙炔气割，宜用小口径喷嘴，端头要求打磨整修平整，并打坡口。

（2）杆件钻孔应用电钻或钻床借钻模制孔，不得用气割成孔。

（3）圆钢筋弯曲宜用热弯曲法，将弯曲半径处放在炉中或用氧乙炔焰加热至 900～1000℃，边加热边弯曲成型；小直径亦可用冷加工。蛇形杆件通常以两节以上为一个加工单件，以保证平整，减少节点焊缝和结构偏心。

（四）结构装配

（1）钢架装配应在坚实、平整的拼装台上进行，宜放样组装，并焊适当的定位钢板（型钢），或用胎模，以保证构件精度。

（2）钢架组装时，构件平面的中心线偏差不得超过 3mm，连接件中心的误差不得大于 2mm。

（3）杆件截面由三根杆件组成空间结构（如棱形钢架），应先安装配成单片平面结构，然后再点焊组合成三角形截面零件。

（4）组装接头连接板必须平整，连接表面及沿焊缝位置每边30～50mm范围内的铁锈、毛刺和油污必须清除干净。

（五）结构焊接连接

（1）焊接一般宜用小直径焊条（2.5～5mm）和较小电流进行，防止发生咬肉和未焊透等缺陷。当有多种焊缝时，相同电流强度焊接的焊缝宜同时焊完，然后调整电流强度，焊另一种焊缝。

（2）焊接次序宜由中央向两侧对称施焊。对焊缝不多的节点应一次施焊完毕。并且，不得在焊缝以外的物件表面和焊缝的端部起弧和灭弧。

（3）焊接斜梁的圆钢腹杆与弦杆连接焊缝时，应尽量采用围焊，以增加焊缝长度，避免或减少节点的偏心。

（4）对于较小构件，可使用一些固定卡具、夹具或辅助定位板，以保证结构的几何尺寸正确。

（5）工字形柱的腹板对接头，要坡口等强焊接，焊透全截面，腹板与翼缘板接头应错开200mm，焊口必须平直，工字形柱的四条焊缝应按工艺顺序一次焊完，焊缝高度一次焊满成形。

（6）焊接时应采取预防变形措施。

（六）安装工艺要点

（1）各种构件的连接头必须经过校正、检验合格后方可紧固和焊接。

（2）采用焊接连接安装时，焊缝的焊接工艺方法和质量应符合有关标准的规定。

（3）采用普通螺栓连接，安装孔不得随意用气割扩孔，螺栓拧紧后，外露丝扣不少于2～3扣。

（七）钢结构与建筑主体的连接

钢结构与建筑主体的连接方法有两种，一种是将钢结构与建筑主体的预置埋件连接；另一种是与后置连接件连接。

1. 预埋件的设置

（1）钢结构与混凝土结构宜通过预埋件连接，预埋件应在主体结构混凝土施工时埋入，当土建工程施工时，按照施工图安放预埋件，通过放线确定预埋件的位置，其允许位置尺寸偏差为±20mm,然后进行埋件施工。

（2）预埋件通常是由锚板和对称配置的直锚钢筋组成，如图4-20所示。受力预埋件的锚板宜采用Ⅰ级或Ⅱ级钢筋，并不得采用冷加工钢筋。预埋件的受力直锚筋不宜少于4根，直径不宜少于8mm，受剪预埋件的直锚筋可用2根。预埋件的锚板应放在外排主筋的内侧，锚板应与混凝土墙平行且不应凸出墙的外表面。直锚筋与锚板应采用T型焊，锚筋直径不大于20mm时宜采用压力埋弧焊。手工焊缝高度不宜小于6mm及$0.5d$（Ⅰ级钢筋）或$0.6d$（Ⅱ级钢筋）。充分利用锚筋的受拉强度时，锚固强度应符合表4-1的要求。锚筋的最小锚固长度在任何情况下不应小于250mm。锚筋按构造配置，未充分利用其受拉强度时，锚固长度可适当减少，但不应小于180mm。光圆钢筋端部应做弯钩。

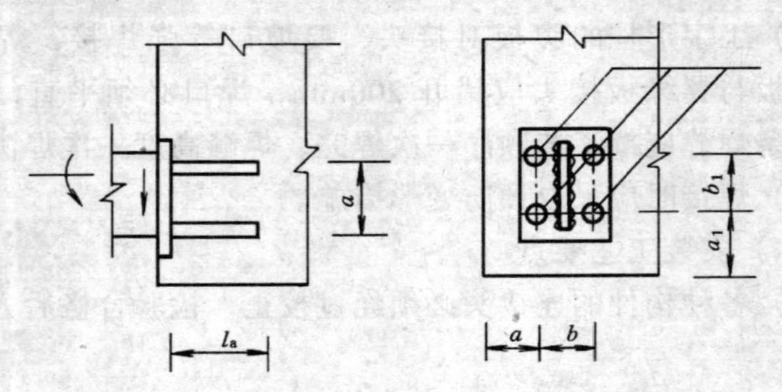

图4-20　由锚板和直锚筋组成的预埋件

锚固钢筋锚固长度 l_a（mm）　　**表4-1**

钢筋类型	混凝土强度等级	
	C25	≥C30
Ⅰ级钢	$30d$	$25d$
Ⅱ级钢	$40d$	$35d$

注：1. 当螺纹钢筋d≤25mm时，l_a可以减少$5d$；2. 锚固长度不应小于250mm。

（3）锚板的厚度应大于锚盘直径的0.6倍。受拉和受弯预埋件的锚板的厚度尚应大于 $b/8$（b 为锚筋间距）。锚筋中心至锚板距离不应小于 $2d$（d 为锚筋直径）及20mm。对于受拉和受弯预埋件，其锚筋间距和描筋至构件边缘的距离不应小于 $3d$ 及45mm。对受剪预埋件，其锚筋的间距 b_1 及 b 不应大于300mm，其中 b_1 不应小于 $6d$ 及70mm，锚筋至构件边缘的距离 c_1 不应小于 $6d$ 及70mm，b、c 不应小于 $3d$ 及45mm。

2. 后置连接件的设置

（1）当主体结构为钢筋混凝土时，如果没有条件采取预埋件时，应采取其他可靠的连接措施，并应通过实验决定其承载力。这种情况下通常采用膨胀螺栓，膨胀螺栓是后置连接件，工作可靠性较差，必须确保安全，留有充分余地。有些旧建筑改造按计算只需一个膨胀螺栓，实际应设置2～3个膨胀螺栓，这样可靠度大一些。

（2）无论是新建筑还是旧建筑，当主体为实心砖墙时，不允许采用膨胀螺栓来固定后置连接件，必须用钢筋穿透墙体，将钢筋的两端分别焊接到墙两侧两块钢板上，做成加墙板的形式，然后再将外墙板用膨胀螺栓固定墙体上。钢筋与钢板的焊接，要符合国家焊接工规范。当主体为轻质墙时，如空心砖、加气混凝土砖时，不但不能采用膨胀螺栓固定后预埋件，也不能简单的采用加墙板形式，应根据实际情况，采取加固措施。

3. 钢结构与建筑主体连接

（1）钢结构安装前，首先要清理预埋件由于在主体施工中，预埋件的位置有的偏差过大，有的被混凝土淹没，有的甚至漏设。因此，在钢结构安装前，应逐个检查预埋件的位置，并清理其表面。

（2）清理工作完成后，开始安装连接件。连接件与预埋件之间常采用焊接的方式连接。其焊接质量应符合有关质量要求。

（3）钢结构与连接件的连接，常采用焊接和螺栓连接。其基本要求同安装工艺。

（八）柱体金属装饰结构施工

常用柱体金属装饰结构有钢结构、钢木混合结构以及钢架铺钢丝网水泥结构等。柱体常见的金属饰面有：铝合金板饰面、不锈钢饰面。饰面施工方法将在第二节中介绍。

1. 弹线工艺

实施柱体弹线工作的操作人员，应具备一些平面几何的基本知识。在柱体弹线工作中，将原建筑方柱装饰成圆柱的弹线工艺较为典型，现以方柱装饰成圆柱的弹线方法为例，介绍柱体弹线的基本方法。

通常，画圆应该从圆心开始，用圆的半径把圆画出。但圆柱的中点在已有建筑方柱中，而无法直接得到。要画出圆柱的底圆就必须用变通的方法。不用圆心面画出圆的方法很多，这里就介绍一种常用的弦切法。其画圆柱的步骤如下：

（1）确立基准方柱底框

因为建筑上的结构尺寸有误差，方柱也不一定是正方形，所以必须确立方柱底边的基准方框，才能进行下一步的画线工作，确立基准底框的方法为：测量方柱的尺寸，找出最长的一条边；以该最长边为边长，用直角尺在方柱弹出一个正方形，该正方形就是基准方框（图 4-21），并需将该方框的每条边中点标出。

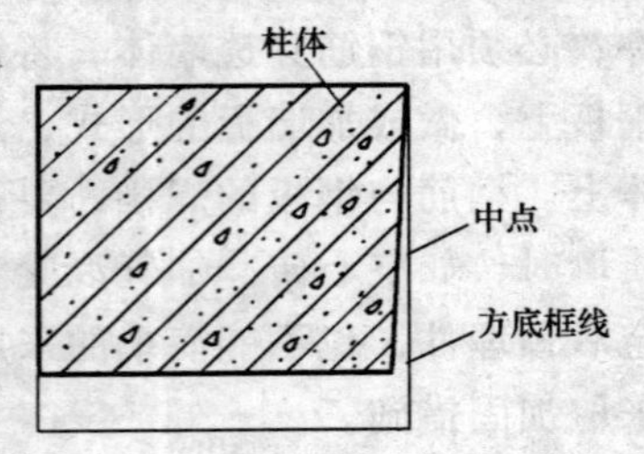

图 4-21　柱体基准方框画法

（2）制作样板

在一张纸板上或三夹板上，以装饰圆柱的设计半径画一个半圆，并剪下来，在这个半圆上，以标准底框边长的一半尺寸为宽度，做一条与该半圆形直径相平行的直线。然后从平行线处剪这个半圆。所得到的这块圆板，就是该柱的弦切样板（图 4-22）。

（3）画线

以该样板的直边，靠近基准底边的四个边，将样板的中点线

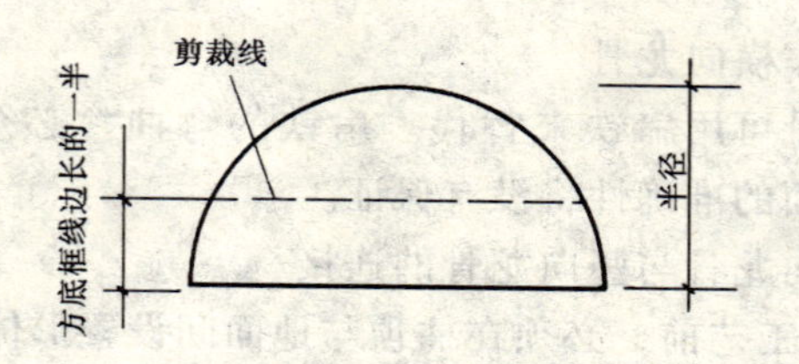

图 4-22　弦切样板画法

对准基准底框边长的中心。然后沿样板的圆弧边画线。这样就得到了装饰圆柱的底圆（图 4-23）。顶面的画法方法基本相同。但基准顶框画出，必须通过与底边框吊垂直线的方法来获得，以保证地面与顶面的一致性和垂直度。

2. 钢骨架制作工艺

装饰柱体的钢骨架用角钢焊接制作，其柱体骨架结构的制作工序为：竖向龙骨定位—横向龙骨与竖向龙骨连接组框—骨架与建筑柱体的连接固定—骨架形体校正。

（1）竖向龙骨定位

先从画出的装饰柱顶面线吊垂直线，并以直线为基准线，在顶面与地面之间竖起竖向龙骨，校正好位置后，分别在顶面和地面把竖向龙骨固定起来。

根据施工图的要求间隔，分别固定好所有的竖向龙骨。固定方法常采用连接脚件的间接方式，即：连接脚件用膨胀螺栓或射钉与顶面地面固定，竖向龙骨再与连接脚件用点焊或螺栓固定(图 4-24)。

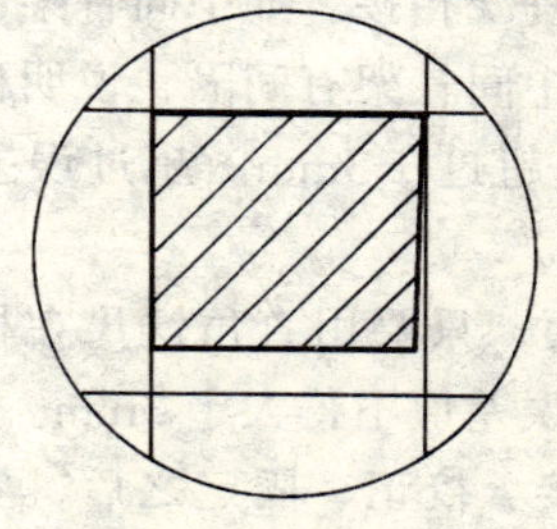

图 4-23　装饰圆柱的底圆画法

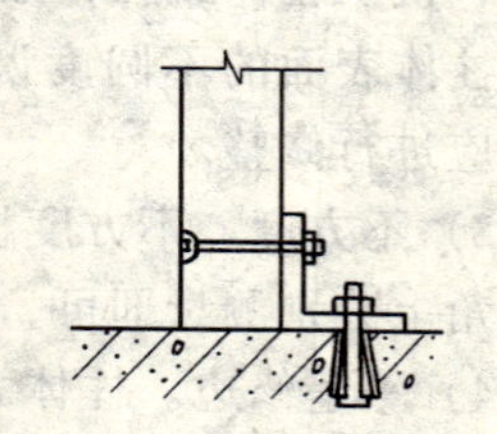

图 4-24　竖龙骨的固定

(2) 制作横向龙骨

横向龙骨可用扁铁来替代。扁铁的弯曲，必须用靠模来进行，否则曲面的准确性将没有保证。

(3) 横向龙骨与竖向龙骨的连接

1) 连接工艺前，必须在柱顶与地面间设置形体位置控制线。控制线主要是吊垂线和水平线。

2) 钢龙骨架的竖向龙骨与横向龙骨的连接，都是采用焊接法，但其焊点与焊缝不得在柱体框架的外表面。否则将影响柱体表面安装的平整度。

(4) 柱体框架的检查与校正

柱体龙骨架连接固定时，为了保证形体准确性，在施工过程中应不断地对框架的歪斜度、不圆度、不方度和各条横向龙骨与竖向龙骨连接的平整度进行检查。

1) 歪斜度检查。在连接好的柱体龙骨架顶端边框线上，设置吊垂线，如果吊垂线下端与柱体的边框平行，说明柱体没有歪斜度。如果垂线与骨架不平行，就说明柱体有歪斜度，吊垂线检查应在柱体周围进行，一般不少于 4 个位置。柱高 3m 以下者，允许歪斜度误差在 3mm 以内，柱高 3m 以上者，其允许歪斜度误差在 6mm 以内。如超过误差值就必须进行修整。

2) 不圆度。柱体骨架的不圆度，经常表现为凸和凹，这将对饰面的安装带来不便，进而严重影响装饰效果。检查不圆度的方法采用垂线法。将圆柱上下边用垂线相接，如中间骨架顶弯细垂线，说明柱体鼓肚，如果细线与中间骨架有间隔，说明柱体内凹。柱体表面的不圆度误差值不得超过 ± 3mm。超过误差值的部分应进行修整。

3) 不方度。不方度检查较简便，只要用直角铁尺在柱的四个边角上分别测量即可，不方度的误差值不得大于 3mm。

4) 平整修边。柱体龙骨架连接、校正、固定之后，要对其连接部位和龙骨本身的不平整处进行修平处理。对曲面柱体中竖向龙骨要进行修边，使之成为曲面的一部分。

(5) 柱体骨架与建筑柱体的连接

为保证装饰柱体的稳固，通常在建筑的原柱体上安装支撑杆件，使之与装饰柱体骨架相固定连接。支撑杆可用角钢来制作，并用膨胀螺栓或射钉与柱体连接。其另端与装饰柱体骨架连接或焊接。支撑杆应分层设置，在柱体的高度方向上，分层的间距为800～1000mm。

3. 钢木混合结构柱体施工工艺

钢木混合结构柱体常用于独立的门柱、门框架、装饰柱等装饰体，目的是为保证这些装饰体既有足够的强度、刚度，又便于进行饰面处理，现以最常见的方形柱，来阐明钢木混合结构的施工方法。

(1) 划线下料

在角钢上按骨架所需高度尺寸取长料，按骨架横挡尺寸取短料。注意确定骨架尺寸时，应考虑面板的厚度，以保证在骨架安装面板后，其实际尺寸与立柱的设计尺寸吻合。

(2) 角钢框架焊接

角钢框架常见的有两种形式（图 4-25)。一种是先焊接横挡

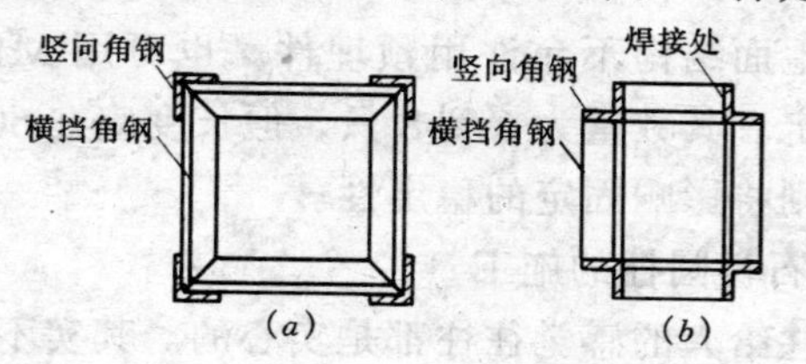

图 4-25 角钢框架焊接形式

a）先焊接横挡方框后焊接竖向角钢；（*b*）同时焊接

方框，然后将竖向角钢与横挡方框焊接。另一种是将竖向角钢与横挡方框同时焊接组成框架。第一种框架在焊接前要校核每个横挡方框的尺寸和方正性，焊接时应先点焊其对接处，待校正每个直角后再焊牢。将制作好的横挡方框与竖向角钢在四角位焊接。在焊接时用靠尺的方法来保证立竖向角钢与横挡的垂直性，进而

保证四角竖向角铁的相互平行。横挡方框的间隔为 600～1000mm 之间。第二种框架在焊接前要检查各横档角钢的尺寸，其长度尺寸误差应在 ±1.5mm 之间。横挡角钢在焊接时，要用靠尺的方法来保证其相互的垂直性。其焊接组框的方法是：先分别将两条竖向角钢焊接起来组成两片，然后再在这两片之间将横挡角钢焊接起来组成框架。最后对框架涂刷防锈漆两遍。

(3) 角钢架与地面、顶面的固定

①角钢框架与地面常用预埋件来固定（图 4-26）。预埋件一般为环头螺栓的数量为四只，长度为 100mm 左右。

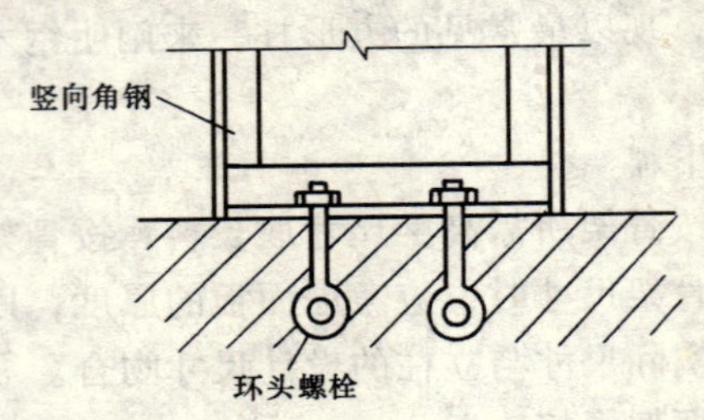

图 4-26　角钢框架与顶、地面固定

②如果地面结构不允许用预埋件。也可用 M10～M14 的膨胀螺栓来固定。其数量为 6 到 8 只，但长度应在 60mm 左右，不能过短，否则将影响固定的稳定性。

4. 空心石板圆柱的施工

石板圆柱给人的感觉往往都是实心的。其实不然，在室内装饰工程中，有时就需要富装饰作用的空心石板圆柱。空心石板圆柱的结构是角钢和钢丝网骨架，其施工工序为：制作圆柱形钢骨架并上下固定→对骨架涂刷防锈漆→焊敷钢丝网→在钢丝网上批嵌基层水泥砂浆→安装圆柱石板。

(1) 制作骨架

骨架制作的方法同前，需要注意的问题是：横向龙骨的间隔尺寸应与石板材料的高度相同，以便设置铜丝或不锈钢丝对石板进行绑扎固定。

（2）焊敷钢丝网

钢丝网是水泥砂浆基面的骨架，通常选用钢丝粗为16～18号、网格为20～25mm的钢丝网或镀锌铁丝网。钢丝网不能直接与角钢骨架直接焊接，而是要先在角钢骨架表面焊上8号的铁丝，然后再将钢丝网焊接在8号铁丝上。整个钢丝网要与龙骨架焊敷平整贴切。

焊敷完毕后，在各层横向龙骨上绑扎铜丝，铜丝伸出钢丝网外。绑扎铜丝的数量要根据石板的数量来定，一般来说一块板需用两条铜丝。如果石板尺寸小于100×250，也可不用铜丝来绑扎。

（3）批嵌水泥砂浆

在1:2.5水泥砂浆中掺入少许纤维丝，以增强水泥砂浆的挂网性能。拌合时要控制用水量，使水泥砂浆有一定稠度。在批嵌水泥砂浆时，应从柱顶部开始，依次向下进行。批嵌时要求水泥砂浆嵌入钢丝网的网眼内。批抹厚度均匀、大面平整，但批抹面不要太光滑。批抹时还应该把绑扎在横向龙骨上的铜丝留出。

（4）圆柱面的石板镶贴

石板镶贴的具体工艺详见相关工种的内容。

（九）钢结构的防腐

钢结构均需进行防腐处理，其防腐处理方法如下：

1. 涂料的选用

（1）涂料种类、涂刷遍数和厚度应按设计要求施工。一般室内钢结构涂刷防锈底漆两遍和面漆两遍；室外用钢结构涂刷防锈底漆两遍和面漆三遍。

（2）钢结构防锈漆的使用，根据使用条件选用，底漆主要有Y53-253-1红丹油性防锈漆，H红丹环氧醇酸防锈漆；当工厂不能喷砂除锈时，最好用红丹油性防锈漆，防锈效果好。面漆主要有C04-42各色醇酸磁漆（耐久性好），C04-45灰铝锌醇酸磁漆（耐候性好）。其次是Y03-1油性调和漆，性能比前两种差一些。

（3）底漆和面漆应配套使用，腻子亦应按不同品种的涂料选用相应品种的腻子。

2. 基层表面处理

(1) 钢结构构件防腐前，应将表面锈皮、毛刺、焊渣、焊瘤、飞溅物、油污等清除干净。钢材基层上的水露、污泥应在涂漆前擦去。

(2) 钢结构除锈一般选用1级除锈标准（即钢材表面应露出金属光泽）；如采用新出厂的钢材，其表面紧附一层氧化磷皮，可采用二级除锈标准（即允许存留不能再清除的轧制表皮）；对重要钢结构一律采用1级除锈标准。

(3) 除锈方法，现场常用人工除锈和喷砂除锈两种。人工除锈采用刮刀、钢丝刷、砂布、电动砂轮等简单工具去铁锈或将钢丝轮刷装在小型磨光机上（或用电动钢丝刷）除锈，直至露出金属表面为止，是钢结构除锈的主要方法，但效率低。喷砂除锈多用压缩空气带动石英砂（粒径2～5mm）或铁丸（粒径1～1.5mm）通过喷嘴高速喷射于构件表面将铁锈除净，这种方法除锈的质量好，效率高，但粉尘较大，常用于工厂少量大型、重要结构的除锈。

(4) 表面油污用汽油、苯类溶剂清洗干净。表面处理完后应立即刷（喷）第一遍防锈底漆，以免返锈，影响漆膜的附着力。

3. 防腐操作要点

(1) 调配好的涂料，应立即使用，不宜存放过久，使用时，不得添加稀释剂。

(2) 涂漆按漆的配套使用要求采用涂刷或喷射。喷涂用的压缩空气应除去油和水气。

(3) 涂面漆时，须将粘附在底的油污、泥土清洗干净后进行，如底漆起鼓、脱落，须返工后方能涂面漆。

(4) 涂漆每遍均应丰满；不得有漏涂和流挂现象，前一遍油漆实干后，方可涂下一遍油漆。

(5) 施工图中注明不涂漆的部位，如节点处30～50mm宽范围、高强螺栓的摩擦面及其附近50～80mm范围内不应涂刷。所有焊接部位、焊好须补涂的涂层部位构件表面被损坏的涂层，应及时补涂，不得遗漏。

（6）涂层地点的温度应在5～28℃之间，相对湿度不应大于85％，雨、雾、霜、雪天或构件表面有结露时，不宜露天作业，涂后4h内严防雨淋。

4．质量要求

（1）油漆质量主要检查油漆表面有无漏刷和流挂，以及漆膜的干膜厚度。

（2）漆膜干膜厚度用漆膜测厚仪检查。室内用钢结构漆膜总厚度为100～150μm；室外用钢结构漆膜总厚度为125μm～175μm。

第二节　金属饰面板施工

一、铝合金饰面板施工

铝合金饰面板是一种高档的饰面材料，由于铝板经阳极氧化的饰面处理后进行电解着色，可以使其获得不同厚度的彩色氧化镀膜，不但具有极高的表面硬度与耐磨性，而且化学性能在大气中极为稳定，色彩与光泽保存良久。一般铝合金氧化镀膜厚≥12μm。

铝合金饰面板材，按其形状可分为条状板（指板条宽度≤150mm的拉伸板）、矩形、方形及异形冲压板；按其功能可分为普通有肋板及具有保温、隔声功能的蜂窝板、穿孔板。板材截面由支承骨架的刚度及安装固定方式确定。

铝合金饰面施工的工程质量要求较高、技术难度大，所以施工前应吃透施工图纸，认真领会设计意图。铝合金饰面板，一般由钢或铝型材做骨架（包括各种横、竖杆），铝合金板做饰面。骨架大多用型钢，因型钢强度高、焊接方便、价格便宜、操作简便。

1．放线

放线是铝合金板饰面安装的重要环节。首先要将支承骨架的安装位置准确地按设计图要求弹至主体结构上，详细标定出来，为骨架安装提供依据。因此，放线、弹线前应对基体结构的几何尺寸进行检查，如发现有较大误差，应会同各方进行处理。达到放线一次完成，使基层结构的垂直与平整度满足骨架安装平整度和垂直度的要求。

2. 安装固定连接件

型钢、铝材骨架的横、竖杆件是通过连接件与结构基体固定的。连接件与墙面上的膨胀螺栓连接较为灵活，尺寸易于控制。

连接件必须牢固。连接件安装固定后，应作隐藏检查记录，包括连接焊缝的长度、厚度、位置；膨胀螺栓的埋置标高位置、数量与嵌入深度。必要时还应作抗拉、抗拨测试，以确定其是否达到设计要求。连接件表面应作防锈、防腐处理，连接焊缝应涂刷防锈漆。

3. 安装固定骨架

骨架安装前必须先进行防锈处理，安装位置应准确无误，安装中应随时检查标高及中心线位置。对于面积较大、层高较高的外墙铝板饰面的骨架竖杆，必须用线锤和仪器测量校正，保证垂直和平整，还应作好变形截面、沉降缝、变形缝等处的细部处理，为饰面铝板顺利安装创造条件。

4. 铝合金装饰板的安装

铝合金装饰板随建筑立面造型的不同而异，安装扣紧方法也较多，操作顺序也不限样式。通常铝合金饰面板的安装连接有如下两种：一是直接安装固定，即将铝合金板块用螺栓直接固定在型钢上；二是利用铝合金板材压延、拉伸、冲压成型的特点，做成各种形状，然后将其压在特制的龙骨上，或两种安装方法混合使用。前者耐久性好，常用于外墙饰面工程；后者施工方便，适宜室内墙面装饰。铝合金饰面根据材料品种的不同，其安装方法也各异。

(1) 铝合金板条安装

铝合金饰面板条一般宽度≤150mm，厚度>1mm，标准长度为6m，经氧化膜处理。板条通过焊接型钢骨架用膨胀螺栓连接或连接铁件与建筑主体结构上的预埋件焊接固定。当饰面面积较大时，焊接骨架可按板条宽度直接拧固于骨架上。此种板条的安装，由于采用后条扣压前条形码的构造方法，可使前块板条安装固定的螺钉被后块板条扣压遮盖，从而达到使螺钉全部暗装的效果，既美观，又对螺钉起保护作用。安装板条时，可在每条板扣嵌时留5～6mm间隙形成凹槽，增加扣板起伏，加深立面效果。安装构造，如图4-27所示。

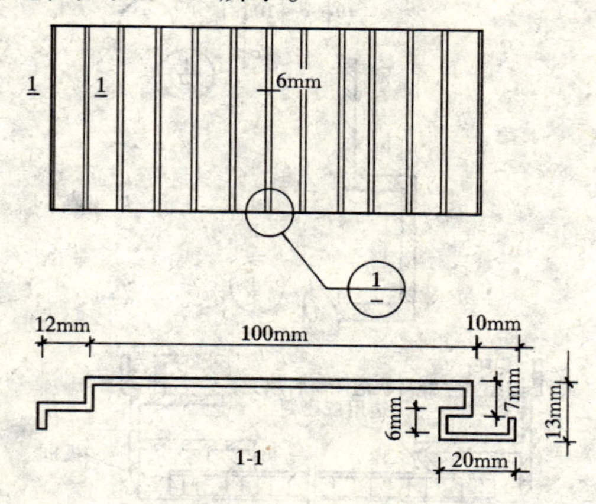

图4-27　铝合金板条安装示意图

（2）复合铝合金隔热墙板安装

复合铝合金隔热板均为蜂窝中空状,系由厂家模具拉伸成型。

1）成型复合蜂窝隔热板，周边用异型边框嵌固，使之具有足够刚度，并用PVC泡沫塑料填充空隙，聚胺脂密封胶封堵防水。此种饰面板的安装构造，由埋墙膨胀螺栓固定角钢及方钢管立柱，用螺栓与角钢相联，并在方钢管上用螺栓固定型钢连接件，将嵌有复合蜂窝隔热板的异型钢边框螺栓固定在空心方形钢立柱上，即形成饰面墙板，如图4-28所示。

2）成型复合蜂窝隔热板，在生产时即将边框与固定连接件

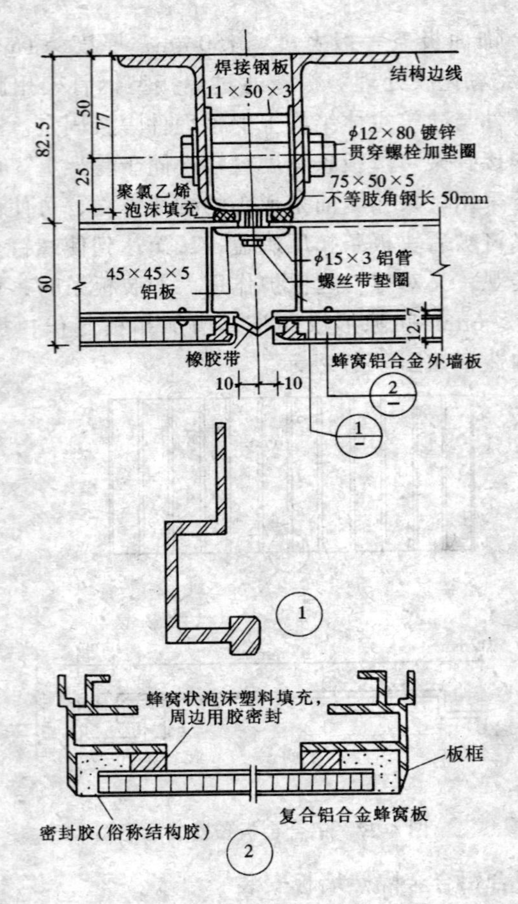

图 4-28　铝合金隔热墙板安装示意图

一次压制成型，边框与蜂窝板连接嵌固密封。安装方法是角钢与墙体连接，U 型吊挂件嵌固在角钢内穿螺栓连接。U 型吊挂件与边框间留有一定空隙，用发泡 PVC 填充，两块板间留 20mm 缝，用一块成型橡胶带压死防水，如图 4-29 所示。

（3）铝合金柱面板安装

由于柱面板的基体柱一般为 1～2 层，尤其是室内柱高不会太大，因此受风荷影响不大。固定方法是在板上留两个小孔（指

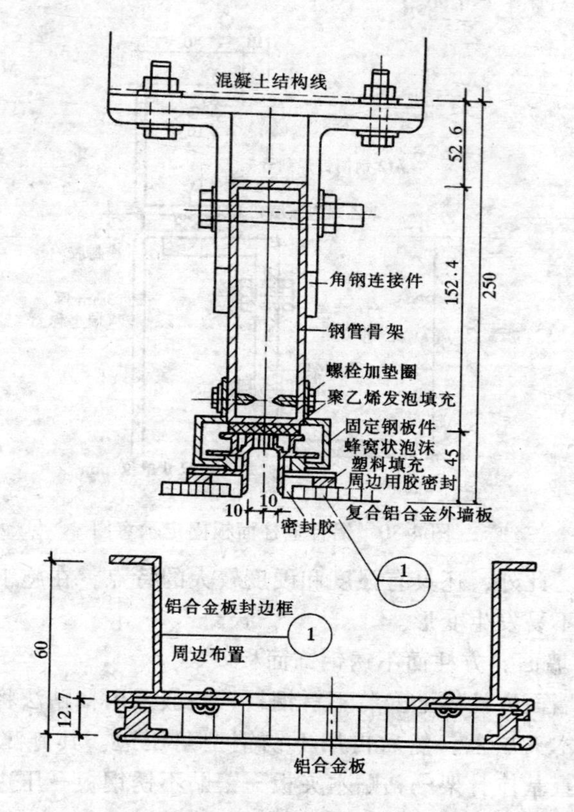

图 4-29　铝合金墙面板固定示意图

每边），然后用发泡 PVC 及密封胶将块与块之间缝隙填充密封，再用 ϕ12 销钉将两块板块与连接件拧牢即可，如图 4-30 所示。

（4）铝合金板条直接安装

这种方法用于层高不大、风压值小的建筑，是一种简易安装法。其具体做法是将铝板装饰墙板条做成可嵌插形状，与镀锌钢板冲压成型的嵌插母材——龙骨嵌插，再用连接件把龙骨与墙体螺栓锚固。这种连接方法操作简便能够大大加快施工进度。

二、不锈钢板施工

不锈钢装饰具有金属光泽和质感，具有不锈蚀的特点和镜面

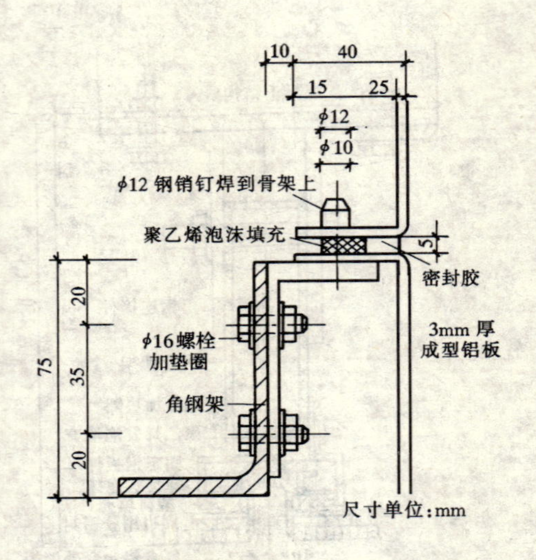

图 4-30　铝合金柱面板固定示意图

的效果。此外，还具有强度和硬度较大的特点，在施工和使用的过程中不易发生变形。

1. 墙面、方柱面不锈钢饰面板安装

在墙面方柱体上安装不锈钢板，一般采用粘贴法将不锈钢板固定在木夹层上，然后再用不锈钢型角压边。其施工工艺顺序为：检查基体骨架→粘贴木夹板→镶贴不锈钢板→压边、封口。

（1）检查基体骨架

粘贴木夹板前，应对基体骨架进行垂直度和平整度的检查，若有误差应及时修整。

（2）粘贴木夹板

骨架检查合格后，在骨架上涂刷万能胶，然后把木夹板粘贴在骨架上，并用螺钉固定，钉头砸入夹板内。

（3）镶贴不锈钢板。在木夹板面层上涂刷万能胶，并把不锈钢板粘贴在木夹板上。

（4）压边、封口。在柱子转角处，一般用不锈钢成型角压边，在压边不锈钢成型角处用少量玻璃胶封口，如图 4-31 所示。

2. 圆柱不锈钢饰面板安装

用骨架做成的圆柱体，圆柱面不锈钢板安装可以采用直接卡口式和嵌槽压口式进行镶贴，其常用构造如图4-32所示。

不锈钢圆柱饰面安装施工的施工工艺顺序为：检查柱体→修整柱体基层→不锈钢板加工成曲面板→不锈钢板安装→表面抛光处理。

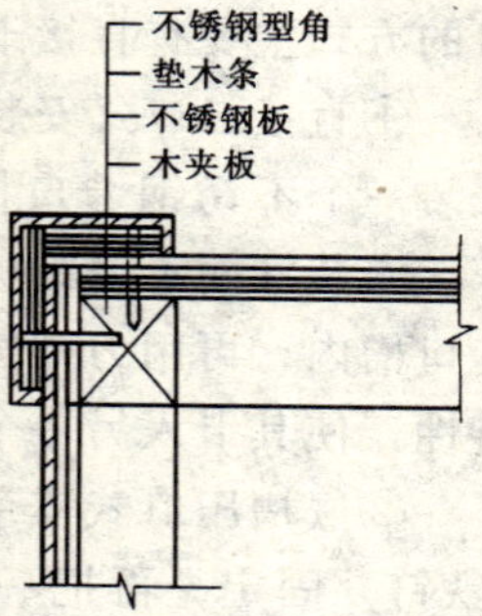

不锈钢型角
垫木条
不锈钢板
木夹板

图 4-31　不锈钢板安装及转角处理

(1) 检查柱体

柱体的施工质量直接影响不锈钢板面的安装质量。安装前要对柱体的垂直度、圆度、平整度进行检查，若误差大，必须进行返工。

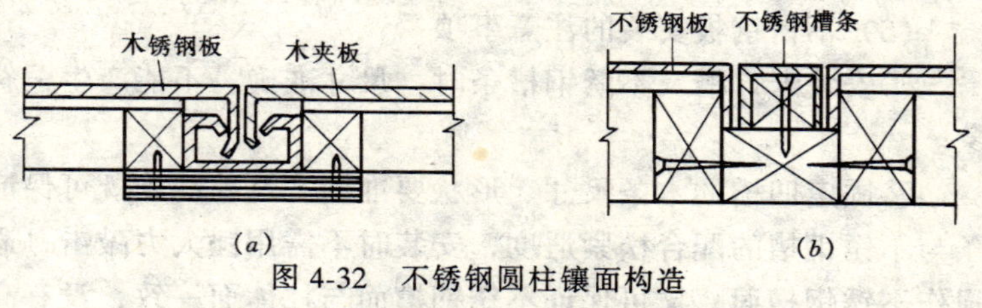

图 4-32　不锈钢圆柱镶面构造

(*a*) 直接卡入不敷出式安装；(*b*) 嵌槽压口式安装

(2) 修整柱体基层

检查圆柱体，要对柱体进行修整，不允许有凸凹不平和表面存有杂物、油渍等。

(3) 钢板加工

一个圆柱面一般都由二片或三片不锈钢曲面板组合而成。曲面板的加工通常是在卷板机上进行的。即将不锈钢板放在卷板机上进行加工。加工时，应用圆弧样板检查曲板的弧度是否符合要求。

(4) 不锈钢板安装

不锈钢板安装的关键在于片与片间的对口处的处理。安装对口的方式主要有直接卡口式和嵌槽压口式两种。

①直接卡口式安装。直接卡口式是在两片不锈钢板对口处，安装一个不锈钢卡口槽，该卡口槽用螺钉固定于柱体骨架的凹部。安装柱面不锈钢板时，只要将不锈钢板一端的弯曲部，勾入卡口槽内，再用力推按不锈钢板的另一端，利用不锈钢板本身的特性，使其卡入另一个卡口槽内，如图 4-32（*a*）所示。

②嵌槽压口式安装。先把不锈钢板在对口处的凹部用螺钉（铁钉）固定，再把一条宽度小于凹槽的木条固定在凹槽中间，两边空出的间隙相等，其间隙宽为 1mm 左右。

在木条上涂刷万能胶，等胶面不粘手时，向木条上嵌入不锈钢槽条。在不锈钢板槽条嵌入粘结前，应用酒精或汽油清擦槽条内的油迹污物，并涂刷一层薄薄的胶液，安装方式如图 4-32（*b*）所示。

（5）不锈钢板安装的注意事项

①安装卡口槽及不锈钢槽条时，尺寸准确，不能产生歪斜现象。

②固定凹槽的木条尺寸、形状要准确。尺寸准确既可保证木条与不锈钢槽的配合松紧适度，安装时不需用锤大力敲击，避免损伤不锈钢槽面，又可保证不锈钢槽面与柱体面一致，没有高低不平现象；形状准确可使不锈钢槽嵌入木条后胶结面均匀，粘接牢固，防止槽面的侧歪现象。

③木条安装前，应先与不锈钢试配，木条高度一般大于不锈钢槽的深度 0.5mm。

三、铝塑板安装施工

铝塑板墙面装修做法有多种，不论哪种做法，均不允许将高级铝塑板直接贴于抹灰找平层上，最好是贴于纸面石膏板、FC 纤维水泥加压板、耐燃型胶合板等比较平整的基层上或铝合金扁管做成的框架上（要求横、竖向铝合金扁管分格应与铝塑板分格一致）。基层板或基层框架的施工详见相关内容，在此仅介绍铝塑板在基层板（框架）上下的粘贴施工方法。

铝塑板粘贴的施工工艺顺序为：弹线→放样、试样、裁切编号→安装、粘贴→修整表面→板缝处理→封边、收口等。

1. 弹线

按具体设计，根据铝塑板的分格尺寸在基层板上弹出分格线。

2. 翻样、试拼、裁切、编号

按设计要求及弹线，对铝塑板进行翻样、试拼，然后将铝塑板准备裁切、编号备用。铝塑板裁切加工时需注意以下几点：

(1) 铝塑板可用手动或电动工具进行开孔、弯曲、切削、裁切等加工。

(2) 为了避免擦伤铝塑板表面，加工时应使用铝制或木制定规，及油性签字笔进行画线、作标记等（可用甲苯溶剂擦掉）。

(3) 裁切铝塑板时，第一，须将工作台彻底清拭干净。第二，由正面裁切时，须连同保护膜一起裁切，装修完工后再撕去保护膜。由背面裁切时，因镜面向下，故须特别注意工作台面不得有任何不净及附有尘屑、硬粒之处，以免板面受伤。

(4) 铝塑板作大量及大面积直线切断时，可用升降盘电锯、刨锯、圆盘锯等机械加工。小量及小面积者可用手提电锯、电动钢丝锯或手锯等进行直线、曲线切断加工。

(5) 裁切铝塑板时应使用裁切铝质或塑胶质材料用的齿刃倒角较小的锯片。切削时应根据尺寸，用凿床、电钻、手提电锯、钢丝锯等进行圆形、曲线及各种图形的切削加工。开孔时应由镜面表面开始，以减少边缘毛边的产生。

(6) 铝塑板修边或切削小口时，可用木工所用的刨刀或电动刨沟机及锉刀进行加工。如用定盘固定切削，则效果更好。

(7) 铝塑板上裁切文字、图案，可用凿孔机、线锯、刨沟机等进行直线或曲线加工。

(8) 弯曲（适用于内圆、外圆的弯曲）；铝塑板的弯曲，可用手动或电动的“三支橡胶滚轮机”并需注意：1）滚轮必须擦拭得特别干净。2）铝塑板在弯曲前不得撕下保护膜，并须先将表面所有灰尘、砂粒、垃圾、硬屑等彻底清除干净。3）弯曲时须徐徐弯曲，不得急于求成，否则将会破坏镜面，并产生电镀裂痕、影响板的质量及美观。

3. 安装、粘贴

铝塑板的安装粘贴，基本上有下列三种做法：

（1）胶粘剂直接粘贴法

在铝塑板背面及基层板表面均匀涂布立时得胶或其他橡胶类胶粘剂（如 801 强力胶、XH-401 强力胶、LDN-3 硬材料胶粘剂、XY-401 胶、FN303 胶、CX-401 胶、JY-401 胶等）一层，待胶粘剂稍具粘性时，将铝塑板上墙就位，并与相邻各板抄平、调直后用手拍平压实，使铝塑板与基层板粘牢。拍压时严禁用铁棒或其他硬物敲击。

（2）双面胶带及胶粘剂并用粘贴法

根据墙面弹线，将薄质双面胶带按“田”字形分布粘贴于基层板上（按双面胶带总面积占底总面积 30% 的比例分布）。在无双面胶带处，均匀涂立时得胶（或其他橡胶类强力胶）一层，然后按弹线范围，将已试拼编号之铝塑板临时固定，经与相邻各板抄平调直完全符合质量要求后，再用手拍实压平，使铝塑板与基层板粘牢。

（3）发泡双面胶带直接粘贴法

按图 4-33 所示将发泡双面胶带粘贴于基层板上，然后将铝塑板根据编号及弹线位置顺序上墙就位，进行粘贴。粘贴后在铝塑板四角加化妆螺丝四个，以利加强。

4. 修整表面

整个铝塑板安装完毕后，应严格检查装修重量，如发现不牢、不平、空心、鼓肚及平整度、垂直度、方正度偏差不符合质量要求之处，应彻底修整；表面如有胶液、胶迹，须彻底拭净。

5. 板缝处理

板缝大小宽窄以及造型处理，均按具体工程的具体设计处

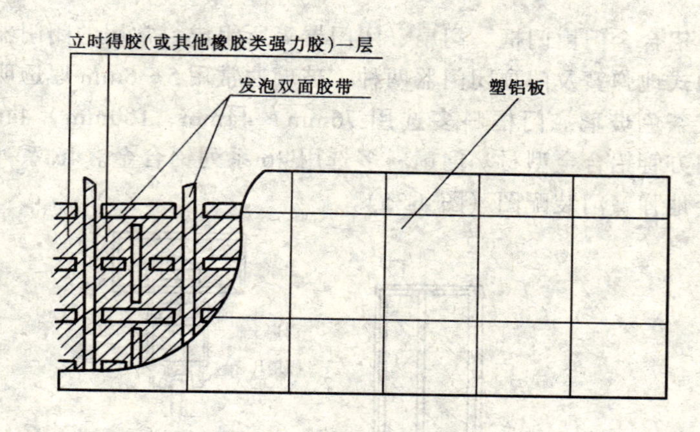

图 4-33　铝塑板发泡双面胶带直接粘贴法基本构造示意图

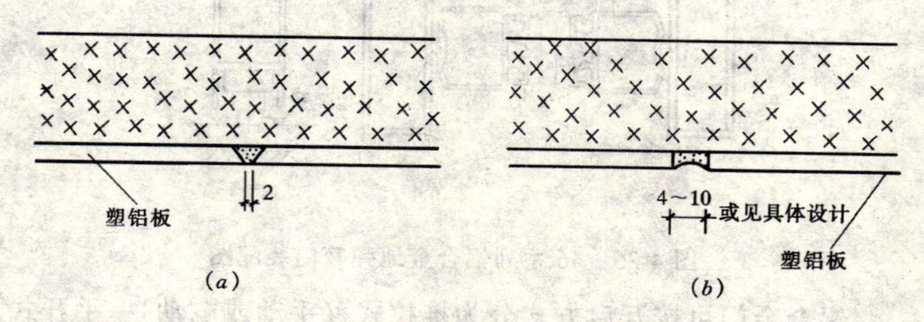

图 4-34　铝塑板墙面直接粘贴法接缝造型示意图
(a) 对缝 (窄缝) 造型; (b) 离缝 (宽缝) 造型

理。如具体设计无规定时，可参照图 4-34 处理。

6. 封边、收口

整个铝塑板的封边、收口，以及用何种封边压条、收口饰条等，均按具体设计处理。

第三节　金属门窗安装

一、铝合金门窗的制作与安装施工

(一) 铝合金门的制作与安装施工

铝合金门由门框、门扇、闭门器等所组成。常用的闭门器有座地式地弹簧及门顶闭门器两种。玻璃通常用5～6mm厚透明白色或茶色玻璃。门框料多选用76mm×44mm、100mm×44mm的扁方管铝合金型材。门扇料多选用46系列铝合金。46系列铝合金地弹簧门装配图（图4-35）。

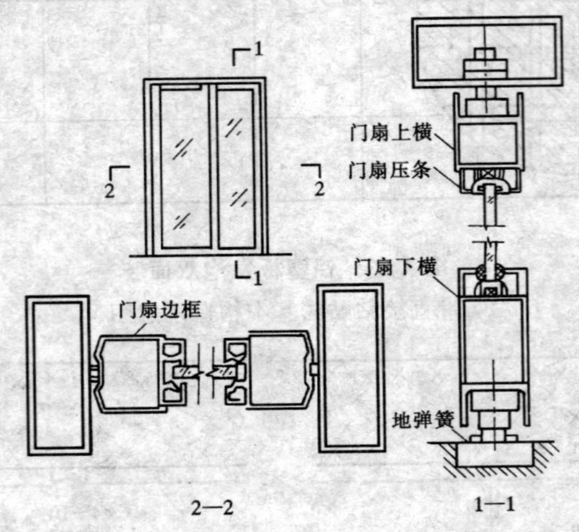

图4-35　46系列铝合金地弹簧门装配图

铝合金门可按开启方式分为推拉式（手动或电动）、手开式、电动式、悬挂式、旋转式等，以推拉和手开式两种居多。下面仅以手开式和推拉式铝合金门为主，叙述现场制作安装方法。

铝合金门制作安装的施工顺序为：料具准备→门扇制作→门框制作→铝合金门安装→安装拉手。

1. 料具准备

（1）材料：各种规格铝合金型材、门锁、滑轮、不锈钢、螺钉、铝制拉铆钉、连接铁板、地弹簧、玻璃尼龙毛刷、压条、橡皮条、玻璃胶、木楔子等。

（2）工具：曲线锯、切割机、手电锯、射钉枪、扳手、半步扳手、角尺、吊线锤、打胶筒、锤子、水平尺、玻璃吸手等。

2. 门扇制作

（1）选料与下料：选料与下料时应注意以下几个问题

1）选料时要充分考虑表面色彩、塑性、壁厚等因素，以保证足够的刚度、强度和装饰性。

2）每一种铝合金型材都有其特点和使用部位，如推拉、平开、自动门所采用的型材规格各不相同。确认材料及其使用部位后，要按设计尺寸进行下料。

3）在一般装饰工程中，铝合金门窗无详图设计，仅仅给出洞口尺寸和门扇划分尺寸。门扇下料时，要在门洞口尺寸中减去安装缝、门框尺寸，其余按扇数均分调整大小。要先计算，画简图，然后再按图下料。下料原则是：竖梃通长满门扇高度尺寸，横档截断，即按门扇宽度减去两个竖梃宽度。

4）切割时，切割机安装合金锯片，严格按下料尺寸切割。

（2）门扇组装：组装门扇按以下工序进行。

1）竖梃钻孔。在上竖梃拟安装横档部位用手电钻钻孔，用螺栓连接钻孔，孔径大于螺栓直径。角铝连接部位靠上或靠下，视角铝规格而定，角铝规格可用22mm×22mm，钻孔可在上下10mm处，钻孔直径小于自攻螺钉。两边梃的钻孔部位应一致，否则将使横档不平。

2）门扇节点固定。上、下横档（上、下冒头）一般用套螺纹的钢筋固定，中横档（冒头）用角铝自攻螺钉固定。先将角铝用自攻螺钉连接在两边梃上，上、下冒头中穿入套扣钢筋；套口钢筋从钻孔中深入边梃，中横档套在角铝上。用半步扳手将上、下冒头用螺母拧紧，中横档再用手电钻上下钻孔，自攻螺钉拧紧。

3）锁孔和拉手安装。在拟安装的门锁部位用手电钻钻孔，再伸入曲线锯切割成锁孔形状。在门边梃上，门锁两侧要对正，为了保证安装精度，一般在门扇安装后再装门锁。

3. 门框制作

（1）选料与下料

视门大小选用50mm×70mm、50mm×100mm、100mm×

25mm 门框梁，按设计尺寸下料。具体做法同门扇制作。

(2) 门框钻孔组装

在安装门的上框和中框部位的边框上，钻孔安装角铝，方法同门扇。然后将中、上框套在角铝上，用自攻螺钉固定。

(3) 设连接件

在门框上，左右设扁铁连接件，扁铁件与门框上用自攻螺栓拧紧，安装间距为 150～200mm，视门料情况与墙体的间距。扁铁做成平的 л 字形。连接方法视墙体内埋件情况而定。

4. 铝合金门安装

(1) 安框

将刨好的门框在抹灰前立于门口处，用吊线锤吊直，然后卡方，以两条对角线相交为佳。安放在门口内适当位置（即与外墙边线水平，与墙内预埋件对正，一般在墙中），用木楔将三边固定。在认定门框水平、垂直、无扭曲后，用射钉枪将射钉打入柱、墙、梁上，将连接件与框固定在墙、柱、梁上。框的下部要埋入地下，埋入深度为 30～150mm（图 4-36）。

(2) 塞缝

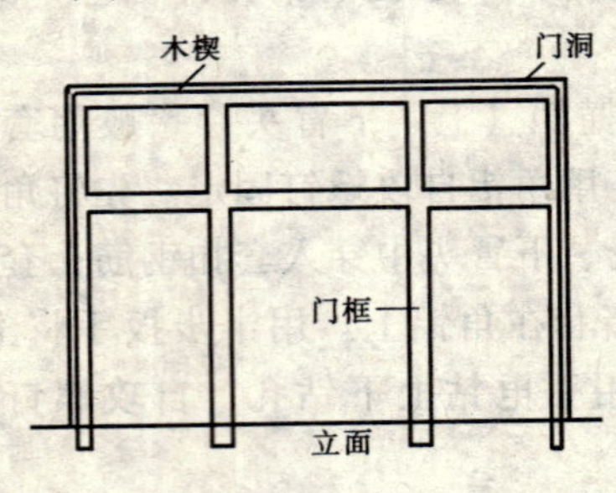

图 4-36　铝合金门框安装

门框固定好后，复查平整度和垂直度，再扫清边框处浮土，洒水湿润基层，用 1:2 水泥砂浆将门口与门框间的缝隙分层填实。待塞灰达到一定强度后，再拔去木楔，抹平表面。

(3) 装扇

扇与框是按照同一门洞口尺寸制作的，在一般情况下都能安装上，但要求周边密封，开闭灵活，固定门可不另做扇，而是在靠地面处竖框之间安装踢脚板。开启扇分内、外平开门、弹簧门、推拉门。

自动推拉门。内外平开门在门上框钻孔伸入门轴，门下地里埋设地脚，装置门轴，弹簧门上部做法同平开门，门框中安上门轴，下部埋设地弹簧，地面需预先留洞或后开洞，地弹簧埋设后要与地面平齐，然后灌细石混凝土，再抹平地面层。地弹簧的摇臂与门扇下冒头两侧拧紧，见图 4-37。推拉门要在上框内做导轨和滑轮，也有在地面上做导轨，在门扇下冒头做滑轮的。自动门的控制装置有脚踏式，装于地面上。光电感应控制开关的设备装于上框上。

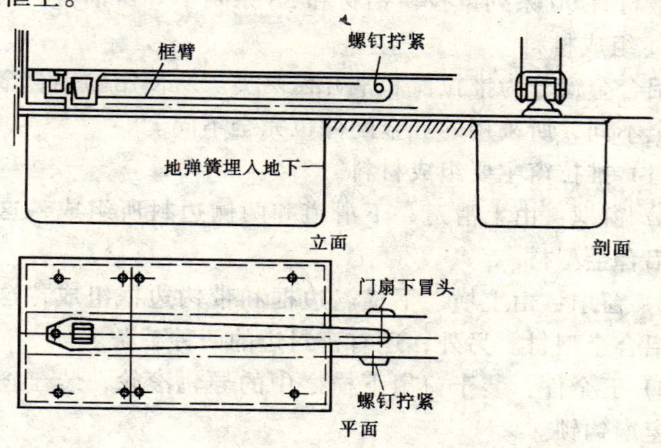

图 4-37　铝合金门地弹簧设施

（4）装玻璃：应配合门料的规格、色彩选用玻璃，安装 5～10mm 厚普通玻璃或彩色玻璃及 10～22mm 厚中空玻璃。首先，按照门扇的内口实际尺寸合理计划用料，尽量少生产边角废料，裁割前可比实际尺寸少 3mm，以利安装。裁割后分类堆放，小面积安装，可随裁随安。安装时先撕去门框的保护胶纸，在型材安装玻璃部位支塞胶带，用玻璃吸手安入平板玻璃，前后垫实，使缝隙一致，然后再塞入橡胶条密封，或用铝压条拧十字圆头螺丝固定。

（5）打胶、清理：大片玻璃与框扇接缝处，要用玻璃胶筒打入玻璃胶，整个门安装好后，以干净抹布擦洗表面，清理干净后交付使用。

5. 安装拉手

最后，用双手螺杆将门拉手上在门扇边框两侧。

至此，铝合金门的安装操作基本完成。安装铝合金的关键主要保持上、下两个转动部分在同一轴线上。

（二）铝合金窗的制作与安装施工

装饰工程中，使用铝合金型材制作窗较为普遍。目前，常用的铝型材有 90 系列推拉窗铝材和 38 系列平开窗铝材。

1. 组成材料

铝合金窗分为推拉窗和平开窗两类。所使用的铝合金型材规格完全不同，所采用的五金配件也完全不同。

（1）推拉窗主要组成材料

1）窗框：由上滑道、下滑道和两侧边封所组成，这三部分均为铝合金型材。

2）窗扇：由上横、下横、边框和带钩边框组成，这四部分均为铝合金型材。另外，还有密封边的两种毛条。

3）五金件：装于窗扇下横之中的导轨滚轮，装于窗扇边框上的窗扇钩锁。

4）连接件：窗框与窗扇的连接件有厚 2mm 的铝角型材，以及 M4×15 的自攻螺钉。

5）玻璃：窗扇玻璃通常用 5mm 厚玻璃，有茶色镀膜、普通透明玻璃。一般古铜色铝合金型材窗配茶色玻璃，银白色铝合金型材配透明玻璃、宝石蓝和海水绿玻璃。

6）密封材料：窗扇与玻璃的密封材料有塔形橡胶封条和玻璃胶两种。这两种材料不但具有密封作用，而且兼有固定材料的作用。

①用塔形橡胶封条固定窗扇玻璃的优点是装拆方便，缺点是胶条老化后，容易从封口处掉出。

②用玻璃胶固定的优点是粘结牢固，不会老化且不受封口形状的限制，缺点是如窗玻璃破损后，更换玻璃较麻烦，需将原玻璃胶一点一点的铲切下来。

(2) 平开窗主要组成材料

1) 窗框：有用于窗框四周的框边型型材，用于窗框中间的工字型窗料型材。

2) 窗扇：有窗扇框料、玻璃压条以及密封玻璃用的橡胶压条。

3) 五金件：平开窗常用的五金件主要有窗扇拉手、风撑和窗扇扣紧件。

4) 连接件：窗框与窗扇的连接件有2mm左右厚的铝角型材，以及M4×15的自攻螺钉。

5) 玻璃：窗扇通常用5mm厚玻璃。

2. 施工机具

常用工具为铝合金切割机、手电钻、$\phi 8$圆锉刀、$R20$半圆锉刀、十字螺丝刀、划针、铁脚圆规、钢尺、铁角尺等。

3. 施工准备

铝合金窗施工前的主要工作有：检查复核窗的尺寸、样式和数量→检查铝合金型材的规格与数量→检查铝合金窗五金件的规格与数量。

(1) 检验复核窗的尺寸与样式

在装饰工程中一般都采用现场进行铝窗制作与安装。查验铝窗尺寸与样式的工作，即是根据施工对照施工图，检查一下有否不相符合之处，有否安装问题，有否与电器、水卫、消防等设备相互防碍的问题等。如发现问题要及时上报，与有关人员共同商讨解决方法。

(2) 检查铝合金型材的规格尺寸

目前，生产铝合金型材的厂家较多，虽然都是同一系列的铝合金型材，但其形状尺寸和壁厚尺寸也会出现不同程度上的误差，这些误差会在铝窗的制作和使用过程中产生不便甚至麻烦。所以，在制作铝窗前要检查铝型材的尺寸，主要是铝合金型材相互接合的尺寸。

(3) 检查五金件及其他附件的规格

铝窗五金件分推拉窗和平开窗两大类，每类又有若干系列，所以在制作以前要检查一下五金件与所制作的铝窗是否配套。同时，还要检查一下各种附件是否配套，如各种封边毛条、橡胶边封条和碰口垫等，能否正好与铝型材衔接安装。如果与铝型材不配套，会出现过紧或过松现象。过紧，在铝窗制作时安装困难；过松，安装后会自行脱出。

此外，采用各种自攻螺钉要长短适合，螺钉的长度通长为15mm左右。

4. 推拉窗的制作和安装

推拉窗有带上窗及不带上窗之分。在用料规格上有55系列、70系列与90系列三种。55系列的铝型材与后两种系列在形状上有较大差别，而70系列与90系列这两种铝型材形状相同，但尺寸大小有明显差别。在这几种系列中，90系列是最常用的一种。图4-38是90系列铝窗带上窗的双扇推拉窗装配图。下面以该装配图为例介绍推拉窗制作方法。

（1）按图下料

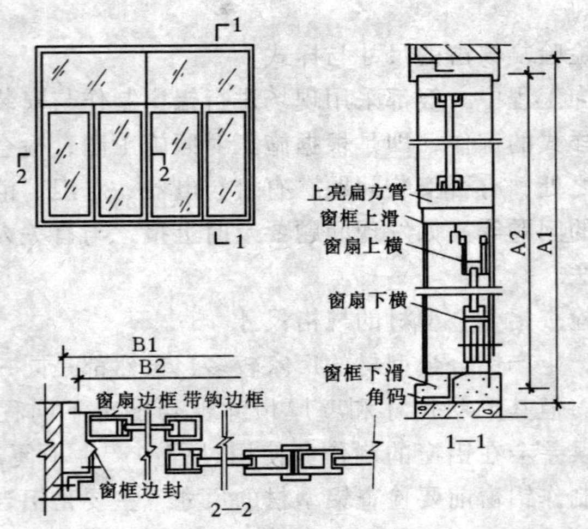

图4-38　90系列双扇推拉窗装配图

A1—窗洞高；A2—窗框高；B1—窗洞宽；B2—窗框宽

下料是铝窗制作的第一道工序，也是最重要最关键的工序。如果下料不准，会造成尺寸误差、组装困难或无法安装。下料错误或下料误差也会造成铝材的浪费。所以，下料尺寸必须准确，其误差值应控制在2mm范围内。

下料时用铝合金切割机切割型材，切割机的刀口位置应在划线外，并留出划线痕迹。

1）上窗下料:窗的上窗通常是用25.4mm×90mm的扁方管做成“口”字形。“口”字形的上、下两条扁方管长度为窗框的宽度,“口”字形两边的竖扁方管长度,为上窗高度减去两个扁方管的厚度。

2）窗框下料：窗框的下料是切割两条封铝型材和上、下滑道铝型材各一条。两条边封的长度等于全窗高减去上窗部分的高度。上、下滑道的长度等于窗框宽度减去两个边封铝型材的厚度。

3）窗扇下料：因为窗扇在装配后既要在上、下滑道内滑动，又要进入边封的槽内，通过挂钩把窗扇销住。窗扇销定时，两窗扇的带钩边框之钩边刚好相碰，但又要能封口。所以，窗扇下料要十分小心，使窗扇与窗框配合恰当。

窗扇的边框和带钩边框为同一长度，其长度为窗框边封的长度再减45～50mm。

窗扇的上、下横档为同一长度，其长度为窗框宽度的一半再加5～8mm。

(2) 连接组装

1）上窗连接组装：上窗部分的扁方管型材，通常采用铝角码和自攻螺钉进行连接，如图4-39所示。这种方法既可隐藏连接件，又不影响外表美观，衔接牢固，简单实用，铝角码多采用2mm左右厚的直角铝角条，每个角码需要多长就切割多长。角码的长度最好能同扁方管内宽相符，以免发生接口松动现象。

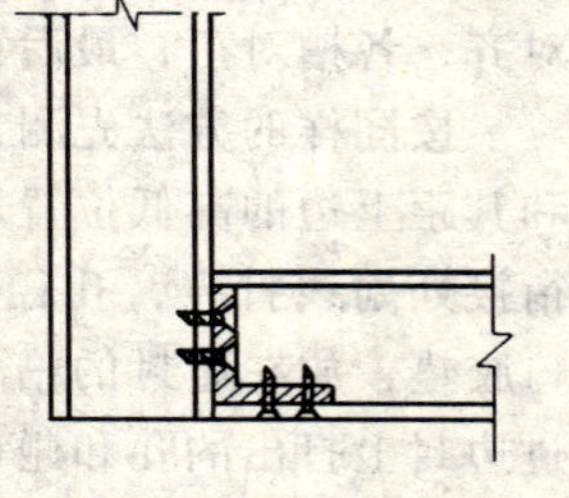

图4-39　窗扇方管连接

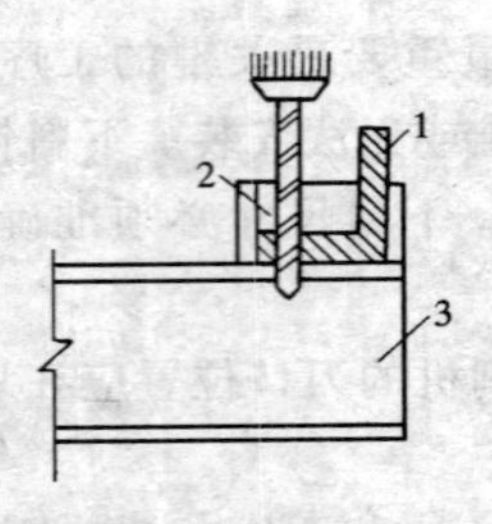

图 4-40　安装前的钻孔方法

1—码；2—模子；3—横向扇方管

两条扁方管在用铝角码固定连接时，应先用一小截同规格的扁方管做模子，长20mm左右。在横向扁方管上要衔接的部位用模子定好位，将角码放在模子内并用手捏紧，用手电钻将角码与横向扁方管一并钻孔，再用自攻螺钉或抽芯铝铆钉固定，如图4-40所示。然后取下模子，再将另一条竖向扁方管放到模子的位置上，在角码的另一个方向上打孔，固定便成。一般角码的每个面上打两个孔就够了。

上窗的铝型材在四个角位处衔接固定后，再用截面尺寸为12mm×12mm的铝槽作固定玻璃的压条。安装压条前，先在扁方管的宽度上画出中心线，再按上窗内侧长度切割切四条铝槽条。按上窗内侧高度减去两条铝槽截面高的尺寸，切割四条铝槽条。安装压条时，先用自攻螺钉把槽条紧固在中线外侧，然后再离出大于玻璃厚度0.5mm距离，安装内侧铝槽，但自攻螺钉不需上紧，最后装上玻璃时再固紧。

2）窗框连接：首先测量出在上滑道上面两条固紧槽孔距侧边的距离和高低位置尺寸，然后按这两个尺寸在窗框边封上部衔接处划线打孔，孔径在 ϕ5mm 左右。钻好孔后，用专用的碰口胶垫，放在边封的槽口内，再将 M4×35mm 的自攻螺丝，穿过边封上打出的孔和碰口胶垫上的孔，旋进下滑道下面的固紧槽孔内，如图 4-41 所示。在旋紧螺钉的同时，要注意上滑道与边封对齐，各槽对正，最后再上紧螺丝，然后在边封内装毛条。

按同样的方法先测量出下划道下面的固紧槽孔距、侧边距离和其距上边的高低位置尺寸。然后按这三个尺寸在窗框边封下部衔接处划线打孔，孔径在 ϕ5mm 左右。钻好孔后，用专用的碰口胶垫，放在边封的槽口内，再将 M4×35mm 的自攻螺丝，穿过边封上打出的孔和碰口胶垫上的孔，旋进下滑道下面的固紧槽孔内，如图 4-42 所示。注意固定时不得将下滑道的位置装反，下滑道的滑轨面一定要与上滑道相对应才能使窗扇在上下滑道上滑动。

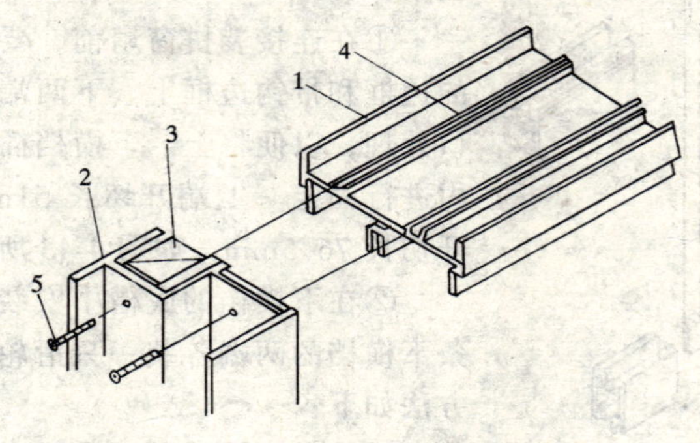

图 4-41 窗框上滑部分的连接组装

1—上滑道；2—边封；3—碰口胶垫；4—上滑道上的固紧槽；5—自攻螺钉

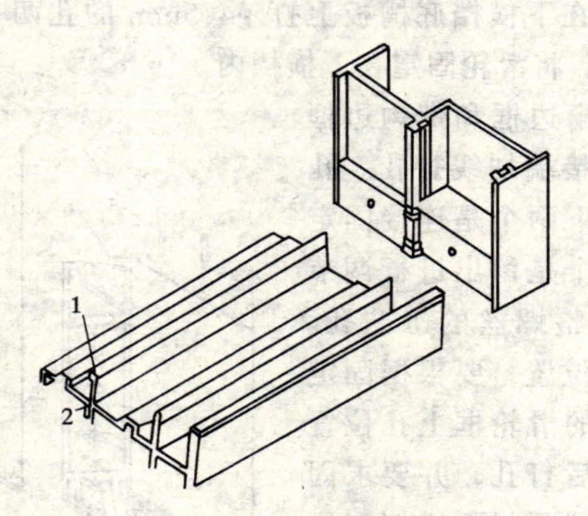

图 4-42 窗框下滑部分的连接组装

1—下滑道的滑轨；2—下滑道下的固紧槽孔

窗框的四个角衔接起来后，用直角尺测量并校正一下窗框的直角度，最后上紧各角上的衔接自攻螺钉丝。将校正并紧固好的窗框立放在墙边，防止碰撞。

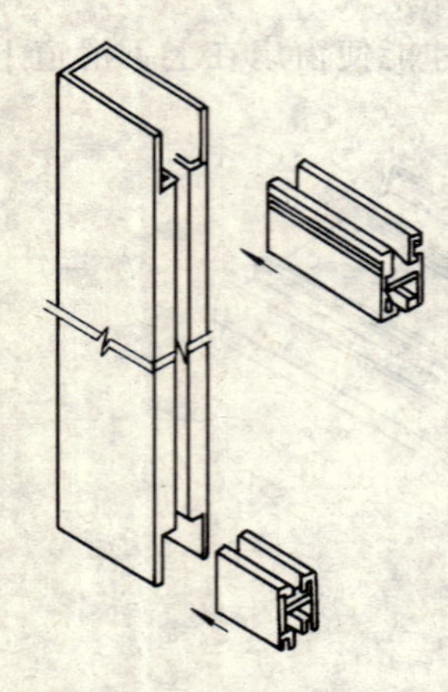

图 4-43　窗扇的连接

3）窗扇的连接：窗扇的连接分为五个步骤。

①在连接装拼窗扇前，要先在窗框的边框和带钩边框上、下两端处进行切口处理，以便将上、下横档插入其切口内进行固定。上端开切长 51mm，下端开切长 76.5mm，如图 4-43 所示。

②在下横档的底槽中安装滑轮，每条下横档的两端各装一只滑轮。其安装方法如下：

把铝窗滑轮放进下横档一端的底槽中，使滑轮框上有调节螺钉的一面向外，该面与下横档端头边平齐，在下横档底槽板上划线定位，再按划线位置在下横档底槽板上打 ϕ4.5mm 的孔两个，然后用滑轮配套螺丝，将滑轮固定在下横档内。

③在窗扇边框和带钩边框与下横档衔接端划线打孔。孔有三个，上下两个是连接固定孔，中间一个是留出进行调节滑轮框上调整螺丝的工艺孔。这三个孔的位置，要根据固定在下横档内的滑轮框上孔位置来划线，然后打孔，并要求固定后边框下端要与下横档底边平齐。边框下端固定孔为 ϕ4.5mm，并要用 ϕ6～7mm 的钻头划窝，以便固定螺钉与侧面基本一平。工艺孔为 ϕ8mm 左右。钻好孔后，再用圆锉在边框和带钩边框固定孔位置下

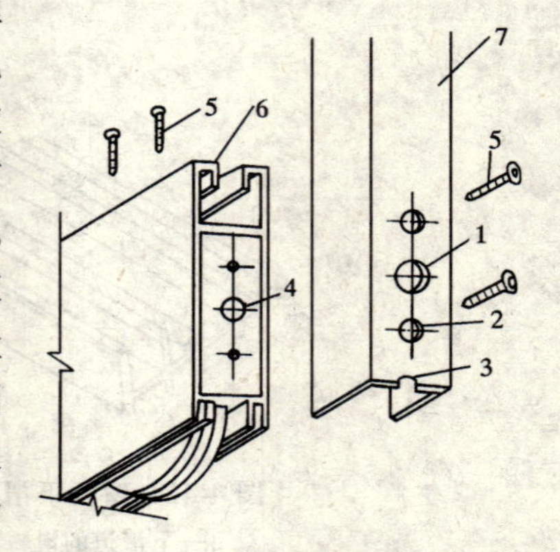

图 4-44　窗扇下横档安装

1—调节滑轮；2—固定孔；
3—半圆槽；4—调节螺丝；
5—滑轮固定螺钉；
6—下横档；7—边框

边的中线处，锉出一个 ϕ8mm 的半圆凹槽。此半圆凹槽是为了防止边框与窗框下滑道上的滑轨相碰撞。窗扇下横档与窗扇边框的连接组装如图 4-44 所示。

需要说明，旋转滑轮上的调节螺丝，能改变滑轮从下横槽中外伸的高低尺寸。而且，也能改变下横档内两个滑轮之间的距离。

④安装上横档角码和窗扇钩锁。其方法为：截取两个铝角码，将角码放入横档的两头，使之一个面与上横档端头面平齐，并钻两个孔（角码与上横档一并钻通），用 M4 自攻螺丝将角码固定在上横档内。再在角码的另一个面上（与上横档端头平齐的那个面）的中间打一个孔，根据此孔的上下左右尺寸位置，在扇的边框与带钩边框上打孔并划窝，以便用螺丝将边框与上横档固定。其安装方式如图 4-45 所示。注意所打的孔一定要与自攻螺丝相配，如是 M4 自攻螺丝，打孔钻头应为 ϕ3.0～3.2mm。

安装窗钩锁前，先要在窗扇边框开锁口，开口的一面必须是窗扇安装后，面向室内的面。而且窗扇有左右之分，所以开口位置要特别注意不要开错，窗钩锁通常是装于窗扇边框的中间高度，如窗扇高大于 1.5m，装窗钩锁的位置也可适当降低些。开窗钩锁长条形锁口的尺寸，要根据钩锁可装入边框的尺寸来定。开锁口的方法：

先按钩锁可装入部分的尺寸，在边框上划线，用手电钻在划线框内的角位打孔，或在划线框内沿线打孔。再把多余的部分取下，用平锉修平即可。然后，在边框侧面再挖一个直径为 ϕ25mm 的锁钩插入孔，孔的位置正对内钩之处，最后把锁身放入长形口内。

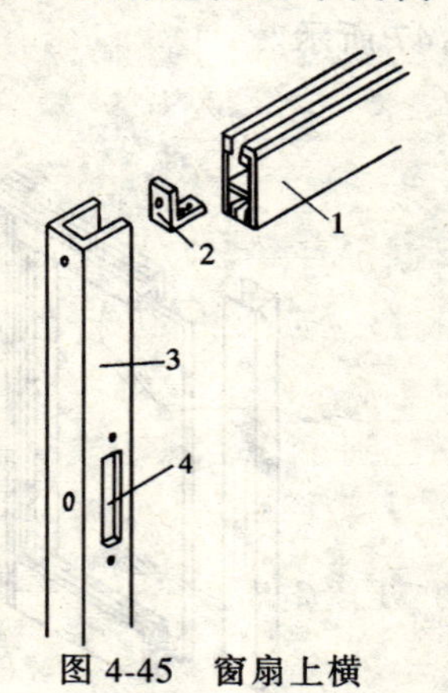

图 4-45　窗扇上横档安装

1—上横档；2—角码；3—窗扇边框；4—窗锁洞

通过侧边的锁钩插入孔，检查锁内钩是否正对圆插入孔的中线，内钩向上提起后，钩尖是否在圆插入孔的中心位置上。如果对正后，用手按紧锁身，再用手电钻，通过钩锁上、下两个固定螺钉孔，在窗扇边框的另一面打孔，以便用窗锁固定螺杆贯穿边框厚度来固定窗钩锁（图 4-45 所示）。

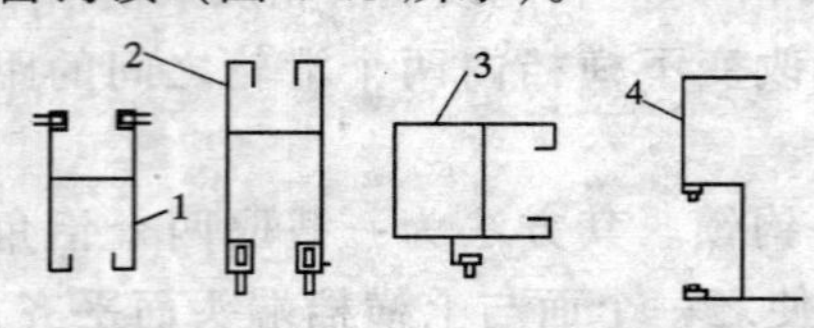

图 4-46　密封条的安装位置

1—上横档；2—下横档；3—带钩边框；4—窗框边封

⑤上密封毛条以及安装窗扇玻璃。窗扇上的密封毛条有两种：一种是长毛条，一种是短毛条。长毛条装于上横档顶边的槽内，以及下横档底边的槽内。而短毛条是装于带钩边框的钩部槽内。另外，窗框边封的凹槽两侧也需要装短毛条，可在安装毛条工序中与窗扇毛条一并装好。两种毛条的安装位置如图 4-46 所示。

在安装窗扇玻璃时，要先检查玻璃尺寸。通常，玻璃尺寸长宽方向均比窗扇内侧长宽尺寸大 25mm。然后，从窗扇一侧将玻璃装入窗扇内侧的槽内，并紧固连接好边框。安装方法如图 4-47 所示。

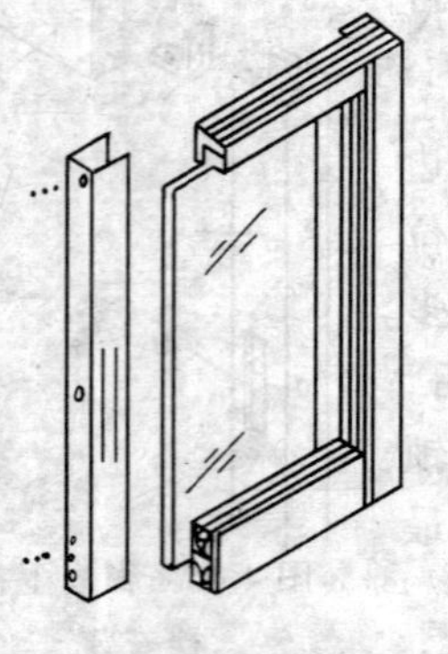

图 4-47　安装窗扇玻璃

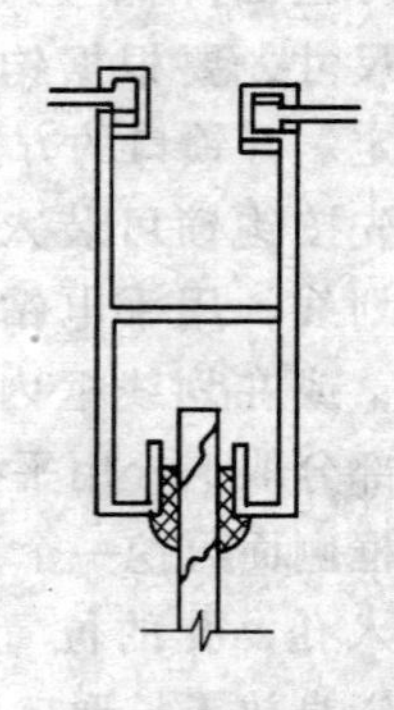

图 4-48　玻璃与窗扇槽的密封

最后，在玻璃与窗扇槽之间用塔形橡胶条或玻璃胶密封，如图 4-48 所示。

4）上窗与窗框组装：先切两小块 12mm 厚木板，将其放在窗框上滑的顶面。再将口字形上窗框放在上滑道的顶面，并将两者前后、左右的边对正。然后，从上滑道向下打孔，把两者一并钻通，用自攻螺丝将上滑道与上窗框扁方管连接起来，如图4-49所示。

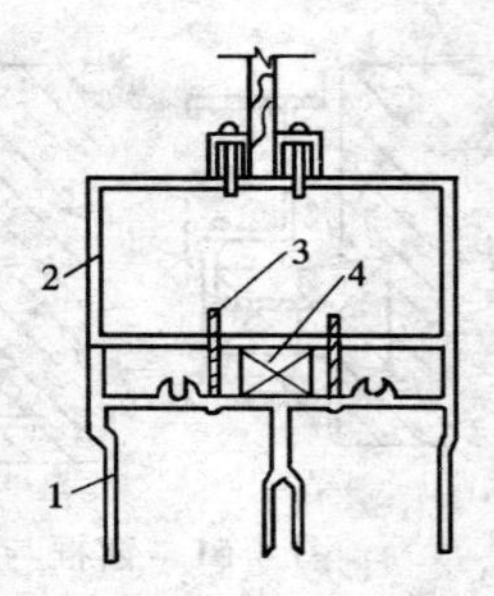

图 4-49　上窗与窗框的连接
1—上滑道；2—上窗扇方管；3—自攻螺钉；4—木垫块

（3）推拉窗安装

推拉窗常安装于砖墙中，一般是先将窗框部分安装固定在砖墙洞内，再安装窗扇与上窗玻璃。铝合金推拉窗窗框与窗扇的构造如图 4-50 所示。

1）窗框与砖墙安装。砖墙的洞先用水泥修平整，窗洞尺寸要比铝合金窗框尺寸大，四周各边均大 25～35mm。在铝合金窗

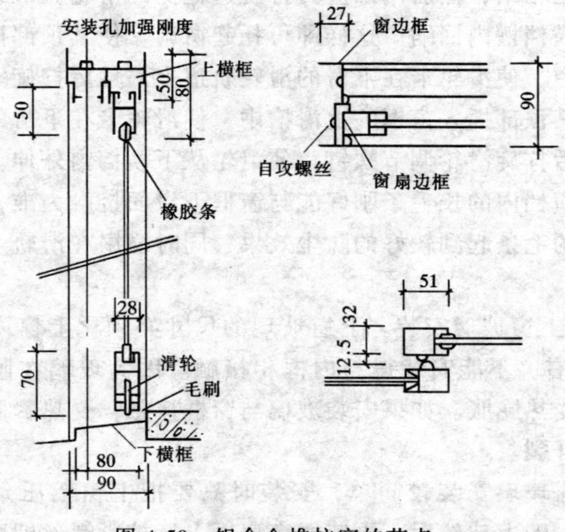

图 4-50　铝合金推拉窗的节点

框上安装角码或木块，每条边上各安装两个。角码需要用水泥钉钉固在窗洞墙内，如图 4-51 所示。

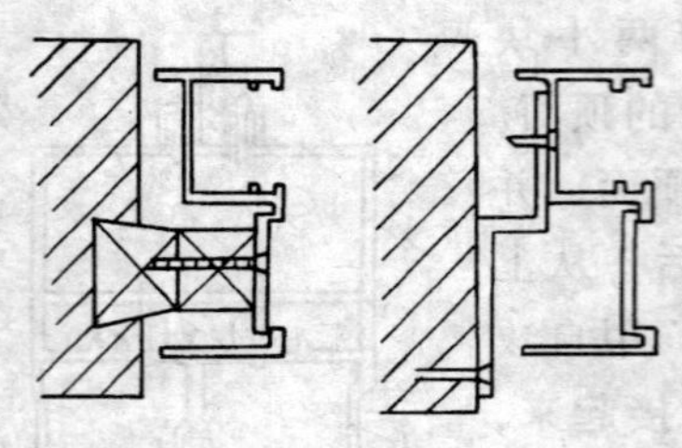

图 4-51 窗框与砖墙的连接安装

对装于洞中的铝合金窗框，进行水平和垂直度校正。校正完毕后用木楔块把窗框临时固紧在窗洞中，然后用保护胶带纸把窗框周边贴好，以防用水泥周边塞口时造成铝合金表面损伤。该保护胶带纸可在周边塞口水泥工序完工及水泥浆固结后再撕去。

窗框周边填塞口水泥时，水泥浆要有较大的稠度，以能用手握成团为准。水泥要填实，将水泥浆用灰刀压入填缝中，填好后窗框周边抹平。

2）窗扇安装。塞口水泥固结后，撕下保护胶纸带，便可进行窗扇的安装。窗扇安装前，先检查一下窗扇上的各条密封毛条，有否少装或脱落现象。如果有脱落现象，应用玻璃胶或其橡胶类胶水粘结，然后用螺丝刀拧旋边框侧的滑轮调节螺丝，使滑轮向下横档槽内回缩。这样即可托起窗扇，使其顶部插入窗框的上滑槽中，使滑轮卡在下滑的滑轮轨道上，然后拧旋滑轮调节螺钉，使其顶部插入窗框的上滑槽中，使滑轮卡在下滑的滑轮轨道上，然后拧旋滑轮调节螺钉，使滑轮从下横档内外伸。外伸量通常以下横档内的长毛条刚好能与窗框下滑面接触为准，以便使下横档上的毛条起到较好的防尘效果，同时窗扇在滑轨上也可移动顺畅。

3）上窗玻璃安装。上窗玻璃的尺寸必须比上窗内框尺寸小 5mm 左右，不能安装得与内框相接触。因为玻璃在阳光得照射下，会受热膨胀。如果安装玻璃与窗框接触，受热膨胀后往往造成玻璃开裂。

上窗玻璃安装较简单，安装时只要把上窗铝压条取下一侧（内侧），安上玻璃后，再装回窗扁框上，拧紧螺丝即可。

4）窗钩锁挂钩安装。窗钩锁的挂钩安装于窗框的边封凹槽内，如图 4-52 所示。挂钩的安装位置尺寸要与窗扇上挂钩锁洞的位置相对应。挂钩的钩平面一般可位于锁洞孔的中心线处。根据这个对应位置，在窗框边封凹槽内划线打孔。钻孔直径 ϕ4mm，用 M5 自攻螺丝将锁钩临时固紧，然后移动窗扇到窗框边封槽内，检查窗扇锁可否与锁钩相接窗锁定。如果不行，则需检查是否锁钩位置高低的问题，或锁钩左右偏斜问题，只要将锁钩螺丝拧松，向上或向下调整好再固紧螺丝即可。偏斜问题则需测一下偏斜量，再从新打孔固定，直至能将窗扇锁定。

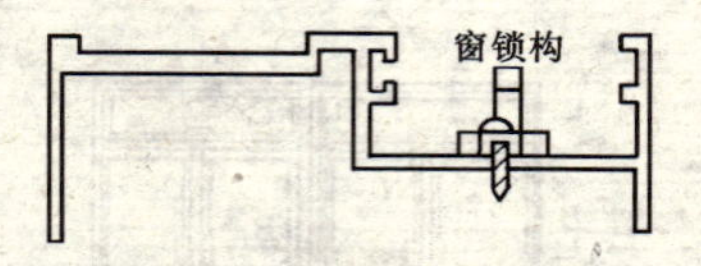

图 4-52　窗锁钩的安装位置

5. 平开窗的制作与安装

平开窗有 38 系列、50 系列等。38 系列属轻型系列，50 系列属较重系列。平开窗主要由窗框和窗扇组成。如果有上窗部分，可以是固定玻璃，也可以是顶窗扇。但上窗部分的材料应与窗框所用铝型材相同，这一点与推拉窗上窗部分是有区别的。

平开窗根据需要也可制成单扇、双扇、带上窗单扇、带上窗双扇、带顶窗单扇、带顶窗双扇等六种主要形式。图 4-53 是 38 系列带顶窗双扇平开窗的装配图。下面以该图为例叙述其制作方法。

(1) 窗框制作

平开窗的上窗边框是直接取之于窗边框，故上窗边框和窗框为同一框料，在整个窗边上部适当的位置（1.0m 左右），横加一条窗工字料，及构成上窗的框架，而横窗工字料以下部位，就构成了平开窗的窗框。

1）按图下料。窗框加工的尺寸应比已留好的砖墙洞略小 20～30mm。按照这个尺寸将窗框的宽与高方向材料裁切好。窗框四个角是按 45°对接方式，故在裁切时四条框料的满头应裁成 45°角。然后，再按窗框宽尺寸，将横向窗工字料截下来。竖窗

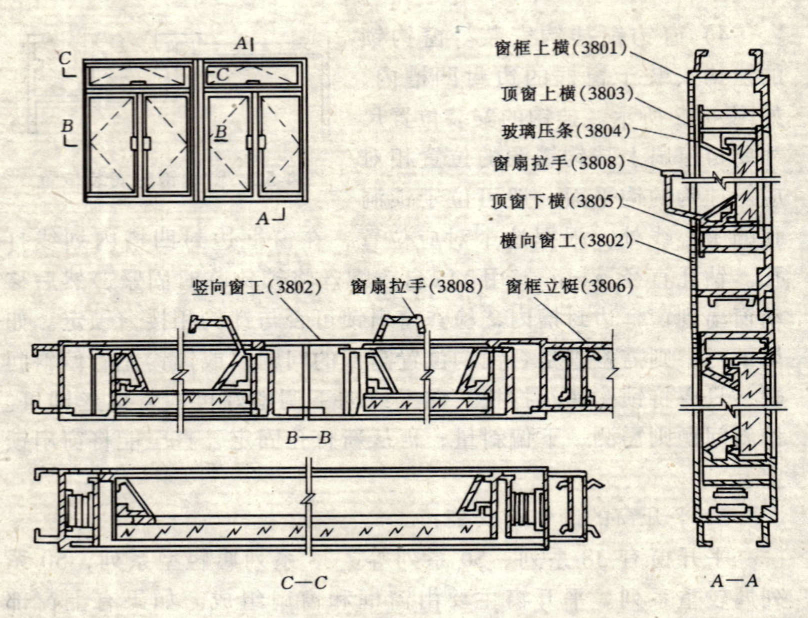

图 4-53　38 系列带顶窗双扇平开窗的装配图

工字料的尺寸，应按窗扇高度加上 20mm 左右榫头尺寸截取。

2）窗框连接。窗框的连接采用 45°角拼接，窗框的内部插入铝角，然后每边钻两个孔，用自攻螺钉上紧，并注意对角要对正对平。还有一种连接方法称撞角法，即是利用铝材较软的特点，在连接铝角的表面冲压成几个较深的毛刺。因所用铝角是采用专用型材，铝角的长度又按窗框内腔宽度裁割，能使其几何形状与窗框内腔相吻合，故能使窗框和铝角挤紧，进而使窗框对角处连接。

横窗工字料之间的连接，采用榫接方法。榫接方式有两种：一种是平榫肩方式，另一种是斜角榫肩的方式。这两种榫结构均是在竖向的窗中间工字料上做榫，在横向的窗工字料上做榫眼，如图 4-54 所示。

横窗工字料与竖窗工字料连接前，先在横窗工字料的长度中间处开一个长条形榫眼孔，其长度为 20mm 左右，宽度略大于工字料的壁厚。如果是斜角榫肩结合，需在榫眼所对的工字上横档和下横档的一侧开裁出 90°角的缺口（图 4-54）。

竖窗工字料的端头应先裁出凸字形榫头，榫头长度为 8～10mm 左右，宽度比榫眼长度大 0.5～1.0mm，并在凸字形榫头两侧倒出一点斜口，在榫头顶端中间开一个 5mm 深的槽口，如图 4-55 所示。然后，再裁切出与横窗工字料上相对的榫肩部分，并用细锉将榫肩部分修平整。需要注意的是，榫头、榫眼、榫肩这三者间的尺寸应准确，加工要细致。

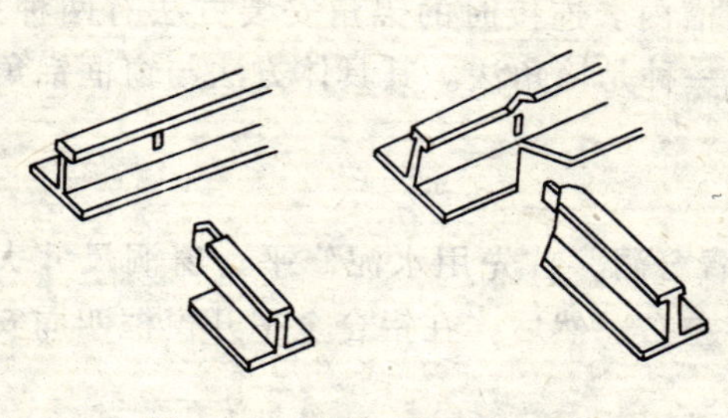

图 4-54　横窗工字料的连接

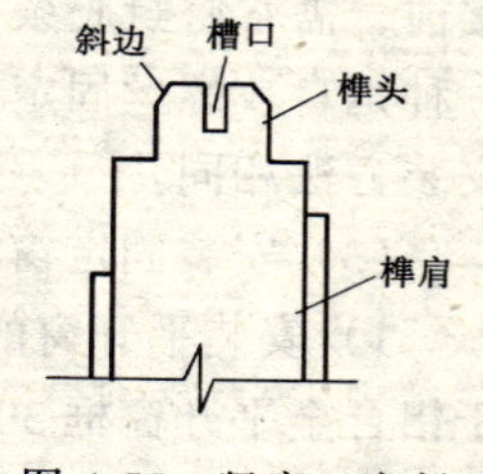

图 4-55　竖窗工字料凸字形榫头做法

榫头、榫眼部分加工完毕后，将榫头插进榫眼，把榫头的伸出部分，以开槽口为界分别向两个方向拧歪，使榫头结构部分锁紧，将横向工字形窗料与竖向工字形窗料连接起来。

横向窗工字料与窗边框的连接，同样也用榫接方法连接，其方法与前述竖向、横向窗工字料榫接方法相同。但榫接时，是以横向工字料两端为榫头，窗框料上做榫眼。

在窗框料上所有榫头、榫眼加工完毕后，先将窗框料上的密封胶条上好，在进行窗框的组装连接，最后在各对口处上玻璃胶封口。

(2) 平开窗扇制作

平开窗窗型材有三种：窗扇框、窗玻璃压条和连接铝角。

1）按图下料。下料前，先在型材上划线。窗扇横向框料尺寸，要按窗框中心竖向工字型料中间至窗框边框料外边的宽度尺寸来切割。窗扇竖向框料要按窗框上部横向工字型料中间至窗框边框料外边的高度尺寸来切割，使得窗扇组装后，其侧边的密封胶条能压在窗框架的外边。

横、竖窗扇料切下来后，还要将两端再切成45°角的斜口，并用细锉修正飞边和毛刺。连接铝角是用比窗框铝角小一些的窗扇铝角，其裁切方法与窗框铝角相同。

窗压线条按窗框尺寸裁割，端头也是切成45°角，并整修好切口。

2）连接。窗扇连接主要是将窗扇框料连接成一个整体。连接前，需将密封胶条植入槽内。连接时的铝角安装方法有两种：一种是自攻螺丝固定；另一种是撞角法。其具体方法与窗框铝角安装方法相同。

(3) 安装固定窗框

1）安装平开窗的砖墙窗洞，首先用水泥修平，窗洞尺寸大于铝合金平开窗框30mm左右。然后，在铝合金平开窗框四周安装镀锌锚固板，每边两个。

2）对装入窗洞中的铝合金窗框，进行水平和垂直度校正，并用木楔块把窗框临时固紧紧在墙的窗洞中，再用水泥钉将锚固板固定在窗洞的墙边，如图4-56所示。

3）铝合金窗框边贴好保护胶带纸，然后然后再进行周边水泥塞口和修平，待水泥固结后再撕去保护胶带纸。

(4) 平开窗组装

平开窗组装的内容有：上窗安装、窗扇安装、装窗扇拉手及玻璃、装执手和风撑。

图4-56 平开窗与墙身的固定

1）上窗安装。如果上窗是固定的，可将玻璃直接安放在窗框的横向工字形铝合金上，然后用玻璃压线条固定玻璃，并用塔形橡胶条或玻璃胶密封。如果上窗是可以开启的一扇窗，可按窗扇的安装方法先装好窗扇，再在上窗窗顶部装两个铰链，下部装一个风撑、一个拉手即可。

2）装执手和风撑基座。执手是用于将窗扇关闭时的扣紧装置，风撑则是起到窗扇的铰链和决定窗扇开闭角度的重要配件。风撑有90°和60°两种规格。

执手的把柄装在窗框中间竖向工字形铝合金料的室内一侧，两扇窗需装两个执手。执手的安装位置尺寸一般在窗扇高度的中间位置。执手与窗框竖向工字料的连接用螺钉固定。与执手相配的扣件装于窗扇的侧边，扣件用螺丝与窗扇框固定。在扣紧窗扇时，执手连动杆上的钩头，可将装在窗扇框边相应位置上扣件钩住，窗扇便能扣锁住了。有的窗扇高度大于1.0m时，也可安装两个执手。

风撑的基座装于窗框架上，使风撑藏在窗框架和窗扇框架之间的空位中，风撑基底用抽芯铝铆钉与窗框的内边固定，每个窗扇的上、下边都需装一只风撑，所以与窗扇对应窗框上、下都要装好风撑。安装风撑的操作应在窗框架连接完毕后，即在窗框架与墙面窗洞安装前进行。

安装风撑基座时，先将基座放在窗框下边靠墙的角位上，用手电钻通过风撑基座上固定孔在窗框上钻孔，再用与风撑基座固定孔相同直径的铝抽芯铆钉，将风撑基座固定。

3）窗扇与风撑连接。窗扇与风撑的连接有两点：一处是与风撑的小滑块，一处是风撑的支杆。这两点又是定位在一个连杆上，与窗扇框固定连接。该连杆与窗扇固定时，先移动连杆，使风撑开启到最大位置，然后将窗扇框与连杆固定。风撑安装后，窗扇的开启位置如图4-57所示。

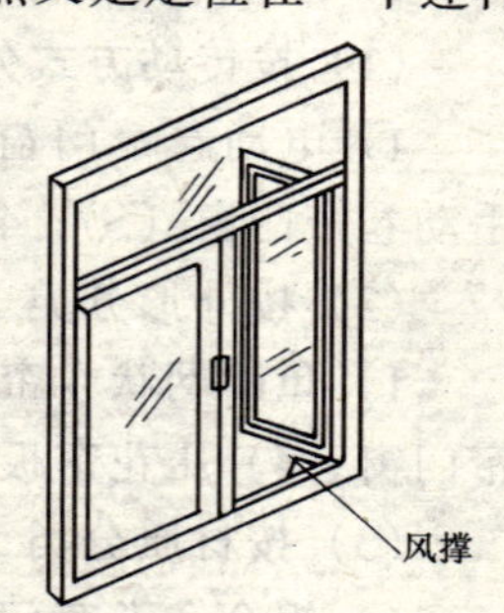

图4-57　窗扇与风撑的连接安装

4）装拉手及玻璃。拉手是安装在窗扇框的竖向边框中部，窗扇关闭后，拉手的位置与执手靠近。装拉手前先在窗扇竖向边框中部，用锉刀或铣刀把边框上压线条的槽锉一个缺口，再把装在该处的玻璃压线条切一个缺口，缺口大小按拉手尺寸而定。然后，钻孔用自攻螺丝将把手固定在窗扇边框上。

玻璃的尺寸应小于窗扇框内边尺寸15mm左右。将裁好的玻璃放入窗扇框内边，并马上把玻璃压线条装卡到窗扇框内边的卡槽上。然后，在玻璃的内外边各压上一周边的塔形密封橡胶条。

在平开窗的安装工作中，最主要的是掌握好斜角对口的安装。斜角对口要求尺寸准确、角度准确，加工细致。如果在窗框、扇框连接后，仍然有些角位对口不密合，可用与铝合金相同色的玻璃胶补缝。

平开窗与墙面窗洞的安装，有先装窗框架，再安装窗扇的方法，也有先将整个平开窗完全装配好之后，再与墙面窗洞安装。具体采用那种方法可根据不同情况而定。一般大批量的安装制作时，可用前种方法；而少量的安装制作可用后种方法。

（三）铝合金卷帘门窗安装施工

卷帘门窗，又称卷闸，是近年来得到商业建筑广泛推广应用的一种门窗。铝合金卷帘门窗是由曲面闸片型材或平面闸片型材、锁连片、卷闸底片、导轨等四种材料及闸锁、转轴和转轴座组成。它具有造型美观新颖、结构紧凑先进，操作简便，坚固耐用，刚度大，防盗性强，不占用地方，隐蔽性好，密封性好，启闭灵活方便，防风、防尘、防火等特点。

1. 卷帘门窗的分类

（1）按传动方式分类

1）电动卷帘门窗（D）；2）遥控电动卷帘门窗（YD）；3）手动卷帘门窗（S）；4）电动手动卷帘门窗（DS）。

（2）按外形分类

1）鱼鳞网状卷帘门窗；2）直管横格卷帘门窗；3）帘板卷帘门窗；4）压花帘板卷帘门窗。

（3）按材质分类

1）铝合金卷帘门窗；2）电化铝合金卷帘门窗；3）镀锌铁板卷帘门窗；4）不锈钢钢板卷帘门窗；5）钢管及钢筋卷帘门窗。

(4) 按门窗扇结构分类

1) 帘板结构卷帘门窗。其门扇由若干帘板组成，根据门扇帘板的形状，卷帘门的型号有所不同。这种卷帘门窗的特点是：防风、防沙、防盗，并可制成防烟、防火的卷帘门窗。

2) 通花结构卷帘门窗。其门扇由若干圆钢、钢管或扁钢组成。这种卷帘门的特点是美观大方，轻便灵活。

(5) 按性能分类

1) 普通型卷帘门窗；2) 防火型卷帘门窗；3) 抗风卷型帘门窗。

2. 安装方式

卷帘门窗的安装方式有三种：1) 洞内安装：卷帘门窗装在门窗洞边，帘片向内侧卷起。2) 洞外安装：卷帘门窗在门窗洞

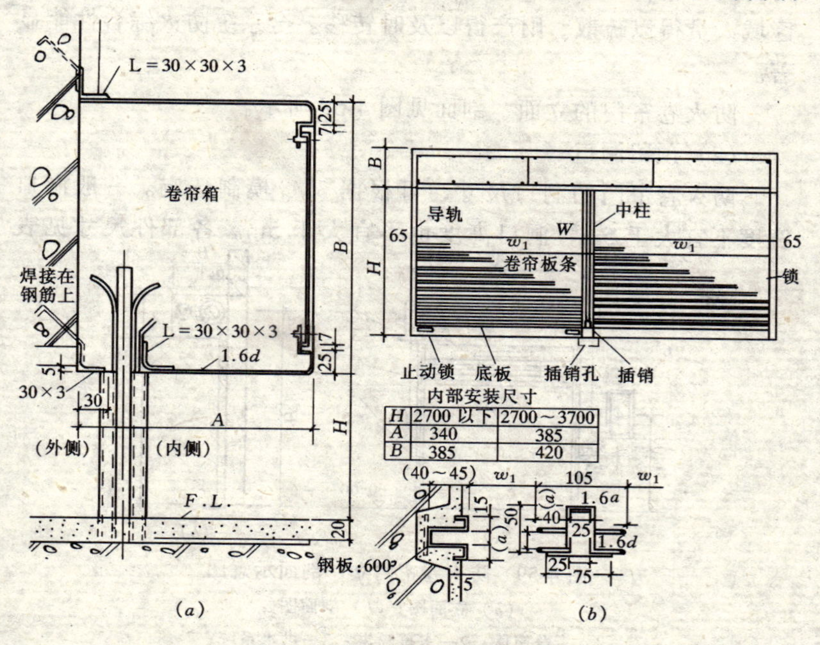

H	2700 以下	2700～3700
A	340	385
B	385	420

图 4-58 普通卷帘门安装图例

(a) 纵剖面详图；(b) 导轨、中柱图

外，帘片向外侧卷起。3）洞中安装：卷帘门窗装在门窗洞中，帘片可向内侧或外侧卷起，根据用户要求来定。

3. 普通卷帘门窗安装

普通卷帘门安装施工见图 4-58。

4. 防火卷帘门窗安装施工

具体施工方法参见防火卷帘门安装。

(1) 防火卷帘门的构造

防火卷帘门由帘板、卷筒体、导轨、电机传动等部分组成。帘板为 1.5mm 厚的冷轧带钢轧制成 C 型板重叠联锁，具有刚度好、密封性能优的特点。也可采用钢质 L 型串联式组合结构。另外，配置温感、烟感、光感报警系统，水幕喷淋系统，遇有火情自动报警，自动喷淋，门体自控下降，定点延时关闭，使受灾区域人员得以疏散，财产得以及时转移。全系统防火综合性能显著。

防火卷帘门的立面、剖面见图 4-59 所示。

(2) 预留洞口

防火卷帘门的洞口尺寸，可根据 $3M_0$ 模制选定。一般洞口宽度不宜大于 5m，洞口高度也不宜大于 5m。各部件尺寸见表

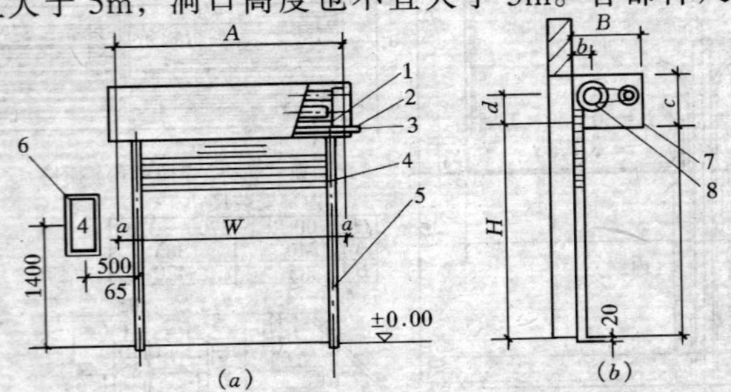

图 4-59 防火卷帘门立、剖面示意图

(a) 立面图；(b) 剖面图

1—卷筒体；2—水幕喷淋；3—供水系统；

4—帘板；5—导轨；6—电控箱；

7—防火罩；8—电机传动机构

4-2。

防火卷帘门各部件尺寸（mm）　　表 4-2

洞口宽 W	洞口高 H	最大外形宽 A	顶高 H'	最大外形厚 B	a	b	c	d
＜5000	＜5000	$W+305$	$H+80$	630	140	220	140	200

（3）预埋件安装

防火卷帘门洞口预埋件安装见图 4-60。

（4）安装与调试

防火卷帘门安装与调试顺序如下：

1）按设计型号，查阅产品说明书和电气原理图。检查产品表面处理和零附件。量测产品各部位基本尺寸。检查门洞口是否与卷帘门尺寸相符；导轨、支架的预埋件位置、数量是否正确。

2）测量洞口标高，弹出两导轨垂线及卷筒中心线。

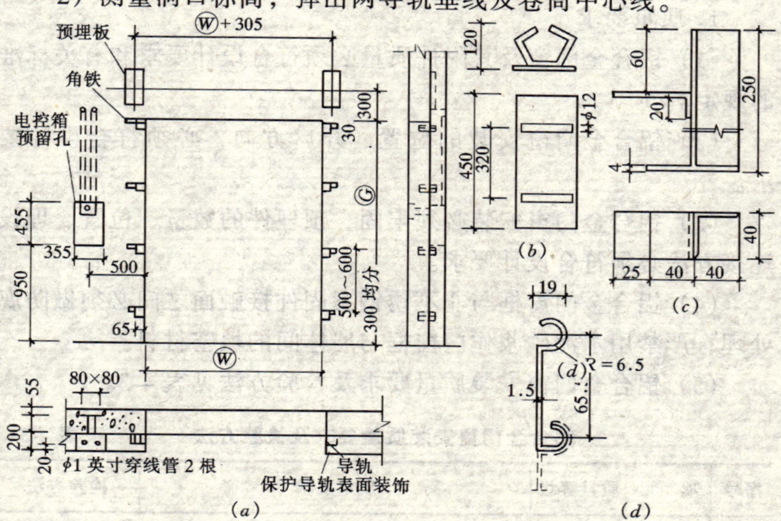

图 4-60　防火卷帘门洞口预埋件安装图

（a）门口预埋件位置；（b）支架预埋铁板；

（c）导轨预埋角铁；（d）帘板连接

3）将垫板电焊在预埋铁板上，用螺丝固定卷筒的左右支架，安装卷筒。卷筒安装后应转动灵活。

4）安装减速器和传动系统。

5）安装电器控制系统。

6）空载试车。

7）将事先装配好的帘板安装在卷筒上。

8）安装导轨。按图纸规定位置，将两侧及上方导轨焊牢于墙体预埋件上，并焊成一体，各导轨应在同一垂直平面上。

9）安装水幕喷淋系统，并与总控制系统联结。

10）试车。先手动试运行，再用电动机起闭数次，调整至无卡住、阻滞及异常噪声等现象为止，全部调试完毕，安装防护罩。

11）粉刷或镶砌导轨墙体装饰面层。

（四）铝合金门窗质量要求及验收标准

1. 质量要求

（1）铝合金门窗及其附件质量必须符合设计要求和有关标准的规定。

（2）铝合金门窗安装的位置、开启方向，必须符合设计要求。

（3）铝合金门窗安装必须牢固，预埋件的数量、位置、埋设连接方法必须符合设计要求。

（4）铝合金门窗框与非不锈钢紧固件接触面之间必须做防腐处理；严禁用水泥砂浆作门窗框与墙体间的填塞材料。

（5）铝合金门窗安装质量要求及检验方法见表 4-3。

铝合金门窗安装质量要求及检验方法 **表 4-3**

序号	项　目	质量等级	质量要求	检验方法
1	平开门窗扇	合格	关闭严密，间隙基本均匀，开关灵活	观察和开闭检查
		优良	关闭严密，间隙均匀，开关灵活	

续表

序号	项　目	质量等级	质量要求	检验方法
2	推拉门窗扇	合格	关闭严密，间隙基本均匀，扇与框搭接量不小于设计要求的80%	观察和用深度尺检查
		优良	关闭严密，间隙均匀，扇与框搭接量符合设计要求	
3	弹簧门扇	合格	自动定位准确，开启角度为90±3°，关闭时间在3～15s范围之内	用秒表、角度尺检查
		优良	自动定位准确，开启角度为90±1.5°，关闭时间在6～10s范围之内	
4	门窗附件安装	合格	附件齐全，安装牢固，灵活适用，达到各自的功能	观察、手扳和尺量检查
		优良	附件齐全，安装位置正确、牢固，灵活适用，达到各自的功能，端正美观	
5	门窗框与墙体间缝隙填嵌	合格	填嵌基本饱满密实，表面平整，填嵌材料、方法基本符合设计要求	观察检查
		优良	填嵌饱满密实，表面平整、光滑、无裂缝，填塞材料，方法基本符合设计要求	
6	门窗外观	合格	表面洁净，无明显划痕、碰伤，基本无锈蚀；涂胶表面基本光滑，无气孔	观察检查
		优良	表面洁净，无划痕、碰伤，无锈蚀、涂胶表面光滑、平整、厚度均匀，无气孔	
7	密封质量	合格	关闭后各配合处无明显缝隙，不透气、透光	观察检查
		优良	关闭后各配合处无缝隙，不透气、透光	

2. 验收标准

铝合金门窗安装允许偏差限制和检验方法见表 4-4。

铝合金门窗安装允许偏差限制和检验方法　　表 4-4

<table>
<tr><th>序号</th><th colspan="3">项　　目</th><th>允许偏差限值（mm）</th><th>检验方法</th></tr>
<tr><td rowspan="2">1</td><td colspan="2" rowspan="2">门窗框两对角线长度差</td><td>≦2000mm</td><td>2</td><td rowspan="2">用钢尺检查，量里角</td></tr>
<tr><td>＞2000mm</td><td>3</td></tr>
<tr><td>2</td><td rowspan="2">平开窗</td><td colspan="2">窗扇与框搭接宽度差</td><td>1</td><td rowspan="2">用深度尺或钢板尺检查、用拉线和钢板尺检查</td></tr>
<tr><td>3</td><td colspan="2">同樘门窗相邻扇的横端角高度差</td><td>2</td></tr>
<tr><td rowspan="2">4</td><td rowspan="3">推拉窗</td><td rowspan="2">门窗扇开启力限值</td><td>扇面积≦$1.5m^2$</td><td>≦40N</td><td rowspan="3">用 100N 弹簧称钩住拉手处，启闭 5 次，取平均值</td></tr>
<tr><td>扇面积＞$1.5m^2$</td><td>≦60N</td></tr>
<tr><td>5</td><td colspan="2">门窗扇与框或相邻扇立边平行度</td><td>2</td></tr>
<tr><td>6</td><td rowspan="3">弹簧门窗</td><td colspan="2">门扇对口处或扇与框之间立、横缝留缝限值</td><td>2～4</td><td rowspan="2">用楔形塞尺检查</td></tr>
<tr><td>7</td><td colspan="2">门扇与地面间隙留缝限值</td><td>2～7</td></tr>
<tr><td>8</td><td colspan="2">门扇对口缝关闭时平整</td><td>2</td><td>用深度尺检查</td></tr>
<tr><td>9</td><td colspan="3">门窗框（含拼樘料）正、侧面的垂直度</td><td>2</td><td>用 1m 托线板检查</td></tr>
<tr><td>10</td><td colspan="3">门窗框（含拼樘料）的水平度</td><td>1.5</td><td>用 1m 水平尺和塞尺检查</td></tr>
<tr><td>11</td><td colspan="3">门窗横框标高</td><td>5</td><td>用钢板尺检查与基准线比较</td></tr>
<tr><td>12</td><td colspan="3">双层门窗内外框、梃（含拼樘料）中心距</td><td>4</td><td>用钢板尺检查</td></tr>
</table>

二、涂色镀锌钢板门窗的安装施工

涂色镀锌钢板门窗是一种新型金属门窗，是以彩色镀锌钢板和 3～5mm 厚平板玻璃或中空双层钢化玻璃为主要材料，经机械加工而制成。门窗四角用插接件插接，玻璃与门窗交接处及门窗框与扇之间的缝隙，全部用橡胶条、玛琋脂密封，或油灰及其他建筑密封膏密封。它具有质量轻、强度高、采光面积大、防尘、隔声、保温、密封性能好、造型美观、款式新颖、耐腐蚀、寿命长等特点。主要适用于商店、超级市场、实验室、教学楼、办公楼、高级宾馆与旅社、各种影剧院及民用住宅、高级建筑。

（一）涂色镀锌钢板门窗的安装方法

1.带副框涂色镀锌钢板门窗的安装方法

（1）按门窗图纸尺寸在工厂组装好副框，运到施工现场，用TC4.2×12.7的自攻螺钉，将连接件铆固在副框上。

（2）将副框装入洞口的安装线上，用对拨木楔初步固定。

（3）校对副框正、侧面垂直度和对角线合格后，对拨木楔应固定牢靠。

（4）将副框的连接件，逐件电焊焊牢在洞口预埋件上。

（5）粉刷内、外墙和洞口。副框底粉刷时，应嵌入硬木条或玻璃条。副框两侧预留槽口，粉刷干燥后，消除浮灰、尘土，注入密封膏防水。

（6）室内、外墙面和洞口装饰完毕并干燥后，在副框与门窗外框接触的顶、侧面上贴密封胶条，将门窗装入副框内，适当调整，用TP4.8×22自攻螺钉将门窗外框与副框连接牢固，扣上孔盖。安装推拉窗时，还应调整好滑块。

（7）洞口与副框、副框与门窗之间的缝隙，应填充密封膏封严。安装完毕后，剥去门窗构件表面的保护胶条，擦净玻璃及门窗框扇。

2.不带副框涂色镀锌钢板门窗的安装方法

（1）室内外及洞口应粉刷完毕。洞口粉刷后的成型尺寸应略大于门窗外框尺寸。其间隙，宽度方向为3～5mm，高度方向为5～8mm。

（2）按设计图的规定在洞口内弹好门窗安装线。

（3）门窗与洞口宜用膨胀螺栓连接。按门窗外框上膨胀螺栓的位置，在洞口相应位置的墙体上钻膨胀螺栓孔。

（4）将门窗装入洞口安装线上，调整门窗的垂直度、水平度和对角线合格后，以木楔固定。门窗与洞口用膨胀螺栓连接，盖上螺钉盖。门窗与洞口之间的缝隙，用建筑密封膏密封。

(5) 竣工后剥去门窗上的保护胶条，擦净玻璃及窗扇。

(6) 不带副框涂色镀锌钢板门窗亦可采用“先安装外框、后做粉刷”的工艺。具体做法是：门窗外框先用螺丝钉固定好连接铁件，放入洞口内调整水平度、垂直度和对角线合格后以木楔固定，用射钉将外框连接件与洞口墙体连接。框料及玻璃覆盖塑料薄膜保护，然后进行室内外装饰。砂浆干燥后，清理门窗构件装入内扇。清理构件时，切忌划伤门窗上的涂层。

(二) 涂色镀锌钢板门窗的质量要求

1. 涂色镀锌钢板门窗的质量要求

(1) 涂色镀锌钢板门窗及其附件质量必须符合设计要求和有关标准的规定。

(2) 涂色镀锌钢板门窗安装带副框或不带副框的安装位置、开启方向，必须符合设计要求。

(3) 涂色镀锌钢板门窗安装必须牢固，预埋件的数量、位置、埋设连接方法必须符合设计要求。

(4) 涂色镀锌钢板门窗扇安装质量要求及检验方法见表4-5。

涂色镀锌钢板门窗扇安装质量要求及检验方法　　表 4-5

序号	项　目	质量等级	质量要求	
1	平开门窗扇	合格	关闭严密，间隙基本均匀，开关灵活	观察和开闭检查
		优良	关闭严密，间隙均匀，开关灵活	
2	推拉门窗扇	合格	关闭严密，间隙基本均匀，扇与框不小于设计要求的80%	观察和用深度尺检查
		优良	关闭严密，间隙均匀，扇与框搭接量符合设计要求	
3	弹簧门扇	合格	自动定位准确，开启角度为90°±3°，关闭时间在3～15s范围之内	用秒表、角度尺检查
		优良	自动定位准确，开启角度为90°±1.5°，关闭时间在6～10s范围之内	

续表

序号	项　目	质量等级	质量要求	
4	门窗附件安装	合格	附件齐全，安装牢固，灵活适用，达到各自的功能	观察、手扳和尺量检查
		优良	附件齐全，安装位置正确、牢固，灵活适用，达到各自的功能，端正美观	
5	副框或门窗框与墙体间缝隙填嵌质量	合格	填嵌基本饱和密实，表面平整，填塞材料、方法基本符合设计要求	观察检查
		优良	填嵌饱和密实，表面平整、光滑、无裂缝、填塞材料、方法基本符合要求	
6	门窗外观质量	合格	表面洁净，无明显划痕、碰伤、基本无锈蚀，涂漆表面基本光滑、无气孔	观察检查
		优良	表面洁净，无划痕、碰伤，无锈蚀、涂漆表面光滑、厚度均匀，无气孔	
7	密封质量	合格	关闭后各配合处无明显缝隙，不透气、透光	观察检查
		优良	关闭后各配合处无缝隙，不透气、透光	

2．涂色镀锌钢板门窗验收标准

涂色镀锌钢板门窗安装的允许偏差限值和检验方法见表4-6。

涂色镀锌钢板门窗安装的允许偏差限值和检验方法　　表 4-6

序号	项　　目		允许偏差限值（mm）	检验方法
1	门窗框（含副框）两对角线长度差	≤2000mm	≤4	用钢卷尺检查，量里角
		>2000mm	≤5	用深度尺或钢板尺检查
2	平开窗	窗扇与框搭接宽度差	1	
3		同樘门窗相邻扇的横端角高度差	2	用拉线或钢板尺检查

续表

<table>
<tr><th>序号</th><th colspan="3">项　　　目</th><th>允许偏差限值（mm）</th><th>检验方法</th></tr>
<tr><td rowspan="2">4</td><td rowspan="3">推拉窗</td><td rowspan="2">门窗扇开启力限值</td><td>扇面积≤1.5m²</td><td>≤40N</td><td rowspan="2">用 100N 弹簧秤钩住拉手处，启闭 5 次取平均值</td></tr>
<tr><td>扇面积＞1.5m²</td><td>≤60N</td></tr>
<tr><td>5</td><td colspan="2">门窗扇与框（含副框）或相邻扇立边平行度</td><td>2</td><td>用 1m 钢卷尺检查</td></tr>
<tr><td>6</td><td rowspan="3">弹簧门窗</td><td colspan="2">门扇对口缝或扇与框之间立、横缝留缝限值</td><td>2～4</td><td>用楔形塞尺检查</td></tr>
<tr><td>7</td><td colspan="2">门扇与地面间留缝限值</td><td>2～7</td><td>用楔形塞尺检查</td></tr>
<tr><td>8</td><td colspan="2">门扇对口缝关闭时平整</td><td>2</td><td>用深度尺检查</td></tr>
<tr><td rowspan="2">9</td><td colspan="2" rowspan="2">门窗框（含副框、拼樘料）正、侧面的垂直度</td><td>≤2000mm</td><td>≤2</td><td rowspan="2">用 1m 托线尺检查</td></tr>
<tr><td>＞2000mm</td><td>≤3</td></tr>
<tr><td>10</td><td colspan="3">门窗框（含副框拼樘料）的水平度</td><td></td><td>用 1m 水平尺和楔形塞尺检查</td></tr>
<tr><td>11</td><td colspan="3">门窗竖向偏离中心</td><td>5</td><td>吊线锤和钢板尺检查</td></tr>
<tr><td>12</td><td colspan="3">门窗横框标高</td><td>5</td><td>用钢板尺与基准线比较</td></tr>
<tr><td>13</td><td colspan="3">双层门窗内外框、梃（含副框拼樘料）中心距</td><td>4</td><td>用钢板尺检查</td></tr>
</table>

三、塑料门窗的安装施工

塑料门窗是以聚氯乙烯或其他树脂为主要原料，轻质碳酸钙为填料，添加适量助剂和改性剂，经双螺杆积压机挤出成型成各种截面的空腹门窗异型材，再根据不同的品种规格选用不同截面异型材组装而成。因塑料的变形大、刚度差，一般在空腹内加嵌装型钢或铝合金型材加强，从而增强了塑料门窗的刚度，提高了塑料门窗的牢固性和抗风能力。因此，塑料门窗又称“塑钢门窗”。它具有线条清晰、造型美观、表面光洁细腻及良好的装饰性，隔热性和密封性等特点。其气密性为木窗的 3 倍，为铝窗的 1.5 倍；热损耗为金属门的 1‰，可节约暖气费 20% 左右；其隔声效果亦比铝窗高 30dB 以上。另外，塑料尚可不用油漆，节省施工时间及费用。塑料本身又具有耐腐蚀和耐潮湿等性能，在化工建筑、纺织工业、卫生间及浴室内部使用，尤为适宜。是应用广泛的建筑节能产品。

塑料门窗的种类很多。根据原材料的不同，塑料门窗可分为聚氯乙烯树脂为主要原材料的钙塑门窗（又称“硬 PVC 门窗”）；以改性聚氯乙烯为主要原材料的改性聚氯乙烯门窗（又称“改性 PVC 门窗”）；以合成树脂为基料，以玻璃纤维及其制品为增强材料的玻璃钢门窗。

（一）塑料门窗的安装施工技术

1. 安装施工准备

(1) 安装材料

1）塑料门窗：框、窗多为工厂制作的成品，并有五金配件。

2）其他材料：木螺丝、平头机螺丝、塑料胀管螺栓、自攻螺钉、钢钉、结拔木楔、密封条、密封膏、抹布等。

(2) 安装机具

塑料门窗的安装机具，主要有冲击钻、射钉枪、螺丝刀、锤子、吊线锤、灰线包等。

(3) 作业条件

1）门窗洞口质量检查。即按设计要求检查门窗洞口的尺寸。若无设计要求，一般应满足下列规定：门洞口宽度 + 50mm；门洞口高度为门框高 + 20mm；窗洞口宽度为窗框宽 + 40mm；窗洞口高度为窗框高 + 40mm。门窗洞口尺寸的允许偏差值为：洞口表面平整度允许偏差 3mm；洞口正、侧面垂直度允许偏差 3mm；洞口对角线长度允许偏差 3mm。

2）检查洞口的位置、标高与设计要求是否相符。

3）检查洞口内预埋木砖的位置、数量是否准确。

4）按设计要求弹好门窗安装位置线。

5）准备好安装脚手架。

2. 塑料门窗的安装方法

塑料门窗由于大多是在工厂制作好，在现场整体安装到洞口内，因此工序比较简单。但是，由于塑料门窗的热膨胀系数较大，且弯曲弹性模量又较小，加之又是成品安装，如果稍不注意就可能造成塑料门窗的损伤变形，影响使用功能、装饰效果和耐久性。因此，安装塑料门窗的技术难度比钢门窗、木门窗要大得多，施工时应特别注意。另外，虽然塑料门窗的种类很多，但是它们的安装方法基本上是相同的。

（1）门窗框与墙体的连接

塑料门窗框与墙体的固定方法，常见的有连接件法、直接固定法和假框法三种。

1）连接件法。这是用一种专门制作的铁件将门窗框与墙体相连接，是我国目前运用较多的一种方法。其优点是比较经济，且基本上可以保证门窗的稳定性。连接件法的做法是先将塑料门窗放入窗洞口内，找平对中后用木楔临时固定。然后，将固定在门窗框异型材靠墙一面的锚固铁件用螺钉或膨胀螺丝固定在墙上。

2）直接固定法。在砌筑墙体时先将木砖预埋入门窗洞口内，当塑料门窗安入洞口并定位后，用木螺钉直接穿过门窗框与预埋木砖连接，从而将门窗框直接固定于墙体上。

3）假框法。先在门窗洞口内安装一个与塑料门窗框相配套的镀锌铁皮金属框，或者当木门窗换成塑料门窗时，将原来的木门窗框保留，待抹灰装饰完成后，再将塑料门窗框直接固定在上述框材上，最后再用盖口条对接缝及边缘部分进行装饰。

（2）确定连接点的位置

1）确定连接点的位置时，首先应考虑能使门窗扇通过合页作用于门窗框的力，尽可能直接传递给墙体。

2）确定连接点的数量时，必须考虑防止塑料门窗在温度应力、风压及其他静荷载作用可能产生的变形。

3）连接点的位置和数量，还必须适应塑料门窗变形较大的特点，保证在塑料门窗与墙体之间微小的位移，不致影响门窗的使用功能及边框本身。

4）在合页的位置应设连接点，相邻两连接点的距离不应大于700mm。在横档或竖框的地方不宜设连接点，相邻的连接点应在距其15mm处。

（3）框与墙间缝隙处理

1）由于塑料的膨胀系数较大，故要求塑料门窗框与墙体间应留出一定宽度的缝隙，以适应塑料伸缩变形的安全余量。

2）框与墙间的缝隙宽度，可根据总跨度、膨胀系数、年最大温差计算出最大膨胀量，再乘以要求的安全系数求出，一般取10～20mm。

3）框与墙间的缝隙，应用泡沫塑料条或油毡卷条填塞，填塞不宜过紧，以免框架变形。门窗框四周的内外接缝隙应用密封材料嵌填严密。也可以采用硅橡胶嵌缝条，不宜采用嵌填水泥砂浆的做法。

4）不论采用何种填缝方法，均要求做到以下两点：

①嵌填封缝材料应能承受墙体与框间的相对运动而保持密封性能。

②嵌填封缝材料不应对塑料门窗有腐蚀、软化作用，沥青类材料可能使塑料软化，故不宜使用。

5）嵌填密、封完成后，就可以进行墙面抹灰。工程有要求时，最后还需加装塑料盖口条。

（4）五金配件安装

塑料门窗安装五金配件时，必须先在杆件上钻孔，然后用自攻螺丝拧入，严禁在杆件上直接锤击钉入。

（5）清洁

门框扇安装后应暂时取下门扇，编号单独保管。门窗洞分刷时，应将门窗表面贴纸保护。粉刷时如框扇沾上水泥浆，应立即用软料抹布擦洗干净，切勿使用金属工具擦刮。粉刷完毕，应及时清除玻璃槽口内的渣灰。

（二）塑料门窗的安装质量要求及验收标准

1．门窗的安装质量要求

（1）塑料门窗及其五金配件必须符合设计要求和有关标准的规定。

（2）塑料门窗安装的位置、开启方向，必须符合设计要求。

（3）门窗安装必须牢固，预埋连接件数量、位置、埋设连接方法必须符合设计要求。

（4）塑料门窗安装的质量要求和检验方法，见表4-7。

塑料门窗安装的质量要求和检验方法 **表 4-7**

项次	项　目	质量等级	质量要求	检验方法
1	门窗扇安装	合格	关闭严密，间隙基本均匀，开关灵活	观察和开闭检查
		优良	关闭严密，间隙均匀，开关灵活	
2	门窗配件安装	合格	配件齐全，安装牢固，灵活适用，达到各自的功能	观察、手扳和尺量检查
		优良	配件齐全，安装位置正确，牢固，灵活适用，达到各自的功能，端正美观	
3	门扇框与墙体间缝隙填嵌	合格	填嵌基本饱满密实，表面平整，填塞材料、方法基本符合设计要求	观察检查
		优良	填嵌饱满密实，表面平整、光滑、无裂缝，填塞材料、方法符合设计要求	
4	门窗外观	合格	表面洁净，无明显划痕、碰伤，表面基本平整、光滑、无气孔	观察检查
		优良	表面洁净，无划痕、碰伤，表面平整、光滑、色泽均匀，无气孔	
5	密封质量	合格	关闭后各配合处无明显缝隙，不透光、透气	观察检查
		优良	关闭后各配合处无缝隙，不透光、透气	

2．塑料门窗安装质量的验收标准

塑料门窗安装质量的允许偏差及检验方法见表 4-8。

塑料门窗安装质量的允许偏差及检验方法　　表 4-8

项次	项　目		允许偏差	检验方法
1	门窗槽口对角线尺寸之差	≤2000	≤3	用 3m 钢卷尺检查
		>2000	≤5	
2	门窗框（含拼樘料）的垂直度	≤2000	≤2	用线坠、水平靠尺检查
		>2000	≤3	
3	门窗框（含拼樘料）的水平度	≤2000	≤2	用水平靠尺检查
		>2000	≤3	
4	门窗横框标高		≤5	用钢板尺检查
5	门窗竖向偏离中心		≤5	用线坠、钢板尺检查
6	双层门窗内外框、框（含拼樘料）中心距		≤4	用钢板尺检查

四、微波自动门

微波自动门，是一种新型金属自动门。其传感系统是采用微波感应方式。它具有外观新颖、结构精巧、运行噪声小、功耗低、启动灵活、可靠、节能等特点。适用于高级宾馆、饭店、医院、候机楼、车站、贸易楼、办公大楼的自动门安装设备。

（一）微波自动门的结构

1. 门体结构

上海红光建筑五金厂生产的 ZM-E_2 型自动门门体结构分类详见表 4-9。

ZM-E_2 型自动门门体分类系列　　表 4-9

门体材料	表面处理（颜色）	
铝合金	银白色	古铜色
无框全玻璃门	白色全玻璃	茶色全玻璃
异型薄壁钢管	镀锌	油漆

自动门标准立面设计主要分为两扇型、四扇型、六扇型等等见图 4-61。

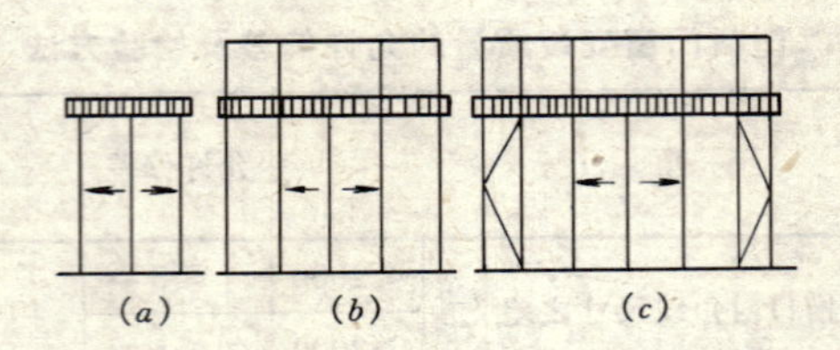

图 4-61 自动门标准立面示意图

(a) 二扇型；(b) 四扇型；

(c) 六扇型

2. 结构

在自动门扇的上部设有统长的机箱层，用以安置自动门的机电装置。

3. 控制电路结构

控制电路是自动门的指挥系统。ZM-E_2 型自动门控制电路由两部分组成：其一是用来感应开门目标讯号的微波传感器；其二是进行讯号处理的二次电源控制。微波传感器利用 X 波段微波讯号的“多普勒”效应原理。对感应范围内的活动目标所引起的反应讯号进行放大检测，从而自动输出开门或关门控制讯号。

(二) 微波自动门的施工及使用维护

1. 安装施工

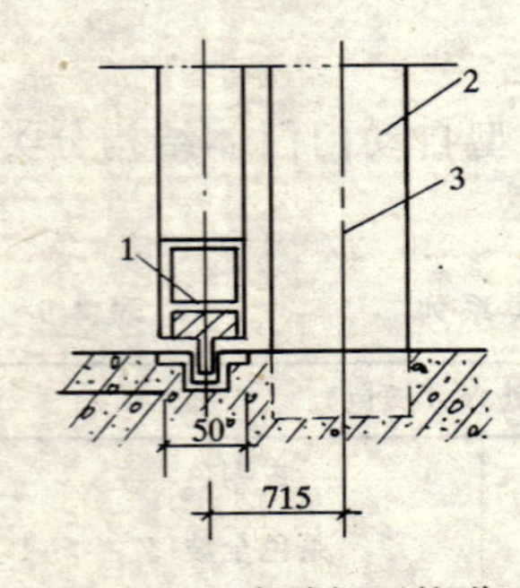

图 4-62 自动门下轨道埋设示意图

1—自动门扇下帽；2—门框；3—门柱中心线

(1) 地面导向轨安装

铝合金自动门和全玻璃自动门地面上装有导向性下轨道。异性钢管自动门无下轨道。有下轨道的自动门在土建做地坪时，先在地面上预埋 50mm × 75mm 方木条一根，自动门安装时，撬出方木条便可埋设下轨道，下轨道长度为开启门宽的两倍。图4-62为 ZM-E_2 型自动门下轨道埋设示意图。

(2) 横梁安装

自动门上部机箱层主梁是安装中的

重要环节。由于机箱内装有机械及电控装置，因此，对支承梁的土建支撑结构有一定的强度及稳定性要求。常用的有两种支承节点（图 4-63），一般砖结构宜采用（*a*）式，混凝土结构宜采用（*b*）式。

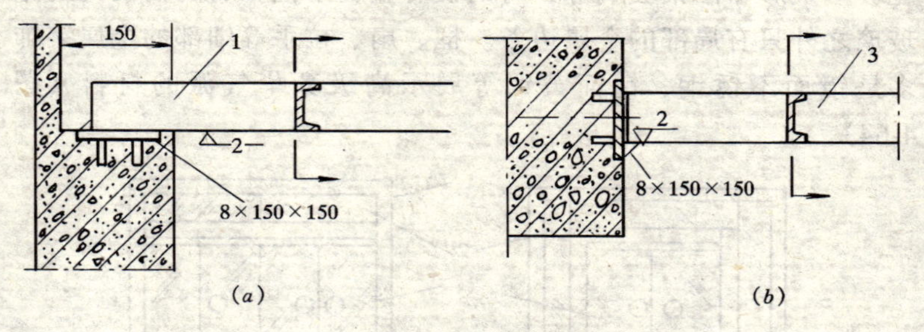

图 4-63　机箱横梁支承节点

（*a*）：1—机箱层横梁（18 号槽钢）；2—门扇高度

（*b*）：1—门扇高度 + 90mm；2—门扇高度；3—18 号槽钢

2. 使用与维护

自动门的使用性能与使用寿命，与施工及日常的维护有关。须做好以下几点：

(1) 门扇地面滑行轨道（下轨道），应经常清理垃圾杂物，槽不得留有异物；结冰气候要防止水流进下轨道，以免卡阻活动门扇。

(2) 微波传感器及控制箱等一旦调试正常，就不能任意变动各种旋钮的位置，以免失去其最佳工作状态，达不到应有的技术性能。

(3) 铝合金门框、门扇、装饰板等，是经过表面化学防腐与腐蚀氧化处理的，产品运往施工现场后，应妥善保管，并注意门体不得与石灰、水泥及其他酸、碱性化学物品接触，以免损伤表面影响美观。

(4) 对使用频繁的自动门，要定期检查传动部分装配紧固零件是否松动、缺损。对机械活动部位定期加油，以保证门扇运行润滑、平稳。

五、全玻璃装饰门

在现代装饰工程中，采用全玻璃装饰门的施工日益普及。所用玻璃多为厚度在12mm以上的厚质平板白玻璃、雕花玻璃、钢化玻璃及彩印图案玻璃等，有的设有金属扇框，有的活动门扇除玻璃之外只有局部的金属边条。框、扇、拉手等细部的金属装饰多是镜面不锈钢、镜面黄铜等展示高级豪华气派的材料（图4-64）。

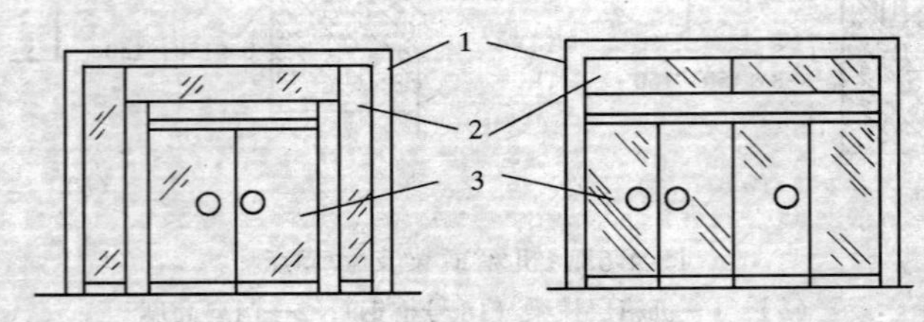

图4-64　全玻璃装饰门的形式示例

1—金属包框；2—固定部分；3—活动开启扇

1. 玻璃门固定部分的安装

(1) 施工准备

安装玻璃之前，门框的不锈钢板或其他饰面包覆安装应完成，地面的装饰施工也应已经完毕。门框顶部的玻璃安装限位槽已留出（图4-65），其限位槽的宽度应大于所用玻璃厚度2～4mm，槽深10～20mm。

不锈钢（或铜）饰面的木底托，可用木楔加钉的方法固定于地面，然后再用万能胶将不锈钢饰面板粘卡在木方上（图4-66）。如果是采用铝合金方管，可用铝角将其固定在框柱上，或用木螺钉固定于地面埋入的木楔上。

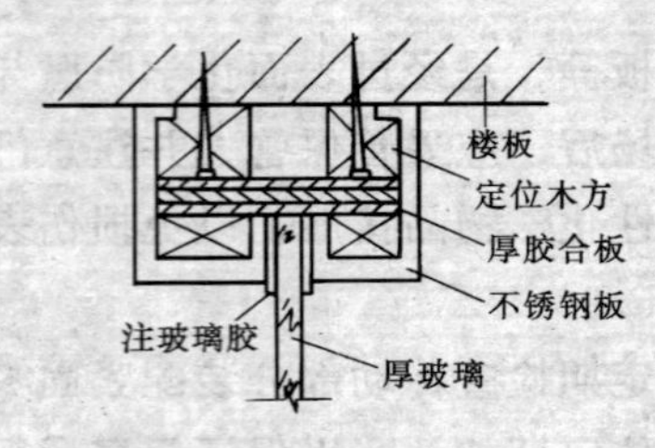

图4-65　顶部门框玻璃限位槽构造

厚玻璃的安装尺寸，应从安装位置的底部、中部和顶部进行测量，选择最小尺寸为玻璃板宽度的切割尺寸。如果在上、中、下测得的尺寸一致，其玻璃宽度的裁割应比实测尺寸小 2～3mm。玻璃板的高度方向裁割，应小于实测尺寸 3～5mm。玻璃板裁割后，应将其四周作倒角处理，倒角宽度为 2mm，如若在现场自行倒角，应手握细砂轮块作缓慢细磨操作，防止崩角崩边。

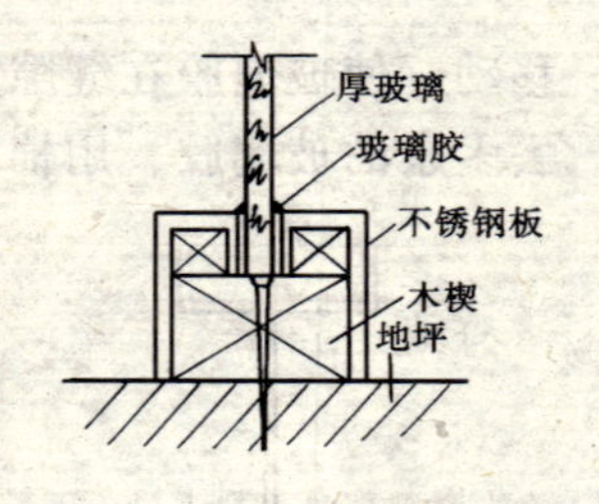

图 4-66　底部木底托构造做法

（2）安装玻璃板

用玻璃吸盘将玻璃板吸紧，然后进行玻璃就位。应先把玻璃板上边插入门框底部的限位槽内，然后将其下边安放于木底托上的不锈钢包面对口缝内（图 4-67）。

在底托上固定玻璃板的方法为：在底托木方上钉木板条，距玻璃板面 4mm 左右；然后在木板条上涂刷万能胶，将饰面不锈钢板片粘卡在木方上。玻璃板竖直方向各部位的安装构造见图 4-68。

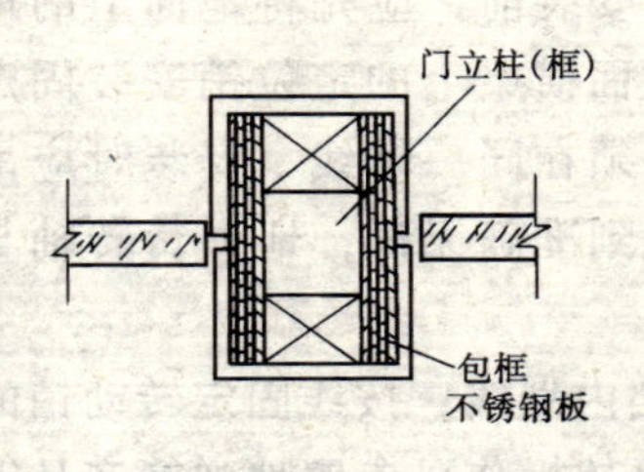

图 4-67　玻璃门框柱与玻璃板安装的构造关系图

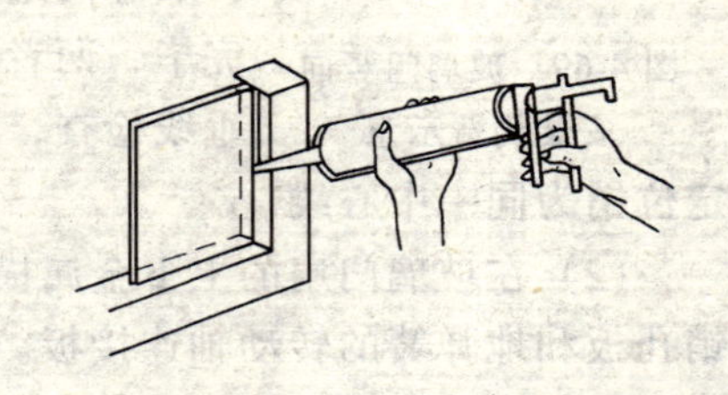

图 4-68　注胶封口操作示意

（3）注胶封口

玻璃门固定部分的玻璃板就位以后，即在顶部限位槽处和底部的底托固定处，以及玻璃板与框柱的对缝处等各缝隙处，均注胶密封。首先将玻璃胶开封后装入打胶枪内，即用胶枪的后压杆端头板顶住玻璃胶罐的底部，然后一只手托住胶枪身，另一只手握着注胶压柄不断松压循环地操作压柄，将玻璃胶注于需要封口的缝隙端（图 4-69）。由需要注胶的缝隙端头开始，顺缝隙匀速移动，使玻璃胶在缝隙处形成一条均匀的直线。最后用塑料片刮去多余的玻璃胶，用棉布擦净胶迹。

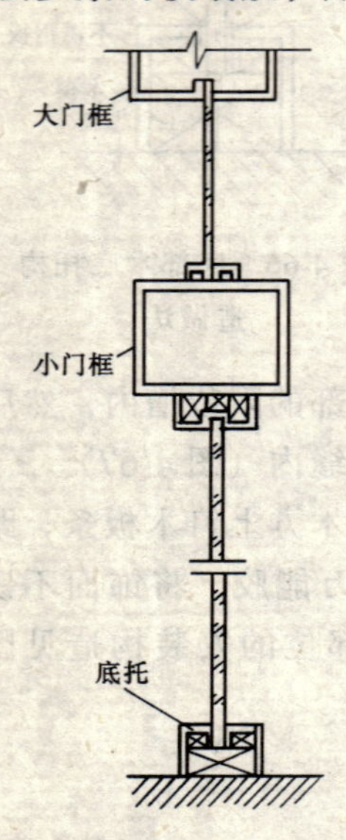

图 4-69　玻璃门竖向安装构造示意

(4) 玻璃板之间的对接

门上固定部分的玻璃板需要对接时，其对接缝应有 2～4mm 的宽度，玻璃板边部要进行倒角处理。当玻璃块留缝定位并安装稳固后，即将玻璃胶注入其对接的缝隙，用塑料片在玻璃板对缝的两面把胶刮平，用布擦净胶料残迹。

2. 玻璃活动门扇安装

全玻璃活动门扇的结构没有门扇框，门扇的启闭由地弹簧实现，地弹簧与门扇的上下金属横档进行铰接（图 4-70）。

玻璃门扇的安装方法与步骤如下：

(1) 门扇安装前，应先将地面上的地弹簧和门扇顶面横梁上的定位销安装固定完毕，两者必须在同一轴线，安装时应吊垂线检查，做到准确无误，地弹簧转轴与定位销为同一中心线。

(2) 在玻璃门扇的上下金属横档内划线，按线固定转动销的销孔板和地弹簧的转动轴连接板。具体操作可参照地弹簧产品安装说明。

(3) 玻璃门扇的高度尺寸，在裁割玻璃板时应注意包括插入上下横档的安装部分。一般情况下，玻璃高度尺寸应小于测量尺寸 5mm 左右，以便于安装时进行定位调节。

(4) 把上下横档（多采用镜面不锈钢成型材料）分别装在厚玻璃门扇上下端，并进行门扇高度的测量。如

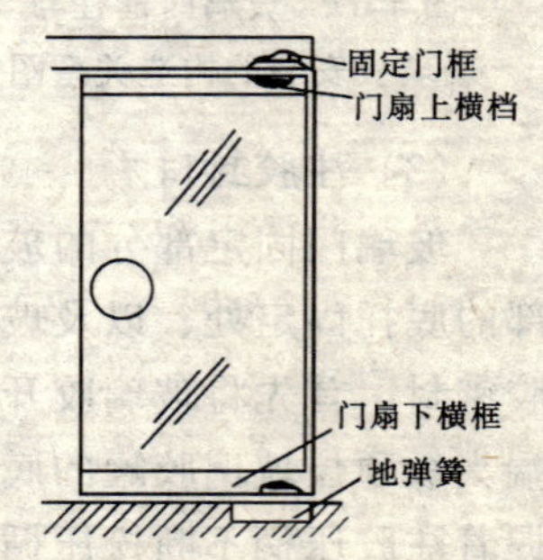

图 4-70　玻璃门扇构造

果门扇高度不足，即其上下边距门横及地面的缝隙超过规定值。可在上下横档内加垫胶合板条进行调节（图 4-71）。如果门扇高度超过安装尺寸，只能由专业玻璃工将门扇多余部分裁去。

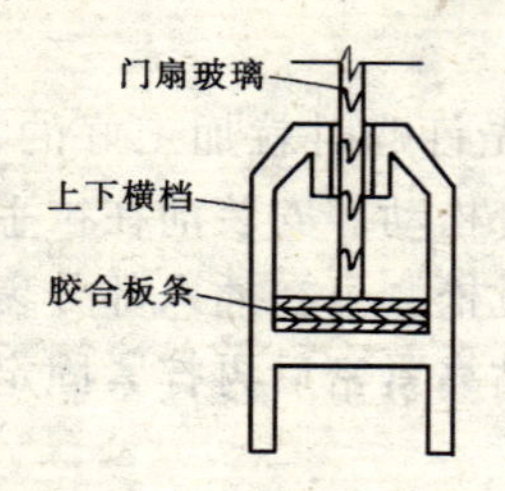

图 4-71　加垫胶合板条调整门扇高度

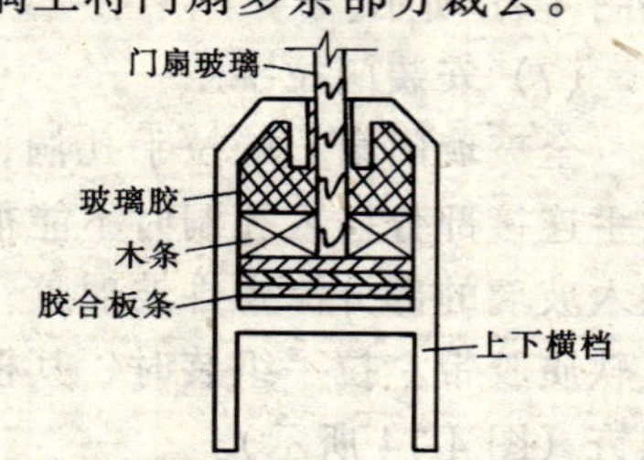

图 4-72　上下金属横档的固定

（5）门扇高度确定后，即可固定上下横档，在玻璃板与金属横档内的两侧空隙处，由两边同时插入小木条，轻敲稳实，然后在小木条、门扇玻璃及横档之间形成的缝隙中注入玻璃胶（图 4-72）。

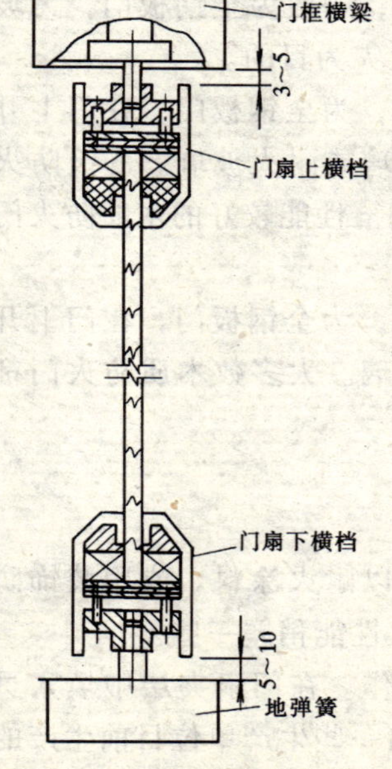

图 4-73　门扇定位安装

（6）进行门扇定位安装。先将门框横梁上的定位销本身的调节螺钉调出横梁平面 1～2mm，再将玻璃门扇竖起来，把门扇下横档内的转动销连接件的孔位对准地弹簧的转动销轴，并转动门扇将孔位套在销轴上。然后把门扇转动 90°使之与门框横梁成

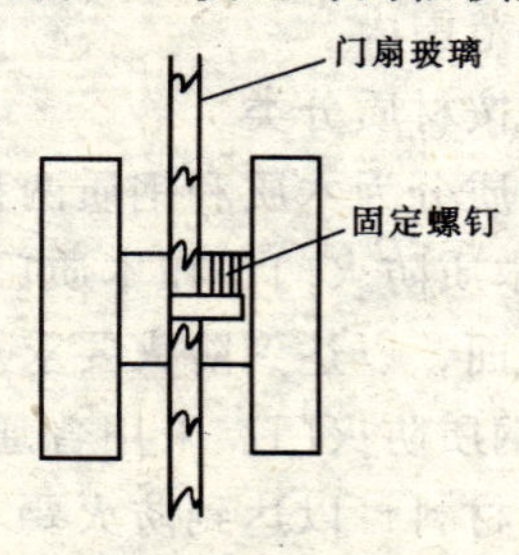

图 4-74　门拉手安装示意

直角，把门扇上横档中的转动连接件的孔对准门框横梁上的定位销，将定位销插入孔内15mm左右（调动定位销上的调节螺钉）。如图4-73所示。

(7) 安装门拉手

全玻璃门扇上的拉手孔洞，一般是事先订购时就加工好的，拉手连接部分插入孔洞时不能很紧，应略有松动。安装前在拉手插入玻璃的部分涂少许玻璃胶；如若插入过松，可在插入部分裹上软质胶带。拉手组装时，其根部与玻璃贴靠紧密后再拧紧固定螺钉（图4-74所示）。

六、特种门窗及配件

(一) 防火门安装施工

1. 防火门的种类

(1) 按耐火极限分类

按耐火极限分，防火门的ISO标准有甲、乙、丙三个等级。

1) 甲级耐火门。耐火极限为1.2h，一般为全钢板门，无玻璃门。甲级防火门以火灾时防止扩大火灾为目的。

2) 乙级耐火门。耐火极限为0.9h，为全钢板门，在门上开一小玻璃窗，玻璃选用5mm厚夹丝玻璃或耐火玻璃。乙级防火门以火灾时防止开口部蔓延为主要目的。性能较好的木质防火门也可达到乙级防火门的性能。

3) 丙级耐火门。耐火极限为0.6h，为全钢板门，在门上开一小玻璃窗，玻璃选取5mm厚夹丝玻璃。大多数木质防火门都在这一级范围内。

(2) 按材质分类

按材质分为木质和钢质两种。

1) 木质防火门。在木质门表面涂以耐火涂料。或用装饰防火胶板贴面，以达到防火要求。其防火性能稍差一些。

2) 钢质防火门。采用普通钢板制作。在门扇夹层中填入页岩棉耐火材料，以达到防火要求。国内一些生产单位目前生产的防火门，门洞宽度、高度均采用国家建筑标准中常用的尺寸。

3）复合玻璃防火门。采用冷轧钢板作防火门的门扇背架，镶嵌透明防火复合玻璃。其玻璃部分的面积一般可达到门扇面积的80%左右。因此较为美观，但价格较高，安装精度要求也较高。

2. 安装施工

钢质防火门的安装施工程序为：划线→立门框→安装门扇及附件。

(1) 划线

按设计要求尺寸，标高和方向，画出门框口位置线。

(2) 立门框

先拆掉门框下部的固定板，凡框内高度比门扇的高度大于30mm者，洞口两侧地面须设留凹槽。门框一般埋入±0.000标高以下20mm，须保证框口上下尺寸相同，允许误差小于1.5mm，对角线允许误差小于2mm。

将门框用木楔临时固定在洞口内，经校合格后，固定木楔，门框铁角与预埋铁板件焊牢。

(3) 安装门扇及附件

门框周边缝隙，用1:2的水泥砂浆或强度不低于10MPa的细石混凝土嵌塞牢固，应保证与墙体结成整体；经养护凝固后，再粉刷洞口及墙体。

粉刷完工后，安装门扇，五金配件及有关防火装置。门扇关闭后，门缝应均匀平整，开启自由轻便。不得有过紧、过松和反弹现象。

3. 注意事项

(1) 为防止火灾蔓延和扩大，防火门必须在构造上设有隔断装置，即装设保险丝，一旦火灾发生，热量使保险丝熔断，自动关锁装置就开始动作，进行隔断，这样可以达到防火目的。

(2) 金属防火门，由于火灾时的温度使其膨胀，可能不好关闭；或是因为门框阻止门膨胀而产生翘曲，从而引起间隙；或是使门框破坏。必须在构造上采取措施，不使这类现象产生，这是很重要的。

（二）金属转门安装施工

金属转门有铝质、钢质两种型材结构。铝质结构是采用铝镁硅合金挤压型材，经阳极氧化成银白、古铜等色，外形美观，并耐大气腐蚀。钢质结构采用 20 号碳素结构钢无缝异型管，选用 YB431-64 标准，冷拉成各种类型转门、转壁框架，然后喷涂各种油漆而成。它具有密闭性好、抗震和耐老化能力强、转动平稳、转动方便、坚固耐用等特点。主要适用于宾馆、机场、商店等高级民用及公共建筑。

金属转门的安装施工按以下步骤进行：

（1）开箱后，检查各类零部件是否正常，门樘外形尺寸是否符合门洞口尺寸，以及转门壁位置要求，预埋件位置和数量。

（2）木桁架按洞口左右、前后位置尺寸与预埋件固定，并保持水平，一般转门与弹簧门、铰链门或其他固定扇组合，就可先安装其他组合部分。

（3）装转轴，固定底座，底座下要垫实，不允许下沉，临时点焊上轴承座，使转轴垂直于地平面。

（4）装圆转门顶与转门壁，转门壁不允许预先固定，便于调整与活扇之间隙，装门扇保持 90°夹角，旋转转门，保证上下间隙。

（5）调整转壁位置，以保证门扇与转门壁之间的间隙。门扇高度与旋转松紧调节见图 4-75。

（6）先焊上轴承座，混凝土固定底座，埋插销下壳，固定门壁。

（7）安装玻璃。

（8）钢转门喷涂油漆。

（三）金属铰链门、弹簧门安装施工

金属铰链门、弹簧门有铝质、钢质两种型材结构。与金属转门相同，铝质结构采用铝镁硅合金挤压成型材，铝材表面经阳极氧化成银白、古铜等色，外形美观，并耐大气腐蚀，钢质结构采

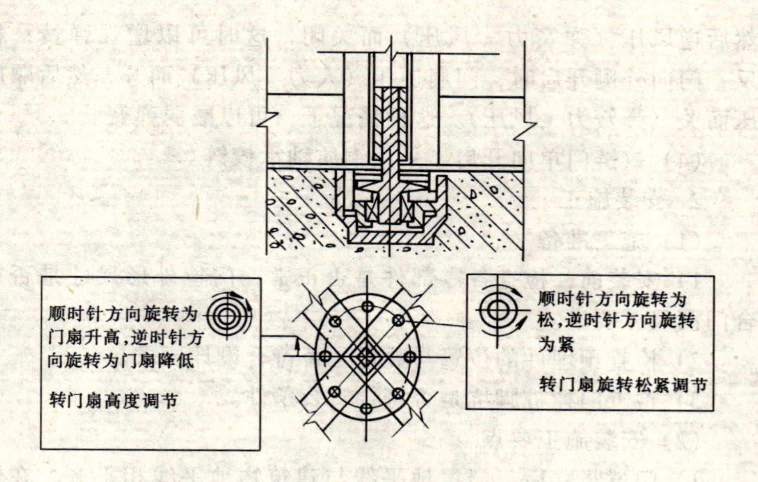

图 4-75 转门调节示意图

用 20 号碳素结构钢无缝异型管，选用 YB431-64 标准，冷挤成各种类型，门樘表面可按需要喷涂成各种色彩。这种产品可以在风荷载不大于 10MPa 条件下使用。

铰链是由弹簧等装配起来的装置可兼做门下端的转轴和门的调整开关。例如门开到 90°时，可以停在那个位置。通常该装置全部集中装在一个匣子中，多数情况下埋入地面使用。一般，如用手推动，则可回复到原来位置把门关上，普通风力推不动它，这可以通过调整弹簧强度来实现。一般有 90°双开和 90°单开。

1. 特点

（1）铝结构采用有机密封胶条固定玻璃，具有良好的密封、抗震和耐老化性能。钢结构玻璃采用油面腻子固定；铝质、钢质结构采用 5～6mm 厚玻璃。

（2）弹簧门扇可向内或向外开启，运动平稳，无噪声，开启方便，关闭紧密，坚固耐用，便于擦洗清洁和维修。当门角度不满 90°时，能自动复位，快慢可以自由调节，当门扇开启成 90°，可使其原地定位。

（3）门向内侧开启时，人和风力共同推门扇（人力 + 风压），然后逆风压（弹簧力－风压）而关闭，这时可以增强弹簧；相反，门向外侧开启时，门扇逆压（人力－风压）而开，然后顺风压而关（弹簧力＋风压）。这种情况下，可以减弱弹簧。

（4）铰链门单向开启，采用铜质轴承铰链。

2．安装施工

（1）施工准备

1）安装前，检查各零部件是否正常，门樘外形尺寸是否符合门洞尺寸要求。

2）检查预埋件的位置与数量是否符合设计要求。

3）检查门樘桩脚坑是否符合安装条件。

（2）安装施工要点

1）门樘竖立后，门樘地平线与建筑物地平线相平齐。在保证左右、前后位置后，要保证整个门樘的水平及门柱两侧均垂直，如多樘拼装应使所有立柱在一直线上，使门樘固定。

2）装上门扇，保证上下、左右间隙，弹簧门要保证地弹簧面板的水平，铰链门扇的铰链轴应保持在同一垂直线上，在自由静止状态下，门扇不得有运动现象。然后，再焊接各水泥脚头。

3）埋插销下壳，装玻璃，钢门喷涂油漆。

4）产品运到施工现场后，应妥善保管，并注意确保门体不得与石灰、水泥及其他酸、碱性化学物品接触，以免损伤表面美观。

第五章　建筑装饰金属工程施工组织与管理

第一节　建筑装饰金属工程施工组织设计概论

一、建筑装饰金属工程施工组织设计的概念

建筑装饰金属工程施工组织设计，是用来指导建筑装饰金属工程施工全过程各项活动的一个经济、技术、组织等方面的综合性文件，是进行科学管理、提高企业经济效益的重要手段。

建筑装饰金属工程的施工组织设计，实质上就是根据拟建建筑装饰金属工程的具体特点、建设要求、施工条件和施工管理水平，确定建筑装饰金属工程的施工顺序、流水段的划分和施工流向，选择主要施工方法、技术措施，规划施工进度计划、施工准备工作计划、技术资源计划，考核主要技术经济指标，绘制施工平面布置图，提出保证工程质量和安全施工的措施等。实际上就是在建筑装饰金属工程施工前，进行调查了解，搜集有关资料，掌握工程性质和施工要求，结合施工条件和自身状况，拟定一个切实可行的工程施工计划方案。这个计划方案就是建筑装饰金属工程施工组织设计。

二、建筑装饰金属工程施工组织设计的作用

建筑装饰金属工程施工组织设计是建筑装饰金属工程施工前的必要准备工作之一，是合理组织施工和加强施工管理的一项重要措施。它对保质、保量、按时完成整个建筑装饰金属工程具有决定性的作用。

具体而言，建筑装饰金属工程施工组织设计的作用，主要表现在以下几个方面：

（1）建筑装饰金属工程施工组织设计是沟通设计和施工的桥梁，也可用来衡量设计方案的施工可能性和经济合理性。

（2）建筑装饰金属工程施工组织设计对拟定工程从施工准备到竣工验收全过程的各项活动起指导作用。

（3）建筑装饰金属工程施工组织设计是施工准备工作的重要组成部分，同时对及时做好各项施工准备工作又能起到促进作用。

（4）建筑装饰金属工程施工组织设计能协调施工过程中各工种之间、各种资源供应之间的合理关系。

（5）建筑装饰金属工程施工组织设计是对施工活动实行科学管理的重要手段。

（6）建筑装饰金属工程施工组织设计是编制工程概、预算的依据之一。

（7）建筑装饰金属工程施工组织设计是施工企业整个生产管理工作重要组成部分。

（8）建筑装饰金属工程施工组织设计是编制施工作业计划的主要依据。

三、建筑装饰金属工程施工组织设计的任务

施工组织设计的根本任务，是根据建筑装饰金属工程施工图和设计要求，从物力、人力、空间等诸要素着手，在组织劳动力、专业协调、空间布置、材料供应和时间排列等方面，进行科学、合理地部署，从而达到在时间上能保证速度快、工期短，在质量上能做到精度高、效果好，在经济上能达到消耗少、成本低、利润高等目的。

四、建筑装饰金属工程施工组织设计的分类

建筑装饰金属工程施工组织设计是一个总的概念。根据建筑装饰金属工程的规模大小、结构特点、技术繁简程度和施工条件的不同，建筑装饰金属工程施工组织设计通常又分为三大类，即建筑装饰金属工程施工组织总设计、单位建筑装饰金属工程施工组织设计、分部（分项）建筑装饰金属工程作业设计。

（一）建筑装饰金属工程施工组织总设计

建筑装饰金属工程施工组织总设计是以民用建筑群以及结构复杂、技术要求高、建设工期长、施工难度大的大型公共建筑和高层建筑的装饰金属工程为对象编制的。在有了批准的初步设计或扩大初步设计之后才进行编制。它是对整个建筑装饰金属工程在组织施工中的统盘规划和总的战略部署，是编制年度施工计划的依据。

建筑装饰金属工程施工组织总设计一般以主持工程的总承包单位（总包）为主，有建设单位、设计单位及其他承建单位（分包）参加共同编制。

（二）单位建筑装饰金属工程施工组织设计

单位建筑装饰金属工程施工组织设计是以一个单位工程或一个不复杂的单项工程的装饰金属工程为对象编制的。在已列入年度计划，有了施工图设计并会审后，由直接组织施工的基层单位编制。它是单位建筑装饰金属工程施工的指导性文件，并作为编制季、月、旬施工计划的依据。

（三）分部（分项）建筑装饰金属工程作业设计

分部（分项）建筑装饰金属工程作业设计是以某些主要的或新结构、技术复杂的或缺乏施工经验的分部（分项）工程为对象编制的。它是直接指导现场施工和编制月、旬作业计划的依据。

五、建筑装饰金属工程施工组织设计的内容

不同的建筑装饰金属工程，有着不同的施工组织设计。建筑装饰金属工程的施工组织设计同其他装饰工程的施工组织设计一样，应根据工程特点及施工条件等来进行编制。

建筑装饰金属工程施工组织设计的内容，主要包括以下几个方面：

（一）工程概况及工程特点

在编制施工组织设计前，首先要弄清设计的意图，即装饰的目的和意义。为此，应对工程进行认真分析、仔细研究，弄清工程的内容及工程在质量、技术、材料等各方面的要求，熟悉施工的环境和条件，掌握在施工过程中应该遵守的各种规范及规程，并根据工程量的大小、施工要求及施工条件确定施工工期。为使工程在规定的工期内保质保量地完成，还必须确定各种材料和施工机具的来源及供应情况。

（二）施工方案

选择正确的施工方案，是施工组织设计的关键。施工方案一般包括对所建工程的检验和处理方法、主要施工方法和施工机具的选择、施工起点流向、施工程序和顺序的确定等内容。特别是二次改造工程，在进行施工之前，一定要对基层进行全面检查，将原有的基层必须铲除干净，同时对需要拆除的结构和构件的部位数量、拆除物的处理方法等，均应作出明确规定。由于金属工程的工艺比较复杂，施工难度也比较大，因此在施工前必须明确主要施工项目。例如，金属门窗加工及安装方法、顶棚及隔墙装饰施工方法等，在确定现场的垂直运输和水平运输方案的同时，应确定所需的施工机具，此外还应该绘出安装图、排料图及定位图等。

（三）施工方法

施工方法必须严格遵守各种施工规范和操作规程。施工方法的选择必须是建立在保证工程质量及安全施工的前提下，根据各分部分项工程的特点，具体确定施工方法，特别是门窗的安装方法、顶棚及隔墙的装饰施工方法等。

（四）施工进度计划

施工进度计划应根据工程量的大小、工程技术的特点以及工期的要求结合确定的施工方案和施工方法，预计可能投入的劳动力及施工机械数量、材料、成品或半成品的供应情况，以及协作单位配合施工的能力等诸多因素，进行综合安排。再根据下列步骤编制施工进度计划：

1. 确定施工顺序

按照建筑装饰金属工程的特点和施工条件等，处理好各分项工程间的施工顺序。

2. 划分施工过程

施工过程应根据工艺流程、所选择的施工方法以及劳动力来进行划分，通常要求按照施工的工作过程进行划分。对于工程量大、相对工期长、用工多等主要工序，均不可漏项；其余次要工序，可并入主要工序。对于影响下道工序施工和穿插配合施工较复杂的项目，一定要细分、不漏项；所划分的项目，应与建筑装饰金属工程的预算项目相一致，以便以后概算（决算）。

3. 划分施工段

施工段要根据工程的结构特点、工程量以及所能投入的劳动力、机械、材料等情况来划分，以确保各专业工作队能沿着一定顺序，在各施工段上依次并连续地完成各自的任务，使施工有节奏地进行，从而达到均衡施工、缩短工期、合理利用各种资源之目的。

4. 计算工程量

工程量是组织建筑装饰金属工程施工，确定各种资源的数量供应，以及编制施工进度计划，进行工程核算的主要依据之一。工程量的计算，应根据图纸设计要求以及有关计算规定来进行。

5. 机械台班及劳动力

机械台班的数量和劳动力资源的多少，应根据所选择的施工方案、施工方法、工程量大小及工期等要求来确定。要求既能在规定的工期内完成任务，又不能产生窝工现象。

6. 确定各分项工程或工序的作业时间

要根据各分项工程的工艺要求、工程量大小、劳动力设备资源、总工期等要求，确定分项工程或工序的作业时间。

（五）施工准备工作

施工准备工作是指开工前及施工中的准备工作，主要包括技术准备、现场准备以及劳动力、施工机具和材料物资的准备。其中，技术准备主要包括熟悉与会审图纸，编审施工组织设计，编审施工图预算以及准备其他有关资料等；现场准备主要包括结构状况、施工状况的检查和处理，有关生产和生活临时设施的搭设，以及水、电管网线的布置等。

（六）施工平面图

施工平面图主要表示单位工程所需各种材料、构件、机具的堆放，以及临时生产、生活设施和供水、供电设施等合理布置的位置。对于局部装饰金属工程项目或改建项目，由于现场能够利用的场地很小，各种设施都无法布置在现场，所以一定要安排好材料供应运输计划及堆放位置、道路走向等。

（七）主要技术组织措施

主要技术组织措施，主要包括工程质量、安全指标以及降低成本、节约材料等措施。

（八）主要技术经济指标

主要技术经济指标是对施工方案及施工部署的技术经济效益进行全面的评价，用以衡量组织施工的水平。一般用施工工期、劳动生产率、质量、成本、安全、节约材料等指标表示。

第二节 建筑装饰企业质量及料具管理

建筑装饰工程质量管理，是建筑装饰企业管理中一个极为重要的组成部分。这是因为，建筑装饰工程质量的优劣，直接关系到人民的生活、工作和学习，严重者还会危及人民的生命财产。另外，建筑装饰工程质量不合格也无法交工，会给甲乙双方造成极大的经济损失。因此，建筑装饰企业应当加强全面质量管理，努力提高建筑装饰工程质量。

一、建筑装饰工程质量的检查

（一）建筑装饰工程质量检查的依据

1. 国家颁发的有关施工质量验收规范、施工技术操作规程和质量检验评定标准。如《建筑装饰装修工程质量验收规范》（GB 50210—2001）等。

2. 原材料、半成品、构配件的质量检验标准。

3. 设计图纸、设计变更、施工说明以及承包合同等有关设计技术文件。

（二）建筑装饰工程质量检查的内容

1. 原材料、半成品、成品和构配件等进场材料的质量保证书和抽样试验资料。

2. 施工过程的自检原始记录和有关技术档案资料。

3. 使用功能检查。

4. 项目外观检查（根据规范和合同要求，主要包括主控项目、一般项目和实测项目）。

（三）质量检查的方法

质量检查的数量有全数检查和抽样检查两种，具体的数量应根据质量验收规范和承包合同的要求来确定。

1. 看：即外观目测，是对照规范或规程要求进行外观质量的检查。如罩面板表面平整和洁净等。

2. 摸：即手感检查，用于装饰工程的某些项目。如油漆的平整度和光滑度等。

3. 敲：敲是指运用专门工具进行敲击听音检查。如镶贴工程等，通过敲击听音可判断是否有空鼓现象。

4. 照：照是指对于人眼不能直接达到的高度、深度或亮度不足的部位，可以借助于灯光或镜子反光来检查。如门窗框上口的填缝等。

5. 靠：靠是指用工具（靠尺、楔形塞尺）测量表面的平整度。它适用于顶棚、墙面等要求平整度的项目。

6. 吊：吊是指用工具（托线板、线锤等）测量垂直度。如用线锤和托线板吊测墙、柱的垂直度等。

7. 量：量是指借助于度量衡工具进行检查，如用尺量门窗尺寸等。

8. 套：套是指用工具套。如用方尺辅以楔形塞尺来测抹灰阴阳角的方正度等。

（四）质量验收标准

1. 基本规定

(1) 建筑装饰装修工程必须进行设计，并出具完整的施工图设计文件。

(2) 承担建筑装饰装修工程设计的单位应具备相应的资质，并应建立质量管理体系。由于设计原因造成的质量问题应由设计单位负责。

(3) 建筑装饰装修设计应符合城市规划、消防、环保、节能等有关规定。

(4) 承担建筑装饰装修工程设计的单位应对建筑物进行必要的了解和实地勘察，设计深度应满足施工要求。

(5) 建筑装饰装修工程设计必须保证建筑物的结构安全和主要使用功能。当涉及主体和承重结构改动或增加荷载时，必须保证建筑物的结构安全和主要使用功能。当涉及主体和承重结构改动或拆除时，必须由原结构设计单位或具备相应资质的设计单位核查有关原始资料，对既有建筑结构的安全性进行核验、确认。

(6) 建筑装饰装修工程的防火、防雷和抗震设计应符合现行国家标准的规定。

(7) 当墙体或吊顶内的管线可能产生冰冻或结露时，应进行防冻或防结露设计。

2. 材料验收标准

(1) 建筑装饰装修工程所用材料的品种、规格和质量应符合设计要求和国家现行标准的规定。当设计无要求时应符合国家现行标准的规定。严禁使用国家明令淘汰的材料。

(2) 建筑装饰装修工程所用材料的燃烧性能就符合现行国家标准《建筑内部装修设计防火规范》(GBJ 50222)、《建筑设计防火规范》（GBJ 16）和《高层民用建筑设计防火规范》（GB 50045）的规定。

(3) 建筑装饰装修过程所用材料应符合国家有关建筑装饰装

修材料有害物质限量标准的规定。

(4) 所有材料进场时应对品种、规格、外观和尺寸进行验收。材料包装应完好，应有产品合格证书、中文说明书及相关性能的检测报告；进口产品应按规定进行商品检验。

(5) 进场后需要进行复验的材料种类及项目应符合相应规范各章的规定。同一厂家生产的同一品种、同一类型的进场材料应至少抽取一组样品进行复验，当合同另有约定时应按合同执行。

(6) 当国家规定或合同约定应对材料进行见证检测时，或对材料的质量发生争议时，应进行见证检测。

(7) 承担建筑装饰装修材料检测的单位应具备相应的资质，并应建立质量管理体系。

(8) 建筑装饰装修工程所使用的材料在运输、储存和施工过程中，必须采取有效措施防止损坏、变质和污染环境。

(9) 建筑装饰装修工程所使用的材料应按设计要求进行防火、防腐和防虫处理。

(10) 现场配制的材料如砂浆、胶粘剂等，应按设计要求或产品说明书配制。

3. 分部工程质量验收

1) 建筑装饰装修工程质量验收的程序和组织应符合《建筑工程施工质量验收统一标准》(GB 50300—2000) 的规定。

2) 检验批的质量验收应按《建筑工程施工质量验收统一标准》(GB 50300—2001) 的格式记录。检验批的合格判定应符合下列规定：

①抽查样本均应符合主控项目的规定。

②抽查样本的80%以上应符合一般项目的规定。其余样本不得有影响使用功能或明显影响装饰效果的缺陷，其中有允许偏差的检验项目，其最大偏差不得超过规定允许偏差的1.5倍。

3) 分项工程的质量验收应按《建筑工程施工质量验收统一标准》(GB 50300—2001) 的格式记录，各检验批的质量均应达到规范的规定。

4）子分部工程的质量验收应按《建筑工程施工质量验收统一标准》（GB 50300—2001）的格式记录。子分部工程中各分项工程的质量均应验收合格，并应符合下列规定：

①应具备规范各子分部工程规定检查的文件和记录。

②应具备表5-1所规定的有关安全和功能的检测项目的合格报告。

③观感质量应符合规范各分项工程中一般项目的要求。

有关安全和功能的检测项目表 **表5-1**

项次	子分部工程	检测项目
1	门窗工程	1. 建筑外墙金属窗的抗风性能、空气渗透性能和雨水渗漏性能 2. 建筑外墙塑料窗的抗压性能、空气渗透性能和雨水渗漏性能
2	饰面板（砖）工程	1. 饰面板后置埋件的现场拉拔强度 2. 饰面砖样板件的粘结强度

5）分部工程的质量验收应按《建筑工程施工质量验收统一标准》（GB 50300—2001）的格式记录。分部工程中各子分部工程的质量均应验收合格，并应按规范的有关条款进行核查。当建筑工程只有装饰装修分部工程时，该工程应作为单位工程验收。

6）有特殊要求的建筑装饰装修工程，竣工验收时应按合同约定加测相关技术指标。

7）建筑装饰装修工程的室内环境质量应符合国家现行标准《民用建筑工程室内环境污染控制规范》（GB 50325）的规定。

8）未经竣工验收合格的建筑装饰装修工程不得投入使用。

二、建筑装饰企业的料具管理

料具，是建筑装饰装修材料和建筑装饰装修工程施工所用工具的总称。料具管理，是指为满足建筑装饰装修工程施工所需要的各种料具而进行计划、供应、保管、使用、监督和调节等方面的总称。料具管理可分为料具供应过程管理和料具使用过程的管理。

1. 料具供应管理

(1) 合理选择料具供应方式

选择什么样的料具供应方式，应结合本地区的物资管理体制、甲方的有关要求、工程规模和特点、企业常用供应习惯而确定。总之，料具供应应从实际出发，以确保施工需要并取得较好的经济效益。

1) 材料供应方式

①集中供应。这种供应方式一般适用于规模较大的建筑装饰装修工程。

②分散供应。这种方式一般适用于跨出本地区的建筑装饰装修工程或公司任务集中、不能全部保证材料供应的情况。

③分散与集中相结合。这种方式是对主要物资和短缺材料由公司一级材料部门采购、调度、储备、管理和供应，而对普通材料（如地方材料等）以及量少种类多且容易在市场采购的材料，则由基层单位采购、调度、储备和管理。

2) 工具供应方式

工具的供应方式，不同单位有不同的方法，但基本上有以下几种：

①由公司统一供应：它适合于工程较为集中的情况，公司根据基层施工单位的工具计划，综合平衡后，由供应部门调拨或采购供应。

②由基层施工单位自行采购供应：它适合于工程较为分散的情况或少量的低值易耗工具。

③租赁：租赁是为了提高工具的使用率，加速周转，一般对价值较大、使用时间较短的大型机械适用于租赁。

④工人自备：专业工种工人自备工具是为了加强工人维护、保养和爱护工具的责任性，对电工等小型专业工具，由专业工种工人自备，实行工具费津贴，按实际出勤天数返还给工人。

(2) 准确地确定施工料具的需用量计划

工程料具需用计划一般包括单位工程用料计划和分阶段用料计划。单位工程用料计划也称“一次性用料计划”，它反映单位工程从开始到竣工的整个施工全过程所需要的全部料具品种和数量。分阶段用料计划有年度用料计划、季度用料计划、月度用料计划等，它表示某一施工阶段所需要的料具品种和数量。

施工料具计划应根据已确认的施工方法、施工进度计划和材料的储备要求来确定，并以此计算料具的品种、数量和使用时间，料具计划一般由基层单位负责编制，报送有关部门（如分公司、公司、材料科、设备科等）审核，经综合平衡后执行。

2. 料具使用管理

在料具使用过程中，应做到以下几点：

1）工程所用主要材料应作为料具使用管理的重点。

2）周转性材料（指能多次使用于施工中的工具性材料或工具）的使用管理应做到周转速度快、周转次数多，以降低每次周转的材料摊销量和成本。

3）生产工具的管理，应做到尽可能延长工具寿命，减少损失和避免丢失的要求。

(1) 料具使用管理的主要内容

建筑装饰工程料具使用过程的管理，主要是指施工现场的料具管理。它包括材料、工具自进场直至全部消耗或竣工退场的整个过程，可分为施工前的现场准备、施工过程中的管理、施工收尾阶段的管理三个阶段。

1）施工前的现场准备

做准备时，应注意以下几点：①堆料现场的布置，要根据施工现场平面图进行。材料尽量靠近施工地点，便于使用，同时也要便于进料、装卸，避免发生二次搬运。②料场、仓库、道路不要影响施工用地，避免料场、仓库移动。③堆料场地及仓库的容量，要能存放施工供应间隔期的最大需用量，保证需要。④堆料场地要平整、不积水，构件存放场地要夯实。⑤仓库要符合防雨、防潮、防渗、防火、防盗的要求。⑥运输道路要坚实，循环畅通，有回转余地，雨季有排水措施。

2）施工过程中的现场料具管理

主要内容有以下几点：

①建立健全现场料具管理的责任制，本着“干什么、用什么、管什么”的原则，分片、包干负责。力争做到活完料净，保持文明施工。②按照施工进度及时编报料具需用计划，组织料具进场。③对进场料具认真执行验收制度，并码放整齐，做到成行、成线、成堆，符合保管要求。④认真执行限额领料制度和各种料具的“定包”办法，组织和监督班组工人合理使用，认真执行回收、退料制度。⑤健全各种原始记录和台帐，开展和坚持料具使用的核算工作。⑥根据施工不同阶段的需要及时调整堆料场地，保证施工要求和道路畅通。

3）施工收尾阶段的现场料具管理。主要内容有以下几点：①严格控制进料，防止活完剩料，为工完场清创造条件。②对不再使用的临时设施提前拆除，并充分考虑临建拆除料的利用。③多余的料具要提前组织退库。④对施工产生的垃圾要及时组织复用和处理。⑤对不再使用的周转材料，及时转移到新的施工地点。

（2）料具使用管理的措施

管理措施主要有以下几方面：

1）定额领料制度

定额领料，也叫“限额领料”，是现场材料管理中的一项领发料和用料制度，也是班组施工任务书管理的重要组成部分。它是以班组为单位，以所承担的施工任务为依据，规定了班组在保证质量、安全和时间的前提下，完成任务应消耗的材料数量。

定额用料的程序和做法，大体分为签发、下达、应用、检查、验收、结算六个步骤：

①定额用料的签发。由基层单位的材料定额员负责，根据班

组作业计划（任务书）的工程项目和工程量，按施工定额，扣除技术措施的节约量，计算定额领料量，填写定额用料单（限额用料单），会同工长向班组交底。

②定额用料单的下达。用料单一式三份，一联存根，二联交材料部门发料，三联交班组作为领料凭证。

③定额用料单的应用。施工班组凭用料单在限额内领料，材料部门在限额内发料。

④定额用料单的检查。班组作业时，工长和材料定额员要经常检查用料情况，帮助班组正确执行定额，合理使用材料。

⑤定额领料单的验收。班组完成任务后，由工长组织有关人员验收质量、工程量的执行情况，合格后办理退料。

⑥定额用料单的结算。一般由材料定额员负责，根据验收合格的任务书，计算出材料应用量，与结清领退料手续的定额用料单实际耗用量对比，结出盈亏量，作出盈亏分析，登入班组用料台帐。

2）材料承包制度

材料承包是定额领料制度的高级阶段，是一种责、权、利统一的经济制度。它主要有以下几种形式：①单位工程材料费承包。②部位实物承包。③单项实物承包。

3）周转性材料的管理

①费用承包。一般以单位工程或分部、分项工程为对象，根据施工方案核定周转材料费用，由责任工长进行承包，按照实际付出的租赁费进行结算，实行节约奖、超耗罚，目的是加速周转。

②实物承包。一般是以分部、分项工程为对象，根据施工方案和拼装图核定各种周转性材料的需用量及损耗量、回收量，由专业班组承包，按照施工实际损耗量、回收量进行奖罚。

4）生产工具管理。①个人使用的工具，实行个人工具费的办法。②专业队组合用工具实行工具费“定包”办法。

第三节　建筑装饰企业安全管理

一、安全技术措施计划

（一）安全技术措施计划的概念

有关名词的含义

（1）安全技术措施计划：系指企业从全局出发编制的年度或数年间在安全技术工作上的规划。

（2）安全技术：即为控制或消除生产过程中的危险因素，防止发生人身事故而研究与应用的技术。简而言之，安全技术就是劳动安全方面的各种技术措施的总称。

（3）安全技术措施：系指为防止工伤事故和职业病的危害，从技术上采取的措施。

工程施工中，针对工程的特点、施工现场环境、施工方法、劳动组织、作业方法、使用的机械、动力设备、变配电设施、架设工具及各项安全防护设施等制定的确保安全施工的措施，称为施工安全技术措施。

（二）安全技术措施计划的内容、范围

安全技术：以防止工伤为目的的一切措施，包括如下内容：

（1）机器、机床、提升设备及电器设备等传动部分的防护装置，在传动梯、吊台、廊道上安设的防护装置及各种快速自动开关等。

（2）电刨、电锯、砂轮、剪床、冲床及锻压机器上的防护装置，有碎片、屑末、液体飞出及有裸露导电体等处所安设的防护装置。

（3）升降机和起重机械上各种防护装置及保险装置（如安全卡、安全钩、安全门、过速限制器、过卷扬限制器、门电锁、安全手柄、安全制动器等），桥式起重机设置固定的着陆平台和梯子；升降机和起重机械为安全而进行的改装。

（4）各种联动机械和机械之间、工作场所的动力机械之间、建筑工地上为安全而设的信号装置，以及在操作过程为安全而进行联系的各种信号装置。

(5) 各种运输机械上的安全启动和迅速停车设备。

(6) 为安全而重新布置或改装的机械和设备。

(7) 电器设备安装防护性接地或接中性线的装置，以及其他防止触电的设施。

(8) 为安全而设低电压照明设备。

(9) 在各种机床、机器房、为减少危险和保证工人安全操作而设的附属起重设备；以及用机械化的操纵代替危险的手动操作等。

(10) 在生产区域内危险处装置的标志、信号和防护设施。

(11) 在工人可能到达的洞、坑、沟、升降口、漏斗等处安设的防护装置。

(12) 在生产区域内，工人经常往来的地点，为安全而设置的通道及便桥。

(13) 高处作业时，为避免铆钉、铁片、工具等坠落伤人而设置的工具箱及防护网。

二、施工安全技术措施

工程大致分为两种：一是结构共性较多的称为一般工程；二是结构比较复杂、施工特点较多的称为特殊工程。

(一) 一般工程安全技术措施的主要内容

(1) 脚手架、吊篮、工具式脚手架等选用及设计塔设方案和安全防护措施。

(2) 高处作业的上下通道及防护措施。

(3) 安全网（平网、立网）的架设要求、范围（保护区域）、架设层次、段落。

(4) 对施工用的电梯、井架（龙门架）等垂直运输设备，位置及搭设要求，稳定性、安全装置等的要求和措施。

(5) 施工洞口及临时的防护方法和立体交叉施工作业区的隔离措施。

（6）编制施工临时用电的组织设计和绘制临时用电图纸。在建工程的外侧边缘与外电架空线路的距离没有达到最小安全距离而采取的防护措施。

（7）中小型机具的使用安全。

（8）防火、防毒、防爆、防雷等安全措施。

（9）在建工程与周围人行通道及民房的防护隔离设置。

（二）特殊工程安全技术措施

对于结构复杂，危险性大的特殊工程，应编制单项的安全措施，并要有设计依据、有计算、有详图、有文字要求。

（三）季节性施工安全措施

季节施工安全措施，就是考虑不同季节的气候，对施工生产带来的不安全因素，可能造成各种突发性事故，而从防护上、技术上、管理上采取措施。一般建筑装饰金属工程可在施工组织设计或施工方案的安全技术措施中编制季节性施工安全措施；危险性大、高温作业多的建筑装饰金属工程，应编制季节性的施工安全措施。季节性主要指夏季、雨季和冬季。

（1）夏季施工安全措施。夏季气候炎热，高温时间持续较长，主要是做好防暑降温。

（2）雨季施工安全措施。雨季进行作业，主要做好防触电、防雷、防坍塌、防台风。

（3）冬季施工安全措施。冬季进行作业，主要应做好防风、防火、防滑、防煤气中毒、防亚硝酸钠中毒的工作。

三、安全教育与培训

（一）安全教育的目的与意义

安全是生产赖以正常进行的前提，也是社会文明与进步的重要尺度之一，而安全教育又是安全管理工作的重要环节，安全教育的目的，是提高全员安全素质、安全管理水平和防止事故、实现安全生产。

（1）企业应建立三级安全教育和特殊工种安全培训制度。

（2）安全教育是提高全员安全素质，实现安全生产的基础。

通过安全教育，提高企业各级生产管理人员和广大职工搞好安全工作的责任感和自觉性，增强安全意识，掌握安全生产的科学知识，不断提高安全管理水平和安全操作技术水平，增强自我防护能力。

(3) 安全工作是与生产活动紧密联系的，与经济建设、生产发展、企业深化改革、技术改造同步进行；只有加强安全教育工作才能使安全工作不断适应改革形势的要求。改革开发以来大批的农民工进城从事建筑装饰金属工程施工，伤亡事故增多。其中，重要原因之一，是安全教育没有跟上，安全意识淡薄、安全素质差、安全知识匮乏。因此，在经济改革中，强化安全教育是十分重要的。

(二) 安全教育的内容

安全教育，主要包括安全生产思想、安全知识、安全技能三个方面的教育。

1. 安全生产思想教育

安全思想教育应从加强思想路线、方针政策和劳动纪律教育两个方面进行。

(1) 思想路线和方针政策的教育，一是提高各级领导干部和广大职工群众对安全生产重要意义的认识。从思想上、理论上认识社会主义制度下搞好安全生产的重大意义，以增强关心人、保护人的责任感，树立牢固的群众观点。二是通过安全生产方针、政策教育，提高各级领导、管理干部和广大职工的政策水平，使他们正确全面地理解党和国家的安全生产方针、政策、严肃认真地执行安全生产方针、政策和法规。

(2) 劳动纪律教育，主要是使广大职工懂得严格执行劳动纪律对实现安全生产的重要性。企业的劳动纪律是劳动者进行共同劳动时必须遵守的规则秩序。反对违章指挥，反对违章作业，严格执行安全操作规程，遵守劳动纪律是贯彻安全生产方针，减少伤亡事故，实现安全生产的重要保证。

2. 安全知识教育

企业所有职工必须具备安全基本知识。因此，全体职工都必须接受安全知识教育和每年按规定学时进行安全培训。安全基本知识教育的主要内容是：企业的基本生产概况；施工流程、方法；企业施工危险区域及其安全防护的基本知识和注意事项；机械设备、场内运输的有关安全知识；高处作业安全知识；各种机具的使用安全知识；消防制度及灭火器材应用的基本知识；个人防护用品的正确使用知识等等。

3. 安全技能教育

安全技能教育，就是结合本工种专业特点，实现安全操作、安全防护必须具备的基本技术知识要求。每个职工都要熟悉本工种、本岗位专业安全技术知识。安全技能知识是比较专门、细致和深入的知识。它包括安全技术、劳动卫生和安全操作规程。国家规定建筑登高架设、焊接等特种作业人员必须进行专门的安全技术培训，并经考试合格，持证上岗。

4. 法制教育

定期和不定期对全体职工进行遵纪守法的教育，以杜绝违章指挥、违章作业的现象发生。

（三）安全教育的基本要求

1. 领导干部必须先受教育

安全生产工作是企业管理的一个组成部分，企业领导是安全生产工作第一责任者。“安全工作好不好，关键在领导”。领导的思想认识提高了，就能将安全生产工作列入重要议事日程，带头遵守安全生产规章制度，身教重于言教，必然对群众起到有效的教育作用。领导要自觉地学习安全法规、安全技术知识，提高安全意识和安全管理工作领导水平。企业主管部门也应经常对企业领导干部进行安全生产工作宣传教育、考核。

2. 新工人三级安全教育

（1）三级安全教育是企业必须坚持的安全生产基本教育制度。对新工人都必须进行公司、工程处、班组的三级安全教育。

（2）三级安全教育一般由安全、教育和劳资等部门配合组织进行。经教育考试合格者才准许进入生产岗位。不合格者必须补课、补考。

(3) 对新工人的三级安全教育，要建立档案，如职工安全生产教育卡等，新工人工作一个阶段后还应进行重复性的安全再教育，以加深安全的感性和理性认识。

(4) 三级安全教育的主要内容：

1) 公司进行安全基本知识、法规、法制教育，主要内容是：①党和国家的安全生产方针；②安全生产法规、标准和法制观念；③本单位施工过程及安全生产规章制度，安全纪律；④本单位安全生产的形势及历史上发生的重大事故及应吸取的教训；⑤发生事故后如何抢救伤员、排险、保护现场和及时报告。

2) 工程处（项目部）进行现场规章制度和遵章守纪教育，主要内容是：①本单位施工基本知识；②本单位安全生产制度、规定及安全注意事项；③本工种的安全技术操作规程；④机械设备、电气安全及高处作业安全基本知识；

3) 班组安全生产教育由班组长主持进行，或由班组安全员及指定技术熟练、重视安全生产的老工人讲解。进行本工种岗位安全操作及班组安全制度、纪律教育。主要内容包括：①本班组作业特点及安全操作规程；②班组安全活动制度及纪律；③爱护和正确使用安全防护装置（设施）及个人劳动防护用品；④本岗位易发生事故的不安全因素及防范对策；⑤本岗位的作业环境及使用的机械设备、工具的安全要求。

3. 特种作业人员的培训

(1) 1986年3月1日起实施的《特种作业人员安全技术考核管理规则》（GB 5306—85）是我国第一个特种作业人员安全管理方面的国家标准。对特种作业的定义、范围、人员条件和培训、考核、管理都做了明确的规定。

(2) 特种作业的定义是"对操作者本人，尤其是对他人和周围设施的安全有重大危害因素的作业，称为特种作业"。直接从事特种作业者，称为特种作业人员。

(3) 特种作业的范围

特种作业的范围主要包括：①电工作业；②起重机械操作；③爆破作业；④金属焊接（气焊）作业；⑤机动车辆驾驶、轮机操作；⑥建筑登高架设作业；⑦符合特种作业基本定义的其他作业。

(4) 从事特种作业的人员，必须经国家规定的有关部门进行安全教育和安全技术培训，并经考核合格取得操作证者，方准独立作业。

4. 经常性教育

安全教育培训工作，必须做到经常化、制度化，警钟长鸣。

(1) 经常性教育主要内容

经常性教育的主要内容包括：①上级的劳动保护、安全生产法规及有关文件、指示；②各部门、科室和每个职工的安全责任；③遵章守纪；④事故案例及教训和安全技术先进经验、革新成果等

(2) 采用新技术、新工艺、新设备、新材料和调换工作岗位时，要对操作人员进行新技术操作和新岗位的安全教育，未经教育不得上岗操作。

(3) 班组应每周安排一次安全活动日，可利用班前或班后进行。

安全活动日的内容包括：①学习党、国家和企业随时下达的安全生产规定和文件；②回顾上周安全生产情况，提出下周安全生产要求；③分析班组工人安全思想动态及现场安全生产形势。

(4) 适时安全教育，根据建筑装饰金属工程施工的生产特点进行“五抓紧”的安全教育，即：①工程突击赶任务，往往不注意安全，要抓紧安全教育；②工程接近收尾时，容易忽视安全，要抓紧安全教育；③施工条件好时，容易麻痹，要抓紧安全教育；④季节气候变化，外界不安全因素多，要抓紧安全教育。节假日前后，思想不稳定，要抓紧安全教育，使之做到警钟长鸣。

(5) 纠正违章教育。企业对由于违反安全规章制度而导致重大险情或未遂事故的职工，进行违章纠正教育。

四、施工现场安全管理

(一) 施工现场安全管理

1. 加强施工现场安全管理的重要性

(1) 施工现场是企业安全系统管理的基础。施工现场安全管理是组织实施，保证生产处于最佳安全状态最重要的一环。

(2) 安全动态变化较大。因此必须强化施工现场安全动态管理。

(3) 社会经济变革，安全管理是否及时适应、配套跟上，首先在施工现场敏感地表现出来。如，随着经济体制的改革，建筑市场的开放，乡镇施工队伍发展很快，这些队伍由于没有很好地经过安全培训，职工队伍安全素质低，自我保护能力差，施工现场安全管理混乱，致使乡镇施工队伍重大伤亡事故频频发生。

2. 施工现场安全管理

施工现场安全管理主要分四大类：①安全组织管理（包括机构、制度、资料）；②场地设施管理（文明施工）；③行为安全规定；④安全技术管理。

(二) 施工现场安全组织

(1) 施工现场（工地）的负责人（或项目经理）为安全生产的第一责任者，应视工程大小设置专（兼）职安全人员和相应的安全机构。

(2) 成立以工地负责人（项目经理）为主的，有施工员、安全员、班组长等参加的安全生产管理小组，并成立安全管理网络。

(3) 要建立由工地领导参加的包括施工员、安全员在内的轮流值班制度，检查监督施工现场及班组安全制度贯彻执行，并做好安全值日记录。

(4) 工地要建立健全各类人员的安全生产责任制、安全技术交底、安全宣传教育、安全检查、安全设施验收和事故报告等管理制度。

(5) 班组新调入工地时，应将班组安全员名单报告工地安全生产管理小组。属特种作业人员班组还应报告本班组持有操作证情况。同时，工地安全生产管理小组要向班组进行安全教育和安全交底。

(6) 总、分包工程或多单位联合施工工程，总包单位应统一领导和管理安全工作，并成立以总包单位为主，分包单位（或参加施工单位）参加的联合安全生产领导小组，统筹、协调、管理施工现场的安全生产工作。

(7) 各分包单位（或参加施工单位）根据管生产必须管安全的原则，都应成立分包工程安全管理组织和确定安全负责人，负责分包工程安全管理，并服从总包单位的安全监督检查。

（三）施工现场的安全要求

1．一般工程的施工现场的基本要求

(1) 施工现场的安全设施

施工现场的安全设施，如安全网、洞口盖板、护栏、防护罩、各种限制保险装置必须齐全有效，并且不得擅自拆除或移动，因施工确实需要移动时，必须经工地施工管理负责人同意，并需要采取相应的临时安全设施，在完工后立即复原。

(2) 安全标牌

施工现场除应设置安全宣传标语牌外，危险部位还必须悬挂按照《安全色》(GB 2893—82) 和《安全标志》(GB 2894—82) 规定的标牌。夜间有人经过的坑洞等处还应设红灯示警。

2．特殊工程施工现场

(1) 特殊工程系指：工程本身的特殊性或工程所在区域的特殊性或采用的施工工艺、方法有特殊要求的工程。

(2) 特殊工程施工现场安全管理，除一般工程的基本要求外，还应根据特殊工程的性质、施工特点、要求等制定针对性的安全管理和安全技术措施，基本要求是：

1) 编制特殊工程现场安全管理制度并向参加施工的全体职

工进行安全教育和交底。

2）特殊工程施工现场周围要设置围护，要有出入制度并设值班人员。

3）强化安全监督检查制度，并认真做好安全日记。

4）对于从事危险作业的人员在进入作业区时要进行安全检测，作业时应设监护。

5）施工现场应设医务室或医务人员。

6）要备有救灾火灾、防爆等灾害的器材物资。

3．安全技术管理

单位工程的安全技术管理工作程序是：根据工程特点进行安全分析、评价、设计、制定对策、组织实施。实施中收集信息反馈，进行必要的技术调整或巩固安全技术效果。

（1）内业

内业即技术分析、决策和信息反馈的研究处理。安全技术资料是内业管理的重要工作，它不仅是施工安全技术的指令性文件、实施的依据和记录，而且是提供安全动态分析的信息流，并且对上级制定法规、标准也有着重要的研究价值。

单位工程安全技术管理基础资料包括：①施工现场安全管理组织机构；②施工现场安全管理生产岗位责任制；③施工现场安全管理生产规章制度；④施工组织设计（或方案）安全技术措施；⑤分部、分项安全技术交底书（包括采用新工艺、新技术、新设备、新材料安全交底书和安全操作规定）；⑥安全设施任务单，复杂或特殊要求的设施，还应有设计图纸、计算书；安全设施验收书（包括加工机具、用电等）；⑦施工现场安全生产活动记录；⑧安全教育档案（包括新工人进场培训考核资料、进场安全教育、变换工种安全教育和每月安全学习资料）；⑨班组安全生产活动记录（包括班组班前安全检查、安全交底和安全学习资料）；⑩安全检查和事故隐患整改记录等。

各种资料，应手续齐全，字迹清楚，并设专人管理。

（2）外业

外业主要是组织实施，监督检查。

1）作业部门（班组及人员）都必须遵照经审定批准的措施方案和有关安全技术规范进行施工作业。

2）各项安全设施如安全网、施工用电、洞口、临边等的搭设及其防护装置完成后必须验收，合格后才能使用。

3）各项安全措施、防护装置如确因施工工序中需要临时拆除或移位时，必须按规定报告经批准后方可拆除，并采取必要的其他防范措施，工序完工后要及时复原。

4）各施工作业完成后，安全设施、防护装置确认不再需要时，要经批准方可拆除。

五、安全检查

（一）安全检查的目的与意义

安全的基本含义是预知危险和消除危险，即告诉人们怎样识别危险和预防危险。

1.安全生产检查的意义

(1) 通过检查，可以发现施工中的不安全（人的不安全行为和物的不安全状态）、不卫生问题，从而采取对策，消除不安全因素，保障安全生产。

(2) 利用安全生产检查，进一步宣传、贯彻、落实党和国家安全生产方针、政策和各项安全生产规章制度。

(3) 安全检查实质也是一次群众性的安全教育。通过检查，增强领导和群众安全意识，纠正违章指挥、违章作业，提高搞好安全生产的自觉性和责任感。

2.安全检查的内容

安全检查的内容应根据施工特点，制定检查项目、标准。主要是查思想、制度、机械设备、安全设施、安全教育培训、操作行为、劳保用品使用、伤亡事故的处理等。

3.安全检查的形式

安全检查有经常性、定期性、突击性、专业性、季节性等多种形式。

(1) 主管部门（包括中央、省、市级建设行政主管部门）对下属单位进行的安全检查。通过检查总结，积累安全生产经验，对基层推动作用较大。

(2) 定期安全检查。企业内部必须建立定期分级安全检查制度。一般中型以上的企业，每季度组织一次安全检查；工程处(项目处) 每月或每周组织一次安全检查。每次安全检查应由单位领导或总工程师（技术领导）带队，有工会、安全、动力设备、保卫等部门派员参加。这种制度性的定期检查内容，属全面性和考核性的检查。

(3) 专业性安全检查。专业安全检查应由企业有关业务部门组织有关人员对某项专业（如：加工机具、电气等）的安全问题或在施工中存在的普遍性安全问题进行单项检查。这类检查专业性强，也可以结合单项评比进行，参加专业安全检查的人员，主要应由专业技术人员、懂行的安全技术人员和有实际操作、维修能力的工人参加。

(4) 经常性的安全检查。在施工过程中进行经常性的预防检查。能及时发现隐患，消除隐患，保证施工的正常进行，通常有：①班组进行班前、班后岗位安全检查；②各级安全员及安全值班人员日常巡回安全检查；③各级管理人员在检查生产同时检查安全。

(5) 季节性及节假日前后安全检查。季节性安全检查是针对气候特点（如：冬季、夏季、雨季、风季等）可能给施工带来危害而组织的安全检查。节假日（特别是重大节日，如：元旦、劳动节、国庆节）前、后防止职工纪律松懈、思想麻痹等进行的检查。

(6) 施工现场还要经常进行自检、互检和交接检查。

1）自检：班组作业前、后对自身所处的环境和工作程序进行安全检查，可随时消除不安全隐患。

2）互检：班组之间开展的安全检查。可以做到互相监督、共同遵章守纪。

3）交接检查：上道工序完毕，交给下道工序使用前，应由工地负责人组织工长、安全员、班组及其他有关人员参加，进行安全检查或验收，确认无误或合格，方能交给下道工序使用。

六、建筑装饰金属工程施工现场有关安全要求

1. 现场用电与有关安全要求

建筑装饰金属工程施工现场临时用电应按现行国家标准和符合建设部《施工现场临时用电安全技术规范》JGJ46—88 执行外，并应遵守下列要求：

（1）高层建筑施工现场临时用电及设备容量在 50kW 以上者，应制定安全用电技术措施和电气防火措施。

（2）施工现场的一切电气线路、设备安装、维护必须由持证电工负责，并要定期检查，建立安全技术档案。

（3）施工现场必须采用“三相五线制”供电。由专用变压器中性点直接接地供电的必须采用 TN-S 接零保护系统。当施工现场与外电线路共用同一供电系统时，电气设备应按要求作保护接零或做保护接地，但不得一部分设备作保护接零，另一部分设备作保护接地。潮湿或条件较差的施工现场的电气设备必须采用保护接零。

（4）各种电气设备应装专用开关和插销，插销上应具备专用的保护接零（接地）触头。严禁将导电触头误接作接地触头使用。

（5）架空供电线路必须用绝缘导线，以绝缘子支承的专用电杆（水泥杆、木杆），或沿墙架设。电杆的拉线必须装设拉力绝缘子。严禁供电线路设在树上、脚手架上。

（6）施工现场架空线路应装设在起重臂回转半径以外，如达不到此要求时，必须搭设防护架子，或采用其他措施。

（7）禁止使用不合格的保险装置和霉烂电线。一切移动式用电设备的电源线（电缆）全长不得有驳口，外绝缘层应无机械损伤。若地下水过大，不能达到上述要求者，必须另行制定切实有效的安全措施才能作业。

(8) 开关箱必须严格实行“一机一闸一漏电开关”制，严禁用同一个开关直接控制二台及二台以上用电设备（含插座)。开关箱内禁止存放杂物，门应加锁及应有防雨、防潮措施。

(9) 拆除施工现场线路时，必须先切断电源，严禁留有可能带电的导线。

(10) 拉闸停电进行电气检修作业时，必须在配电箱门挂上“有人操作，禁止合闸”的标志牌，必要时设专人看守。

2. 临时用电

施工现场临时用电除必须严格执行《施工现场临时用电安全技术规范》(JGJ46—88) 和《建设工程施工现场供用电安全规范》(GB50194—93) 外，还应遵守下列要求。

(1) 施工现场临时用电的安全管理要求

1) 施工现场必须按工程特点编制施工临时用电施工组织设计（或方案)，并由主管部门审核后实施。

临时用电施工组织设计包括如下内容：①用电机具明细表及负荷计算书；②现场供电线路及用电设备布置图，布置图应注明线路架设方式，导线、开关电器、保护电器、控制电器的型号及规格；③接地装置的设计计算及施工图；④发、配电房的设计计算，发电机组与外电联锁方式；⑤大面积的施工照明，150 人及以上居住的生活照明用电的设计计算及施工图纸；⑥安全用电检查制度及安全用电措施。

2) 各施工现场必须设置一名电气安全负责人，电气安全负责人应由技术好、责任心强的电气技术人员或工人担任，其责任是负责该现场日常安全用电管理。

3) 施工现场的一切电气线路、用电设备的安装和维护必须由持证电工负责，并严格执行施工组织设计的规定。

4) 施工现场应视工程量大小和工期长短，必须配备足够的（不少于 2 名）持有市、地劳动安全监察部门核发电工证的电工。

5) 施工现场使用的大型机电设备，进场前应通知主管部门派员鉴定合格后才允许运进施工现场安装使用，严禁不符合安全要求的机电设备进入施工现场。

6）一切移动式电动机具（如切割机、手持电动机具等）机身必须写上编号，检测绝缘电阻、检查电缆外绝缘层、开关、插头及机身是否完整无损，并列表报主管部门检查合格后才允许使用。

7）施工现场严禁使用明火电炉（包括电工室和办公室）、多用插座及分火灯头，220V 的施工照明灯具必须使用护套线。

8）施工现场应设专人负责临时用电的安全技术档案管理工作。临时用电安全技术档案应包括以下内容：①临时用电施工组织设计；②临时用电安全技术交底；③临时用电安全检测记录；④电工维修工作纪录。

（2）施工现场对外电线路的安全距离及防护的要求

1）在建工程不得在高、低压线路下方施工；高低压线路下方，不得搭设作业棚，建造生活设施，或堆放构件、架具、材料及其他杂物等。

2）在建工程（含脚手架具）的外侧边缘与外电架空线路的边线之间必须保持安全操作距离。

3）旋转臂架式起重机的任何部位或被吊物边缘与 10kV 以下的架空线路边缘最小水平距离不得小于 2m。

4）施工现场开挖非热管道沟槽的边缘与埋地电缆沟槽边缘之间的距离不得小于 0.5m

5）当达不到有关规定的最小距离时，必须采取防护措施，增设屏障。遮栏、围栏或保护网，并悬挂醒目的警告标志牌。

6）在架设防护设施时，应有电气工程技术人员或专职安全人员负责监护，或采取停电后进行。

7）所架设的遮拦、围栏或保护网应有足够的强度和刚度，与带电体的安全距离应满足有关规定。

8）当与带电体的安全距离不能满足有关规定时，必须与有关部门协商，采取停电、迁移外电线路或改变工程位置等措施，否则不得施工。

9）在外电架空线路附近开挖沟槽时，必须防止外电架空线路的电杆倾斜、悬倒，或会同有关部门采取加固措施。

10）在有静电的施工现场内，集聚在机械设备上静电，应采取接地泄漏措施。

（3）施工现场临时用电的接地与防雷安全要求

施工现场必须采用“三相五线制”供电，并必须符合下列要求：

1）由中性点直接接地的专用变压器供电的施工现场，必须采用 TN—S 保护接零系统（用电设备的金属外壳必须采用保护接零），专用保护接零线的首、末端及线路中间必须重复接地，重复接地电阻必须符合《施工现场临时用电安全技术规范》(JGJ46—88）的有关规定。

2）由公用变压器供电的施工现场，全部金属设备的金属外壳，必须采用保护接地。电气设备的金属外壳必须通过专用接地干线与接地装置可靠连接，接地干线的首、末端及线路中间必须与接地装置可靠连接，每一接地装置的接地电阻不得大于 4Ω。

3）“三相五线制”的供电干线、分干线必须敷设至各级电制箱。

4）专用保护接零（接地）线的截面积与工作零线相同，且不得小于干线截面积的 50%，其机械强度必须满足线路敷设方式的要求（架空敷设不得小于 $10mm^2$ 的铜芯绝缘线）。

5）接至单台设备的保护接零（地）线的截面积不得小于接至该设备的相线截面积的 50%，且不得小于 $2.5mm^2$ 多股绝缘铜芯线（设备出厂已配电缆，且必须拆开密封部件才能更换电缆的设备除外，如潜水泵）。

6）与相线包扎在同一外壳的专用保护接零（地）线（如电缆），其颜色必须为绿/黄双色线，该芯线在任何情况下不准改变用途。

7）专用保护接零（地）线在任何情况下严禁通过工作电流。

8）动力线路可装设短路保护，照明及安装在易燃易爆场所的线路必须装设过载保护。

9）用熔断器作短路保护时，熔体额定电流应不大于电缆线路或绝缘导线穿管敷设线路的导体允许载流量的 2.5 倍，或明敷绝缘导线允许载流量的 1.5 倍。

10）用自动开关作线路短路保护时，自动开关脱扣器的额定电流不小于线路负荷计算电流，其整定值应不大于线路导体长期允许载流量的 2.5 倍。

11）装设过载保护的供电线路，其绝缘导线的允许载流量，应不小于熔断器熔体额定电流或自动开关过载电流长延时脱扣器整定电流的 1.25 倍。

12）保护、控制线路的开关、熔断器应按线路负荷计算电流的 1.3 倍选择。

（4）施工现场的配电线路的安全要求

1）架空供电线路必须用绝缘导线，以绝缘于支承，用专用电杆（水泥杆、木杆）或沿墙架设。电杆的板线（拉线）必须装设拉力绝缘子，拉力绝缘子距离地面不得小于 2.5m，拉线的截面积不小于 3 × ϕ4 镀锌铁线。严禁供电线路架设在树木、脚手架上。

2）架设室外供电线路时，施工操作人员必须遵守下列要求：

①电杆使用小车搬运时，应捆绑卡牢；人工抬运时，动作要一致，电杆不应离地过高；

②人工立杆，所用叉木应坚固完好，操作时，互相配合，用力均衡。机械立杆，两侧应设溜绳。立杆时坑内不得有人，基坑夯实后，方准拆去叉木或拖拉绳；

③登杆前，杆根应夯实牢固。旧木杆杆根单侧腐朽深度超过杆根直径的 1/8 以上时，应经加固后方能登杆；

④登杆操作脚扣应与杆径相适应。使用脚踏板，钩子应向上。安全带应拴于安全可靠处，扣环扣牢，不准拴于瓷瓶或横担上。工具、材料应用绳索传递，禁止上下抛扔；

⑤杆上紧线应侧向操作，并将夹紧螺栓拧紧。紧有角度的导

线，应在外侧作业。调整拉线时，杆上不得有人；

⑥紧线用的铁丝或钢丝绳，应能承受全部拉力，与导线的连接，必须牢固。紧线时，导线下方不得有人。单方向紧线时，反方向应设置临时拉线；

⑦电缆盘上的电缆端头，应绑扎牢固。放线架、千斤顶应设置平稳，线盘应缓慢转动，防止脱杠或倾倒。电缆敷设至拐弯处，应站在外侧操作。

3）引入高层建筑内的供电线路，必须使用电缆穿钢管埋地敷设，引至各施工层的供电线路应使电缆沿管井、电缆井、电梯井架设，且每层不小于一个绝缘支承点。

4）室外供电线路的架设高度不小于4m，电缆线路可放宽为3m，但应保证施工机械及运输车辆安全通过。过通车道路的架设高度不小于6m。

5）室内供电线路的安装高度不得小于2.5m，并应保证人员正常活动不能触及供电线路。

6）锤击桩机的电源必须采用YZA系列安全型橡套电缆，其专用保护接零（地）芯线必须为绿/黄双色线，电缆全长不得有驳口，外绝缘层无机械损伤。

7）一切移动式用电设备的电源电缆全长不得有驳口，外绝缘层无机械损伤。

8）凡有接有驳口及外绝缘层有明显机械损伤的电缆，必须按架空规定敷设。

(5) 施工现场临时用电漏电保护装置的安全要求

施工现场的电气设备必须实行三级漏电开关保护，各级漏电开关的额定电流、额定动作电流、额定动作时间必须符合下列要求：

1）保护总干线的漏电开关（即总配电箱的漏电开关），其额定动作电流不大于250mA，动作时间在0.2s内。

2）保护分干线的漏电开关（即分配电箱内的漏电开关），其额定动作电流不大于150mA，动作时间在0.1s内。

3）保护额定电流或负荷计算电流大于30A的单台设备的漏电开关，其额定动作电流不大于设备的额定电流或负荷计算电流的0.1%，动作时间在0.1s内。

4）运行中发现漏电开关跳闸，必须检查该漏电开关所保护的线路或设备的绝缘情况，在确实排除故障后才允许再合闸送电，严禁将保护线路或设备的漏电开关退出运行。

5）定期检查各级的漏电保护开关，发现失灵必须立即更换。

6）失灵的漏电开关必须送专业生产厂或有维修资格的单位、部门维修，严禁现场电工或其他电工自行维修漏电开关。

7）常用漏电开关基本接线应符合有关规定。

几点说明：

1）漏电开关安装时，电源线应接在标有“电源”的一端，负载线应接在标有“负载”一端。

2）带有工作零线（在开关的电源测标有“N”）的漏电开关，在接线时必须保证与“N”相邻的相线桩头接到电源的相线上，否则，漏电动作机构将不工作。

（6）施工现场配电装置的安全要求

施工现场的配电装置必须符合下列要求：

1）必须严格执行一机一闸一漏电开关控制保护的规定。

2）控制保护设备的开关电器、熔断器的额定电流应不小于设备的额定电流或负荷计算电流的1.3倍，直接操作4.5kW及以下的单台电动机的刀闸开关，其额定电流应不小于设备电流的3倍。

3）各种开关电器、控制电器、保护电器必须安装在门锁齐全、铁皮制造的配电箱内，严禁使用木质配电箱。

4）施工现场的配电箱必须用红油漆在箱门写上编号。

5）施工现场的配电箱安装高度不小于1.3m，移动式开关箱的高度不小于0.6m（箱底至地面、楼面或脚手架走道板），控制、保护固定安装设备的配电箱、开关箱距离设备的水平距离不得大于3m。

6）配电箱（开关箱）安装必须牢固，严禁放在地（楼）面及脚手架走道板上。

7）控制两个供电回路或两台设备及以上的配电箱，箱内的开关电器，必须在其外壳注明开关所控制的线路或设备名称（可用不干胶纸贴上）。

8）配电箱内的开关电器、控制电器、保护电器必须完好无损，可动部分灵活，箱内电器接线整齐，无外露导电部分，进出线必须从箱底进出，非电缆线路应加塑料护套保护线路进出位置。

(7) 施工现场临时用电的安全要求

1）施工现场照明的电压等级、灯具及其安装高度必须符合《施工现场临时用电安全技术规范》（JGJ 46—88）的要求。

2）生产工人必须遵守下列安全要求：

①使用移动式用电设备（如手持式电动工具）操作者，必须穿绝缘鞋、戴绝缘手套。

②电源电缆长的移动式用电设备，必须设专人执行，调整电缆（操作者必须穿绝缘鞋，戴绝缘手套）严禁电缆浸水。

3）现场电气人员的配备及其职责的基本内容

①施工现场必须视工作量大小配备足够的持证电工（不少于两名），电工应持市、地劳动安全监察部门核发的电工证；

②在驻场电工中，应由项目负责人指定一名责任心强，技术较高的电工为现场电气负责人，电气负责人的职责是负责该现场日常安全用电管理和保管安全用电技术档案；

③施工现场的一切用电设备的金属外壳必须接零（由专用变压器供电）或接地（由公用变压器供电）保护，现场电工必须熟悉现场的用电施工组织设计，正确安装、维护现场的电气设备；

④现场电工必须严格遵守操作规程、安装规程、安全规程，维修电气设备时应尽量断开电源，验明单相无电，并在开关的手柄上挂上“严禁合闸、有人工作”的标示牌方能进行工作，未经验电，则应按带电作业的规定进行工作；

⑤现场电工不得随意调整自动开关脱扣器的整定电流或开关、熔断器内的熔体规格，对总配电柜、干线、重要的分干线及大型施工机械的配电装置作上述调整时，必须得到电气质安员同意方能进行；

⑥现场的一切电气设备必须由持证电工安装、维护，非电工不得私自安装、维修、移动一切电气设备；

⑦运行中的漏电开关发生跳闸必须查明原因才能重新合闸送电，发现漏电开关损坏或失灵必须立即更换。漏电开关应送生产厂或有维修资质的单位修理，严禁现场电工自行维修漏电开关，严禁漏电开关撤出或在失灵状态下运行；

⑧一切用电设备必须按一机一闸一漏电开关控制保护的原则安装施工机具，严禁一闸或一漏电开关控制或保护多台用电设备(包括连接电气器具的插座)；

⑨严禁线路两端用插头连接电源与用电设备或电源与下一级供电线路；

⑩潮湿场所的灯具安装高度小于2.5m必须使用36V照明电压。

现场电工除做好规定的定期检查外，平时必须对电气设备勤巡、勤查，发现事故隐患必须立即消除。对上级发出的安全用电整改通知书必须在规定的期限内彻底整改，严禁电气设备带病运行。

3．高处作业安全要求

（1）高处作业应严格贯彻执行国家标准和建设部《建筑施工高处作业安全技术规范》JGJ80—91外，并应遵守下列要求：

1）对从事高处作业的人员，必须经过体格检查，经医务人员证明后，方可登高操作。不适宜于高处作业的人，禁止进行高处作业。

2）高处作业的环境、通道必须经常保持畅通，不得堆放与操作无关的物件。

3）超过2m的高处或悬空作业时，如无稳固的立足点或可靠防护措施，均应扣挂好安全带。

安全带使用前必须经过检查合格。安全带应绑在稳固的地方，扣环应悬挂在腰部的上方，并要注意带子不能与锋利或毛刺的地方接触，以防摩擦割断。

4）在同一垂直面上下交叉作业时，必须设置有效的安全隔离和安全网，下方操作人员必须配戴好安全帽。

5）高处作业衣着要灵便，禁止穿拖鞋、高跟鞋、硬底鞋和带钉易滑的鞋或光脚。所用材料要堆放平稳，工具应随手放入工具袋（套）内。上下传递物件禁止抛掷。

6）凡未搭设外脚手架平桥而必须探身进行外墙面工作或靠近墙顶操作者，应在外墙挂设安全网，必要时扣紧安全带。

7）没有安全防护设施，禁止在屋架上弦、支撑、挑梁和未固定的构件上行走或作业。高处作业与地面联系，应设通讯装置，并由专人负责。

8）乘人的外用电梯、吊机、吊笼，应有可靠的安全装置。除指派的专业人员外，禁止攀登起重臂、绳索和随同运料的吊篮、吊装物上下。

（2）一般安全要求

1）高处作业的安全技术措施及其所需料具，必须列入工程的施工组织设计。

2）单位工程施工负责人应对工程的高处作业安全技术负责并建立相应的责任制。

施工前，应逐级进行安全技术教育及交底，落实所有安全技术措施和人身防护用品，未经落实时不得进行施工。

3）高处作业中的安全标志、工具、仪表、电气设施和各种设备，必须在施工前加以检查，确认其完好，方能投入使用。

4）攀登和悬空高处作业人员以及搭设高处作业安全设施的人员，必须经过专业技术培训及专业考试合格，持证上岗，并必须定期进行体格检查。

5）施工中对高处作业的安全技术设施，发现有缺陷和隐患时，必须及时解决；危及人身安全的，必须停止作业。

6）施工作业场所所有可能坠落的物件，应一律先行撤除或加以固定。

7）雨天和雪天进行高处作业时，必须采取可靠的防滑、防寒和防冻措施。凡水、冰、霜均应及时清除。

对进行高处作业的高耸建筑物，应事先设置避雷设施。遇有6级以上大风、浓雾等恶劣气候，不得进行露天攀登与悬空高处作业，暴风雪及台风暴雨后，应对高处作业安全设施逐一加以检查，发现有松动、变形、损坏或脱落等现象，应立即修理完善。

8）因作业必需，临时拆除或变动安全防护设施时，必须经施工负责人同意，并采取相应的可靠措施，作业后应立即恢复。

9）防护棚搭设与拆除时，应设警戒区，并应派专人监护。严禁上下同时拆除。

（3）洞口作业安全要求

1）进行洞口作业以及在因工程和工序需要而产生的，使人与物有坠落危险或危及人身安全的其他洞口进行高处作业时，必须按下列规定设置防护设施：

①板与墙的洞口，必须设置牢固的盖板、防护栏杆、安全网或其他防坠落防护设施。

②电梯井口必须设置防护栏杆或固定栅门；电梯井内应每隔两层并最多隔10m设一道安全网。

③施工现场通道附近的各类洞口与坑槽等处，除设置防护设施与安全标志外，夜间还应设红灯示警。

2）洞口根据具体情况采取设防护栏杆、加盖件、张挂安全网与装栅门等措施时，必须符合下列要求：

①楼板、屋面和平台等面上短边尺寸大于25cm的孔口，必须用坚实的盖板盖没。盖板应能防止挪动移位。

②楼板面等处边长为25～50cm的洞口、安装预制构件时的洞口以及缺件临时形成的洞口，可用竹、木等作盖板，盖住洞口。盖板须能保持四周搁置均衡，并有固定其位置的措施。

3）边长为 50～150cm 的洞口，必须设置以扣件扣接钢管而成的网格，并在其上满铺竹笆或脚手板。也可采用贯穿于混凝土板内的钢筋构成防护网，钢筋网格间距不得大于 20cm。

4）边长在 150cm 以上的洞口，四周设防护栏杆，洞口下张设安全平网。

5）垃圾井道和烟道，应随楼层的砌筑或安装而消除洞口，或参照预留洞口作防护。管道井施工时，除按上款办理外，还应加设明显的标志。如有临时性拆移，须经施工负责人核准，工作完毕后必须恢复防护设施。

6）位于车辆行驶道旁的洞口、深沟与管道坑、槽，所加盖板应能承受不小于当地额定卡车后轮有效承载力 2 倍的荷载。

7）墙面等处的竖向洞口，凡落地的洞口应加装开关式、工具式或固定式的防护门，门栅网格的间距不应大于 15cm，也可采用防护栏杆，下设档脚板（笆）。

8）下边沿至楼板或底面低于 80cm 的窗台等竖向洞口，如侧边落差大于 2m 时，应加设 1.2m 高的临时护栏。

9）对邻近的人与物有坠落危险性的其他竖向的孔、洞口，均应予以盖没或加以防护，并有固定其位置的措施。

（4）悬空作业安全要求

1）悬空作业处应有牢靠的立足处，并必须视具体情况，配置防护栏网、栏杆或其他安全措施。

2）悬空作业所用的索具、脚手板、吊篮、吊笼、平台等设备，均需经过技术鉴定或检验方可使用。

3）构件吊装和管道安装时的悬空作业，必须遵守下列规定：

①钢结构的吊装，构件应尽可能在地面安装组装，并应搭设进行临时固定、电焊、高强螺栓连接等工序的高空安全设施，随构件同时上吊就位。拆卸时的安全措施，亦应一并考虑和落实。

②安装管道时必须有已完结构或操作平台为立足点，严禁在安装中的管道上站立和行走。

4）悬空进行门窗作业时，必须遵守下列规定：

①安装门、窗、油漆及安装玻璃时，严禁操作人员站在窗台、阳台栏板上操作。门、窗临时固定，封填材料未达到强度，以及电焊时，严禁手拉门、窗进行攀登。

②在高处外墙安装门、窗，无外脚手时，应张挂安全网。无安全网时，操作人员应系好安全带，其保险钩应挂在操作人员上方的可靠物件上。

③进行各项窗口作业时，操作人员的重心应位于室内，不得在窗台上站立，必要时应系好安全带进行操作。

（5）高处作业安全防护设施的验收

1）建筑装饰金属工程施工进行高处作业之前，应进行安全防护设施的逐项检查和验收。验收合格后，方可进行高处作业。

2）安全防护设施，应有单位工程负责人验收，并组织有关人员参加。

3）安全防护设施的验收，应具备下列资料：①施工组织设计及有关验算数据；②安全防护设施验收记录；③安全防护设施变更记录及签证。

4）安全防护设施的验收，主要包括以下内容：①所有临边、洞口等各类技术措施的设置状况；②技术措施所用的配件、材料和工具的规格和材质：③技术措施的节点构造及其与建筑物的固定情况；④扣件和连接件的紧固程度；⑤安全防护措施的用品及设备的性能与质量是否合格的验证。

5）安全防护设施的验收应按类别逐项查验。凡不符合要求者，必须修整合格后再进行查验。施工工期内还应定期进行抽查。

4．钢、铝合金门窗安装安全要求

（1）安装门窗框、扇作业时，操作人员不得站在窗台和阳台栏板上作业。当门窗临时固定，封填材料尚未达到其应有强度时，不准手拉门、窗进行攀登。

（2）安装二层楼以上外墙窗扇，应设置脚手架和安全网，如外墙无脚手架和安全网时，必须挂好安全带。安装窗扇的固定扇，必须钉牢固。

(3) 焊接机械的使用要符合《施工现场临时用电安全技术规范》(JGJ 46—88) 的规定。并遵守电焊防火安全规定。

(4) 使用电动螺丝刀、手电钻、冲击钻、曲线锯等必须选用Ⅱ类手持式电动工具，严格遵守《手持电动工具的管理、使用、检查和维修安全技术规程》(GB 3787—83)，每季度至少全面检查一次：现场使用要符合《施工现场临时用电安全技术规范》(GJG 46—88) 的规定，确保使用安全。

(5) 使用射钉枪遵守的规定

1) 操作人员要经过培训，严格按规定程序操作，作业时要戴防护眼镜，严禁枪口对人。

2) 射钉弹要按有关爆炸和危险物品的规定进行搬运、贮存和使用，存放环境要整洁、干燥、通风良好、温度不高于40℃，不得碰撞、用火烘烤或高温加热射钉弹，哑弹不得随地乱丢。

3) 墙体必须稳固、坚实并具承受射击冲击的刚度。在薄墙、轻质墙上射钉时，墙的另一面不得有人，以防射穿伤人。

(6) 使用特种钢钉应选用重量大的锤头，操作人员应戴防护眼镜。为防止钢钉飞跳伤人，可用钳子夹住再行敲击。

(7) 使用手持式电动工具（砂轮机、角向磨光机、冲击电钻等）除必须严格遵守《施工现场临时用电安全技术规范》(JGJ 46—88) 的规定外，还应遵守下列要求：

1) 非金属壳体的电动机、电器，在存放和使用时应避免受压、受潮，并不得和汽油等溶剂接触。

2) 刀具应刃磨锋利，完好无损，安装正确、牢固。

3) 受潮、变形、裂纹、破碎、磕边、缺口或接触过油类、碱类的砂轮不得使用。受潮的砂轮片，不得自行烘干使用。砂轮与接触盘间软垫应安装稳妥，螺母不得过紧。

4) 使用前必须检查：①外壳、手柄应无裂缝、破损；②保护接地（接零）连接正确，牢固可靠，电缆软线及插头等应完好无损，开关动作应正常，并注意开关的操作方法；③电气保护装置良好、可靠，机械防护装置齐全有效。

5）启动后，空载运转并检查工具联动是否灵活无阻。

6）手持砂轮机、角向磨光机，必须装防护罩。操作时，加力要平衡，不得用力过猛。

7）严禁超荷载使用，随时注意声响、温升，发现异常应立即停机检查。作业时间过长，温度升高时，应停机待自然冷却后再行作业。

8）作业中，不得用手触摸刃具、模具、砂轮，发现有磨钝、破损情况时应立即停机修整或更换后再行作业。

9）机具运转时不得撒手。

10）使用角向磨光机应注意砂轮的安全线速度为80m/min，作磨削时应使砂轮与工作面保持15～30°的倾斜位置。作切割的砂轮不得倾斜。

11）使用冲击电钻注意事项：①钻头应顶在工件上再打钻，不得空打或顶死；②钻孔时应避开混凝土中的钢筋；③必须垂直地顶在工件上，不得在钻孔中晃动；④使用直径在25mm以上的冲击钻时，作业场地周围应设护栏；⑤在地面以上操作应有稳固的平台。

第四节 班组管理

生产班组是施工企业的最基本生产单位，提高班组管理水平，是为社会提供更多更好的建筑产品，同时也为国家创造尽可能好的经济效益。因此搞好班组建设是企业生存和发展的重要基础工作。这里主要介绍班组的地位及作用、班组管理的基本内容与任务、班组管理的基础工作、班组的施工（生产）管理、班组的材料管理、班组的安全管理、班组的劳动定额管理、班组的经济核算、班组长的职责与权限。

（一）班组的地位及作用

1. 班组特点

生产班组和企业其他组织相比，有其共性，也有其特性。共性是：①一种以生产为目的的组织形式；②要贯彻企业的方针；③要服从企业的领导和安排，其生产活动都是企业生产活动的一个组成部分。

2. 班组的地位及作用

（1）班组是办好企业的“基础”。一个企业，不论规模大小，它的基础的组织形式是班组，我们实施施工队的承包形式或工程项目实行项目法管理，都设有班组，而班组的组成人员是工人。

（2）班组是企业进行生产活动的基本单位。企业的方针目标的实施，生产任务的完成，都要落实到班组。因为班组直接同劳动工具、劳动对象相结合，是直接生产者。

（3）班组是为企业创造财富的基本单位。生产班组按照企业的计划，积极组织安全生产，对组内职工进行详细的工作考核，并提供产量、质量、消耗、出勤等原始材料。

（4）班组是企业管理的落脚点。班组是企业最基层的管理组织。企业的各项经济政策，管理制度、思想政治工作，都渗透和落实到班组。企业对技术水平、工作态度、劳动纪律、劳动成果、文明施工等内容的检查考核都要通过班组进行。企业在管理方面的大量基础工作，如施工过程中的生产进度安排，劳动力调配、产品质量、工艺规程执行、工具保管、组织安全生产等项工作都是由班组首先执行的，因此，班组工作搞好了，企业管理才有了落脚点。

（5）班组是提高职工队伍整体素质的主要阵地。企业应通过对职工的思想政治教育、岗位练兵、技术比武、师徒合同、实习代培等多种形式来提高职工队伍的整体素质。

（二）班组管理的基本内容与任务

1. 班组管理的基本内容

（1）根据企业的方针目标和工程队（项目组）下达的施工计划，有效地组织生产活动，保证全面均衡地完成下达的任务。

（2）坚持执行和不断完善以提高工程质量、降低各种消耗为重点的多种形式经济责任制，抓好安全和文明施工，积极推行现代化管理方法和手段，不断提高班组管理水平。

（3）组织职工参加政治、文化、业务学习，开展有益于身体健康的文体活动，以丰富职工的业余生活，陶冶职工情操。

（4）开展技术革新、技术比武、岗位练兵和合理化建议活动，努力培养技术能手。

（5）组织劳动竞赛，创建文明班组活动，不断激发班组成员的工作积极性。

（6）搞好班组的施工管理，安全生产管理、全面质量管理、材料管理、机具设备管理、劳动管理和班组经济核算工作。

（7）加强思想政治工作：对职工进行思想教育，搞好职工思想分析，掌握思想动态，及时做好日常的思想工作。做好施工（生产）管理过程中的组织协调、说服教育工作，提高整体劳动力。针对本班组的任务情况，组织好劳动竞赛。关心职工生活，及时解决能解决的问题。

2. 主要任务

（1）千方百计完成生产任务：班组成员要以主人翁的态度，用最低的消耗，最好的质量，最快的速度，动员组织全班人员完成或超额完成生产任务，为社会主义建设多作贡献。

（2）加强班组管理，开展劳动竞赛：班组管理是企业管理的基础。班组管理的内容有：生产管理、技术管理、材料管理、劳动管理、工具管理、质量管理、安全管理等，这些都要由班组自已来管理，特别要重视质量管理和安全管理。

（3）加强思想政治工作，创建文明班组：班组既是企业施工（生产）管理活动的第一线，又是企业思想政治工作的一个重要阵地。要不断提高职工的思想道德素质，培养良好的职业道德。

（三）班组管理的基础工作

1. 班容建设

班组班容就是要做到：一竞、二创、三全、四净。一竞就是开展班组劳动竞赛。二创就是创建文明班组、创文明施工。三全就是指标考核全、规章制度全、台帐记录全。四净就是穿着干净、个人卫生干净、宿舍干净、环境干净等。创建出一个干净、舒畅、文明的环境。

2. 考核指标

生产班组的考核指标，主要指是人和材料（工具）的消耗。要认真推行任务单和限额领料单制度，由专人负责，随工程进展情况，逐旬、逐月进行记录对比和分析，做到工程项目一完，指标完成好坏即可计算出来。

3. 台帐管理

班组的台帐一般有：材料收、用，机具使用、出勤，定额执行、工资（奖金）分配，质量，安全生产和班组核算等。只要弄清台帐的内容要求，并组织专人负责，搞好班组的台帐管理是不难的。

4. 规章制度的管理

加强班组管理，必须建立以岗位责任制为中心的各项管理制度，它是企业各项规章制度的有机组成部分，班组工人分布在不同的操作岗位上，只有建立一套严格的规章制度，才能保证施工生产的正常进行，明确自己的任务和责任。

班组规章制度一般有：卫生值日制、班组工作制、奖金分配制、安全生产责任制（使用三宝）、质量负责制（三检制）、考勤制、定额考核制、学习培训制等等。

（四）班组的施工（生产）管理

班组的施工（生产）管理有计划管理、施工技术管理和班组文明施工三个内容：

1. 班组的计划管理

(1) 班组计划管理的原则：企业的任务，经过层层分解，最后落实到班组。班组计划的完成，才能保证企业计划的实现，因此，必须搞好班组的计划管理。

班组计划管理的原则是：

1）严格执行计划，维护计划的严肃性，班组计划是企业计划的组成部分，必须严格执行，千方百计去完成。

2）在编制和安排作业计划时，要突出保重点，保形象，保工期项目。要正确处理好局部和全局的关系，积极去完成计划。

3）要牢固树立上一道工序为下一道工序服务的观点。企业的工程任务是要有多工种去完成。一个工程项目从开工到竣工，需要经过许多的施工工序，而工序之间，又互相联系，互相制约，所以班组在完成本工序任务的同时，必须要为下一道工序施工创造好条件，保证企业均衡生产，全面完成任务。

（2）班组计划管理的内容有：

1）根据任务，测算班组的生产能力，编制好班组作业计划，动员和组织班组做好各项准备工作，确保日、旬、月、年计划的完成。

2）对班组成员的计划，逐个逐项落实，做到一日一检查，一旬一小结，一月一总结，发现问题，要及时解决。

3）要及时平衡、调配，对已经变化了的计划，更需不失时机的调整补充，确保计划的完成。

（3）班组计划的编制

1）测算法测算出班组生产能力，使班组作业计划建立在可靠而又有余的基础上，可用班组生产作业天数内的总产量=劳动定额×班组人数×工作天数×班组平均达到劳动定额程度系数的方法来计算。

2）平衡分析法：确定合理的劳动力组织去完成任务。

3）派工法：使派出的小组保质保量完成任务。

4）定期计划法：按规定的工期，有计划的派人去完成。

5）网络计划法：它是一种现代化管理方法。是把整个施工过程中的各有关工作组成一个有机的整体，因而能全面明确地反映出各工序之间的相互制约和相互依赖的关系，使其成为整个施工组织与管理工作的中心。

（4）班组作业计划的实施与检查

1）做好施工前的准备工作，主要有技术交底（技术要求、轴线，标高、材质、施工方法、质量要求等)、物质准备（原材料、半成品、成品、工具、设备等)、现场准备（“四通一平”)和任务分工。

2）做好作业计划中的控制，主要对控制点进度要及时检查，发现问题，及时调整。

(5) 班组的施工生产统计：就是将班组每人完成产品的数量、品种按要求填表上报，便于上级及时掌握班组的生产情况，组织均衡生产。

2. 班组施工技术管理

(1) 班组技术管理的基本内容：建筑装饰装修企业的施工生产活动，必须遵循国家和上级颁发的各种各类技术标准和技术规程，这样才能生产出合格的建筑产品。班组作为企业的最基本单位，严格执行技术标准和技术规程，具有更加重要的现实意义。

(2) 班组技术管理的主要任务

班组技术管理的主要任务是：严格执行技术管理制度；认真执行施工组织设计（技术措施)；使用合格材料和构件；做好工程验收（质量检验与评定)。

3. 班组文明施工

文明施工是班组管理工作的重要内容之一。搞好文明施工，不但可以创造良好的生产环境，而且对保证施工质量，降低工程成本以及安全生产都起着重要的作用。

班组文明施工的主要内容：

(1) 严格执行各项规章制度，企业里的各项规章制度是文明施工的准则，也是每个职工的行为规范。其中岗位责任制是企业管理中一项最重要、最基本的制度。班组必须认真贯彻执行，做到责任到队，挂牌施工、奖罚分明。

(2) 搞好场容场貌建设，做到现场材料堆放整齐，限额领料，工完场清。施工工具用完洗净，摆放规整，机械设备运转正常，保养清洁。

(3) 深入开展班组劳动竞赛。劳动竞赛评比活动，在各级竞赛领导小组的统一部署下，公司组织有关职能部门参加评比。

（4）搞好各种形式的思想教育、宣传、鼓动工作，组织技术比武，调动个人积极性，牢固树立主人翁责任感，爱企业、爱本职工作，做一个“有理想、有道德、有文化、有纪律”的新型劳动者，为国家做出更大的贡献。

（5）操作认真，一丝不苟。做到：精心施工，始终贯彻本工序的事情本工序做完，不给下道工序留下隐患。认真执行“三检”，做到按期交工，质量优良，资料齐全，内容真实。

（五）班组的材料管理

1.材料的基本概念

材料是物资的一部分，是施工企业在施工生产过程中的劳动对象。它被用来施工（加工）成工程（产品）的实体，或者被劳动手段所消耗，或者辅助施工生产的进行。

2.材料分类

材料分类的方法很多，按在施工生产中的作用可以划分为：①主要材料：经过加工，在施工生产中起主要作用的材料，如构成工程（产品）实体的成分。如钢材、木材、水泥、砂、石等。辅助材料：辅助施工生产的进行中，不起主要作用的材料。原料：从自然界中经过劳动生产出来的物资。燃料：在施工生产过程中，通过燃烧产生能量转化的物资。工具：在施工生产中所使用的器具。

3.材料管理

材料管理是施工企业管理的重要组成部分。班组的材料管理主要做好材料计划、验收、使用、保管、统计、核算等工作。

班组要根据工程任务中的材料消耗定额来核算材料需用量，考核班组完成任务的实际经济技术指标，这也是衡量班组节约或浪费材料时一个重要标志。

（1）材料的领用：班组要认真贯彻执行限额领料制度，应该健全领、发料台帐，并应按月考核定额指标执行情况。

（2）材料的验收：材料的验收是指进入厂（场）入库前的材

料，按照规定的程序和手续，严格进行检查和验收。

1）核对入厂（场）材料凭证：材料领（拨）单、质量检验合格证、化学成分分析等。

2）分数量、品种、规格检验；对按重量供应的材料，应过磅验斤；对按数量供应的材料，应计点件数或用求积折算法进行验收；对按理论计算的材料，则应进行检尺计量后再换算成重量或体积等。

3）对凭证不齐的材料，应作待验材料处理，待凭证到齐后再进行验收使用。

4）规格、质量不合要求的材料，不准使用。

5）对数量不符的材料，做好记录，保持原状，暂不能动用。

(3) 材料的保管：材料验收入厂（场）后，应根据各种材料的物理性能、化学成分、体积大小和包装等不同情况，分别妥善保管，专人负责，做到：材料不短缺、不损坏、不变质、不混号，堆放合理，使用方便。并建立台帐。

(4) 材料的退库：退料是班组保证成本真实性，合理使用和节约材料的一项重要措施，因此，在施工生产任务完成后，要把剩余或节约的材料及时办理退料手续。

(5) 材料的经济核算：在材料管理工作中，占用和消耗的劳动量（活劳动和物化劳动）与取得的有用成果之间的比较，我们称之为材料的经济效益。

1）材料的经济核算就是讲材料的经济效益。换句话，就是投入与产出、费用与效益的比较。对班组材料经济效益的评价公式是：

效益＝劳动效果（实物）/劳动消耗量（实物）＞1

或者是：经济效益＝劳动效果－劳动消耗量＞0

2）目前对班组材料技术经济指标一般只考核材料消耗定额完成率，其计算公式为：

材料消耗定额完成率＝单位产品材料实际消耗量/单位产品材料消耗定额×100％

小于100%时，表明班组材料消耗节约：反之班组在材料消耗上有浪费，应查找原因，制定措施，落实责任，限期改正。

3）要做好班组材料的经济核算工作．必须努力做到以下几方面的工作：有适应材料供应管理工作特点的核算组织（员）；有明确的核算指标；有准确的核算记录；有定期公布、检查、分析、评比制度。

（六）班组的安全管理

1．班组安全生产管理的主要内容

班组是企业从事生产活动的最基层组织。班组安全工作是基础，只有搞好班组的安全生产，整个企业的安全生产才有保证。

2．班组的生产安全责任制

（1）认真执行企业（处、厂、队、车间）的各项安全生产的规章制度、规定。

（2）自觉遵守生产纪律，严格按照本工种安全技术操作规程作业，接受安全教育，牢固树立“安全第一”的思想，不断增强安全意识和自我防护能力。

（3）经常开展班组工作范围内的安全检查，发现隐患，积极处理，本班组解决不了的，要立即报告领导求得解决。

（4）积极参加班组的安全值日和安全交底活动，参加班前安全交底会。同时做好交底记录。

（5）认真执行安全技术措施，确保作业区的安全生产。

（6）人人正确使用和爱护劳动防护用品、安全设施和施工机具，随时消除危险隐患。

（7）积极参加伤亡事故的调查处理。出了事故坚决执行“三不放过”的原则，并积极组织抢救。

（8）积极参加各项安全活动，虚心接受安全操作方法的检查，坚决做到不违章作业，抵制违章指挥；以身作则，遵章守纪，确保安全生产。

（七）班组的劳动定额管理

1．劳动定额管理的基本概念

定额是正常生产条件下，对生产一定的合格产品或完成一定工作所规定的必要的劳动消耗标准。班组的劳动定额管理，就是对班组职工的劳动实行定额，即定量管理，是班组管理的一个组成部分。

2. 班组劳动定额的特点

班组的劳动定额管理，具有下列明显的特点：

(1) 技术性。有施工生产工艺技术不断进步，机械化程度不断提高的大生产条件下，劳动定额管理的技术性也越来越强、实际上成为一项技术性工作。

(2) 群众性。劳动定额管理的工作对象是全体职工，特别是一线的生产班组，尤其在当前劳动用工制度改革和工资改革的情况下，劳动定额成为直接影响工人收入的一个重要因素，是一项群众性工作。

(3) 经济性。劳动定额管理要解决的问题，归根结底是经济问题。

(4) 基础性。劳动定额管理是班组管理的一项重要基础工作，不仅是劳动工资管理的基础，也是班组经济核算的基础。

3. 劳动定额的形式

国家颁布的LD/T72—94 (De) 劳动定额中，已改变了传统的复式定额表现形式，全部采用单式，即：时间定额（工日/单位工作量）表示。

(1) 定额时间构成　包括准备时间与结束时间（作业时间(基本时间+辅助时间)，作业宽放时间（技术性宽放时间+组织性宽放时间)、个人生理需要与休息宽放时间。

(2) 定额时间的概念

1) 时间定额（亦称工时定额)。生产单位合格产品或完成一定的工作任务的劳动时间消耗的限额。

2) 产量定额。单位时间内生产合格产品的数量或完成工作任务量的限额。

时间定额与产量定额互为倒数。

4. 班组劳动定额管理的内容

目前班组劳动定额管理内容主要有：

（1）工程任务单（施工任务单），这是实行劳动定额考核的主要工具和核算定额完成情况的主要凭证。由工长签发，经定额员审定定额，登记台帐，编号后签发到班组。班组长接受任务以后，要如实地逐日记录实用工时。施工过程中，定额员与工长应随时了解工程进展和工效情况，发现问题及时解决。完工后工长要及时检查验收，准确计量完工产品或工程量，经质检员检查合格签字交定额员结算。

（2）计工单（考勤表）：是考勤计工的原始凭证，要如实记工。

（3）停工证：是记录停工的主要凭证，要求真实准确。

（4）非生产用工证：是记录非生产、非作业工时的主要凭证，要求真实准确。

（5）生产用工台帐：是记录生产用工的主要原始资料，要求真实准确。

（6）工程任务单台帐：是记录任务单执行情况的台帐，要求及时完整。

（7）劳动定额完成情况统计：一般采用定期报表的形式进行。

（8）工资及奖金分配表：是工资奖金分配的主要资料，要求正确，公布于众。

（9）工程验收台帐：是记录工程验收的原始资料，要求正确、完整。

（八）班组的经济核算

班组的经济核算是社会主义制度下，有计划的管理企业的基本形式，是以生产班组为单位的群众经济核算，也是运用经济手段管理班组的重要方法，是企业核算的基础。

1. 班组核算的内容

（1）施工企业的产品成本是指完成一定量的建筑装饰装修工

程所耗费的各种直接费和间接费的总和，也就是从为获得承揽工程的施工到施工完毕交付建设单位使用这个阶段内，对该工程所支付出的各种费用的总和。

(2) 工程成本的范围，遵照国家有关部门的统一规定：工程施工过程中的成本支出，包括直接用于工程施工生产的各种费用（直接费）和间接使用于工程施工生产的各种费用（间接费）。

(3) 工程成本包括直接费和施工管理费。其中直接费开支的项目有：人工费；材料费；机械使用费；其他支出。施工管理费是为组织和管理建筑装饰装修工程施工所发生的各项经营管理费用，如工作人员工资、生产工人辅助工资、办公费、劳动保护费等。

工程成本的主要形式：

(1) 根据成本核算的需要，施工企业的班组核算一般以计划成本（预算成本）和实际成本的比较，可以揭示成本的节约和超支，抓住主要矛盾，找出降低工程成本的途径。

(2) 班组核算的内容主要有：

1) 人工成本。为完成一定量的产值或产量所发生的人工费支出的总额，主要考核人工利用和定额执行情况。

2) 材料成本。为完成一定量的产值或产量所耗用的各种材料费用的总和，主要考核材料使用和消耗情况。

3) 机械成本。为完成一定量工程的产量或产值所发生的机械使用费的总额，主要考核机械利用和使用状况。

2. 班组核算的基础工作

要搞好班组核算，必须做好以下的基础工作：

(1) 积累好原始记录：在工程施工生产过程中，各种原始记录是技术经济活动的第一次直接记载，是考核的主要依据。与班组核算有关的原始记录，主要有：

1) 材料方面的原始记录：一般有工程材料限额领料单，材料领用单、半成品委托加工单、材料退库单等。

2) 工程施工生产过程中的原始记录：一般有隐蔽工程记录、

质量（安全）事故处理报告、设计、变更通知单等。

3）劳动管理方面：施工任务书、工资奖金分配表、考勤记录、停窝工记录等。

4）机械设备方面：机械租赁合同，机械使用情况表等。

(2) 建立各种定额资料：定额是对班组评价施工生产活动好坏的尺度之一，因此班组必须建立下列各种定额资料：

1）工程用料的消耗定额：完成一定量的工程所耗用的各种材料的标准数量；

2）劳动定额：完成一定量的工程所需投入的人工数量；

3）机械设备使用定额：完成一定工程量所需各种类型机械设备的台班数。

4）认真搞好计量工作：计量工作是班组进行核算的必要条件，班组在从事施工生产活动中，离不开计量工作。

班组要有必要的计量工具和设有兼职计量员。计量员要有高度的工作责任性，使各项原始资料真实可靠、准确无误、保证经济核算工作的顺利进行。

3. 班组经济核算的方法

(1) 劳动效率：根据工程任务单下达任务，验收核算结果，其核算结果就是实际的劳动效率。

(2) 材料消耗：班组按具体的工程对象签发材料定额（限额领料单），以实际耗用量为结果进行核算和比较。

(3) 机械费：班组核算，只作好台班即可，将实用台班数与预算台班数比较就是核算的结果。

班组核算得出的结果要进行对比分析，认真总结，发扬长处，克服短处，使班组管理水平真正提高一步。

（九）班组工程质量及质理管理

1. 班组对工程质量应负责任

工程（产品）质量管理是企业管理的核心，也是企业经济效益的基础，而班组工作质量直接影响着工序质量，因此，班组在提高工程质量的工作中，负有重要责任：

(1) 坚持“质量第一”的方针和“谁施工，谁负责工程质量”的原则，认真贯彻和执行国家和本企业的质量管理制度。严格按照各项技术操作规定认真进行操作，以自身的工作质量来保证所承担的工程质量。

(2) 严格按图施工，认真执行上级和企业的技术规范、操作规程、技术措施、严格执行“三检”制，确保工程质量符合设计与标准要求。

(3) 每道工序（或分项工程）完工后，应按国家下达的《建筑安装工程质量检验评定标准》中的有关规定进行全面检查，并如实填写质量自检记录，送交有关人员复查和签认，评定质量等级。

(4) 遵守国家计量法，认真执行本企业计量管理制度，合理使用和爱护计量工具，使之保持良好状态。

(5) 爱护国家财产，保护好原材料、半成品，做到成品不损坏、不污染。

(6) 杜绝使用不合格的原材料、半成品、成品、设备，并及时向领导提出报告。

2. 工程质量的检查

班组要对分项工程质量负责，要认真抓好质量“三检”活动，通过质量检查达到保证、预防、报告的作用，把好质量关，保证企业的工程（产品）质量，使用户满意（下道工序）。

班组对工程质量的检查，通过全数检验、抽样检验和审核检验的方法进行，使企业质量建立在可靠的保证基础上。

3. 工程质量的评定

分项工程和分部工程的评定统计每月一次，单位工程评定统计一般一季一次。

在工程质量评定管理中，合格率与优良率按下式计算统计：

分项工程点合格率 = 合格总点数/实测总点数 × 100%

工程质量合格率 = 统计期内评为合格的工程项数/统计期内评定的工程总项数 × 100%

工程质量优良率＝统计期内评为优良的工程项数/统计期内评定的工程总项数×100％

4. 质量事故的管理

在工程建设施工中，由于多种原因，有时会发生一些工程质量事故。

“质量事故”是指在建筑安装工程的施工中，其质量不符合设计或生产要求，超出施工验收技术规范或安装质量标准所允许的偏差范围，降低了设计标准，不管是什么原因造成的事故（如设计错误、设备、材料不合规格、施工错误等）一般需要作返工加固处理。质量事故按其严重程度不同，分为“一般”和“重大”质量事故两种。

（1）一般事故

指返工损失金额一次在 100 元或 100 元以上 1000 元以下的质量事故。

（2）重大事故

符合下列情况之一者，都叫做重大事故：

1）建筑物、构筑物的主要结构倒塌。

2）超过规范的基础不均匀下沉、建筑物倾倒、结构开裂或主体结构强度严重不足。

3）凡质量事故，经技术鉴定，影响主要构件强度、刚度及稳定性，从而影响结构安全和建筑寿命，造成不可挽回的永久性缺陷。

4）造成重要设备的主要部件损坏，严重影响设备及其相应系统的使用功能。

5）返工损失金额在 1000 元以上的（包括返工损失的全部工程价款）。

质量事故的管理：一是质量事故的统计上报，二是质量事故的返工处理。

质量事故发生后，要及时向上级和有关部门报告，取得有关部门的许可后，要及时组织力量进行处理。并召开专题会，分析原因，查明责任，确定性质，从中吸取教训。班组要做到“四不放过”，即事故原因不清楚不放过，事故责任者和群众没有受到教育不放过，没有防范措施不放过，事故责任者没有受到处理不放过。对事故的上报，应按规定逐级上报，并由质检部门负责统计返工损失率。

参考文献

[1] 中国建筑装饰协会. 建筑装饰实用手册. 北京：中国建筑工业出版社，2000年

[2] 李永盛，丁洁民. 建筑装饰工程施工. 上海：同济大学出版社，1999年

[3] 赵子夫，唐利. 建筑装饰工程施工工艺. 沈阳：辽宁科学技术出版社，1998年

[4] 杨天佑. 建筑装饰工程施工. 北京：中国建筑工业出版社，1997

[5] 顾建平. 建筑装饰施工技术. 天津：天津科学出版社，1997

[6] 《点支式玻璃幕墙工程技术规范》(CECS 127：2001). 中国工程建设标准化协会标准

[7] 雍本. 装饰工程施工手册. 北京：中国建筑工业出版社，1997

[8] 王海平，董少锋. 室内装饰工程手册. 北京：中国建筑工业出版社，1992

[9] 韩建新，颜宏亮. 21实际建筑新技术论丛. 上海：同济大学出版社，2000

[10] 陈世霖. 当代建筑整修构造施工手册. 北京：中国建筑工业出版社，1999

[11] 张士炯主编. 建筑装饰五金手册. 北京：中国建筑工业出版社，1997

[12] 中国建筑装饰协会. 建筑装饰实用手册3(建筑装饰材料与五金). 北京：中国建筑工业出版社，1996

[13] 邓文英主编. 金属工艺学. 北京：高等教育出版社，2000

[14] 李继业主编. 建筑装饰材料. 北京：科学出版社，2002

[15] 张海梅主编. 建筑材料. 北京：科学出版社，2001

[16] 宋文章等编. 如何选用居室装饰材料. 北京：化学工业出版社，2000

[17] 江正荣，朱国梁. 简明施工手册(第三版). 北京：中国建筑工业出版社，1997

[18] 广州市建筑集团有限公司编. 实用建筑施工安全手册. 北京：中国建筑工业出版社，1998

[19] 朱治安主编. 建筑装饰施工组织与管理. 天津：天津科学技术出版社，1997
[20] 贾亚洲主编. 金属切削机车概论. 北京：机械工业出版社，2000
[21] 司乃钧，许德珠主编. 热加工工艺基础（金属工艺学Ⅱ）. 北京：高等教育出版社，1997